工程财务系列教材

建筑与装饰工程计价

主 编 杨伟华 汪 辉
副主编 李炳宏 周 聿

中国建筑工业出版社

图书在版编目（CIP）数据

建筑与装饰工程计价/杨伟华，汪辉主编. —北京：
中国建筑工业出版社，2016.11
工程财务系列教材
ISBN 978-7-112-20007-8

Ⅰ．①建…　Ⅱ．①杨…②汪…　Ⅲ．①建筑工程-
工程造价-教材②建筑装饰-工程造价-教材　Ⅳ．①TU723.3

中国版本图书馆 CIP 数据核字（2016）第 251130 号

本书以《建设工程工程量清单计价规范》GB 50500—2013、《房屋建筑与装饰工程工程量计算规范》GB 50854—2013、湖北省 2013 年版相关定额等最新资料为编写依据，较为系统地介绍了建筑与装饰工程计价的理论与方法。全书内容包括建设工程造价构成，建设工程计价依据，工程计量方法与建筑面积计算，土石方工程计量，房屋建筑工程计量，装饰工程计量，措施项目，房屋建筑与装饰工程计价方法，房屋建筑与装饰工程计价实例等。

本书在编写过程中力求做到结构新颖、图文并茂、注重应用、突出案例、通俗易懂、方便自学，可作为高等院校工程财务专业的教学用书，亦可作为工程管理、工程造价、土木工程等专业工程计价或工程概预算课程的教材，还可作为工程造价人员的培训教材或参考书。

责任编辑：于　莉　田启铭
责任设计：李志立
责任校对：王宇枢　李美娜

工程财务系列教材
建筑与装饰工程计价
主　编　杨伟华　汪　辉
副主编　李炳宏　周　聿

*

中国建筑工业出版社出版、发行（北京海淀三里河路 9 号）
各地新华书店、建筑书店经销
霸州市顺浩图文科技发展有限公司制版
北京建筑工业印刷厂印刷

*

开本：787×1092 毫米　1/16　印张：18¼　字数：441 千字
2016 年 12 月第一版　2016 年 12 月第一次印刷
定价：**50.00 元**
ISBN 978-7-112-20007-8
（29412）

前　　言

随着我国建筑业和建筑市场的不断发展和繁荣，工程计价理论和实践经过多代工程造价工作者不懈的努力，至今已形成了具有中国特色的工程计价理论与方法。2013 年，国家住房和城乡建设部和国家质量监督检验检疫总局联合发布了《建设工程工程量清单计价规范》GB 50500—2013、《房屋建筑与装饰工程工程量计算规范》GB 50854—2013，并从 2013 年 7 月 1 日起实施，将为深入推进工程量清单计价，建立市场形成工程造价机制奠定坚实基础，并对维护建设市场秩序，规范建设工程发承包双方的计价行为，促进建设市场健康发展发挥重要作用。

本书以 2013 年修订的计量与计价标准体系为基础，结合《建设安装工程费用项目组成》（建标〔2013〕44 号）、《建筑工程建筑面积计算规范》GB/T 50353—2013 等最新文件规定编写而成，系统介绍了建筑与装饰工程计价的理论与方法，体现了下列两个相结合：

一是理论性与实践性相结合。本书立足于基本理论的阐述，注重实际能力的培养，书中各章节编入了大量和实践紧密结合的实例，并配有关于编制工程量清单及招标控制价的完整工程实例，充分体现了"应用性、实用性、综合性、先进性"原则。本书的特色是计量与计价相结合，理论与实例相结合，按编制工程量清单和分析综合单价的需要组织内容，对工程预算中最常见的问题均作了详尽介绍。

二是清单计价与定额计价相结合。目前，"工程量清单计价"与传统的"定额计价"是共存于工程计价活动中的两种计价模式，这两种计价模式既有密切的联系又有显著的区别。为此，在本书中，笔者就这两种计价模式分别结合实例重点介绍了工程量计算和工程造价确定方法，注重应用，理论联系实际，以提高学生的实际操作能力。

本书在编写过程中力求做到结构新颖、图文并茂、通俗易懂、方便自学。本书可作为工程财务专业的教学用书，亦可作为高等院校工程管理、工程造价、土木工程等专业工程计价或工程概预算课程的教材，还可作为工程造价人员的培训教材或参考书。

本书由杨伟华、汪辉任主编，李炳宏、周聿任副主编。编写分工为：杜文军编写第 1 章；汪辉、周聿编写第 2 章；任延艳、汪辉编写第 3 章；武竞雄编写第 4 章；李炳宏编写第 5 章、第 7 章；杨伟华编写第 6 章、第 9 章；汪辉编写第 8 章。

在本书的编写过程中，参考了有关文献、著作、教材与资料，其中主要资料已列入本书的参考书目，在此谨向各位作者表示衷心的感谢。此外，还得到了编者所在单位及出版单位的大力支持，在此谨向有关人员一并致谢。

由于编者水平和学识有限，书中难免有错误和疏漏之处，恳请各位读者和同行提出宝贵修改意见。

编者
2016 年 5 月

目　　录

第1章 建设工程造价构成

建设工程造价，是指按照确定的建设内容、建设规模、建设标准、功能要求和使用要求等将工程项目全部建成，并达到验收合格及交付使用条件，在建设期预计或实际支出的全部费用。本章主要介绍建设工程造价的构成，包括建设安装工程费用、设备及工器具购置费用、工程建设其他费用、预备费和建设期利息等。

1.1 概述

1.1.1 工程造价相关概念

1. 建设项目总投资

建设项目总投资是指为完成工程项目建设并达到使用要求或生产条件，在建设期内预计或实际投入的全部费用总和。建设项目按用途可分为生产性建设项目和非生产性建设项目。生产性建设项目总投资包括固定资产投资和流动资产投资两部分；非生产性建设项目总投资只有固定资产投资。

2. 固定资产投资

固定资产投资是建造和购置固定资产的经济活动，即固定资产再生产活动。固定资产投资是社会固定资产再生产的主要手段，可分为基本建设投资、更新改造投资、房地产开发投资和其他固定资产投资四大类。建设项目总投资中的固定资产投资包括建设投资、建设期利息和固定资产投资方向调节税三部分，它与建设项目的工程造价在量上相等。

3. 建筑安装工程造价

建筑安装工程造价是建设项目投资中的建筑安装工程投资。在工程项目建设过程中，只有建筑安装活动是直接创造建筑安装产品价值的生产活动。因此，在建设项目投资构成中，建筑安装工程投资作为建筑安装工程价值的货币表现，亦称为建筑安装工程造价，它是建设项目造价的重要组成部分。

1.1.2 建设项目总投资构成

建设项目总投资包括固定资产投资和流动资产投资，其中，固定资产投资即建设工程造价包括建设投资、建设期利息和固定资产投资方向调节税三部分。固定资产投资中的建设投资是建设工程造价的主要构成成分，根据《建设项目经济评价方法与参数（第三版）》（发改投资〔2006〕1325号）的规定，建设投资包括工程费用、工程建设其他费用和预备费三部分。工程费用是指建设期内直接用于工程建造、设备购置及其安装的费用；工程建设其他费用是指建设期内发生的与土地使用权取得、项目建设及未来生产经营有关的构成建设投资但不包括在工程费用中的费用；预备费是指在建设期内为各种不可预见因素的变化而预留的可能增加的费用，包括基本预备费和价差预备费。总之，建设工程造价的基本构成既包括用于建筑安装施工所需支出的费用，购买工程项目所含各种设备的费用，购置建设用地的费用，委托工程勘察设计所应支付的费用，也包括用于建设单位自身进行项目筹建和项目管理所花费的费用等。建设项目总投资的构成如图 1-1 所示。

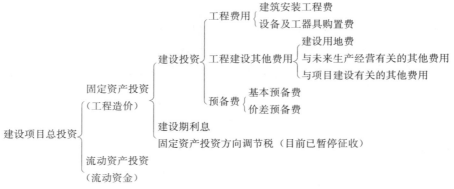

图 1-1　建设项目总投资构成

1.2　建筑安装工程费用

建筑安装工程费用是指为完成工程项目建造、生产性设备及配套工程安装所需的费用，是建设单位支付给建筑安装施工企业的全部费用，是以货币形式表现的建筑安装工程价值。在建设工程造价构成中，建筑安装工程费用具有相对独立性，也是最具活力、最为重要的组成部分。

1.2.1　建筑安装工程费用内容

建筑安装工程费用包括建筑工程费用和安装工程费用两个部分。

1. 建筑工程费用内容

（1）各类房屋建筑工程和列入房屋建筑工程预算的供水、供暖、卫生、通风、燃气等设备费用及其装设、油饰工程的费用，列入建筑工程预算的各种管道、电力、电信和电缆导线敷设工程的费用。

（2）设备基础、支柱、工作台、烟囱、水塔、水池、灰塔等建筑工程以及各种炉窑的砌筑工程和金属结构工程的费用。

（3）为施工而进行的场地平整，工程和水文地质勘察，原有建筑物和障碍物的拆除以及施工临时用水、电、气、路和完工后的场地清理，环境绿化、美化等工作的费用。

（4）矿井开凿、井巷延伸、露天矿剥离，石油、天然气钻进，修建铁路、公路、桥梁、水库、堤坝、渠灌及防洪等工程的费用。

2. 安装工程费用内容

（1）生产、动力、起重、运输、传动和医疗、实验等各种需要安装的机械设备的装配费用，与设备相连的工作台、梯子、栏杆等设施的工程费用，附属于被安装设备的管线敷设工程费用，以及被安装设备的绝缘、防腐、保温、油漆等工作的材料费和安装费。

（2）为测定安装工程质量，对单台设备进行单机试运转、对系统设备进行系统联动无负荷试运转工作的调试费。

1.2.2　建筑安装工程费用项目划分

根据住房城乡建设部、财政部颁发的《关于印发＜建设安装工程费用项目组成＞的通知》（建标［2013］44 号）（以下简称《通知》），我国现行建筑安装工程费用项目组成有两种划分方式。

1. 按费用构成要素划分

建筑安装工程费用项目按费用构成要素组成，划分为人工费、材料（包含工程设备，下同）费、施工机具使用费、企业管理费、利润、规费和税金。其中人工费、材料费、施工机具使用费、企业管理费和利润包含在分部分项工程费、措施项目费、其他项目费中。其具体构成如图 1-2 所示。

2. 按工程造价形成划分

建筑安装工程费用项目按工程造价形成顺序，划分为分部分项工程费、措施项目费、其他项目费、规费和税金。其中分部分项工程费、措施项目费、其他项目费包含人工费、材料费、施工机具使用费、企业管理费和利润，以及一定范围的风险费用。其项目组成如图 1-3 所示。

建筑安装工程费用项目按工程造价形成划分，可便于工程造价专业人员计算建筑安装工程造价。

1.2.3　按费用构成要素划分的建筑安装工程费用项目组成

1. 人工费

（1）人工费的内容

人工费是指按工资总额构成规定，支付给从事建筑安装工程施工的生产工人和附属生产单位工人的各项费用。内容包括：

1）计时工资或计件工资：是指按计时工资标准和工作时间或对已做工作按计件单价支付给个人的劳动报酬。

2）奖金：是指对超额劳动和增收节支支付给个人的劳动报酬。如节约奖、劳动竞赛奖等。

3）津贴补贴：是指为了补偿职工特殊或额外的劳动消耗和因其他特殊原因支付给个人的津贴，以及为了保证职工工资水平不受物价影响支付给个人的物价补贴。如流动施工津贴、特殊地区施工津贴、高温（寒）作业临时津贴、高空作业津贴等。

4）加班加点工资：是指按规定支付的在法定节假日工作的加班工资和在法定日工作时间外延时工作的加点工资。

5）特殊情况下支付的工资：是指根据国家法律、法规和政策规定，因病、工伤、产假、计划生育假、婚丧假、事假、探亲假、定期休假、停工学习、执行国家或社会义务等原因按计时工资标准或计时工资标准的一定比例支付的工资。

（2）人工费的计算

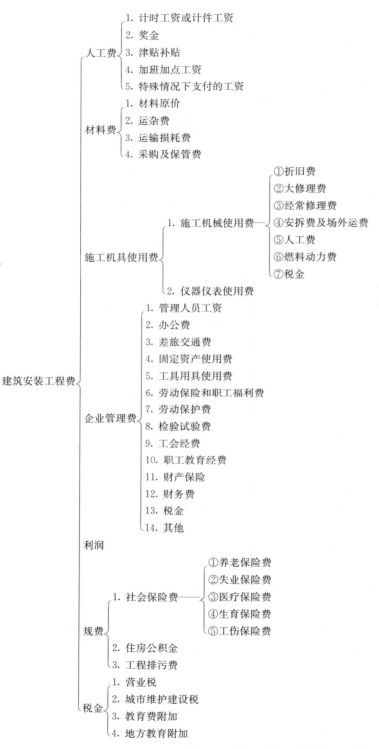

图 1-2　建筑安装工程费用项目组成表

（按费用构成要素划分）

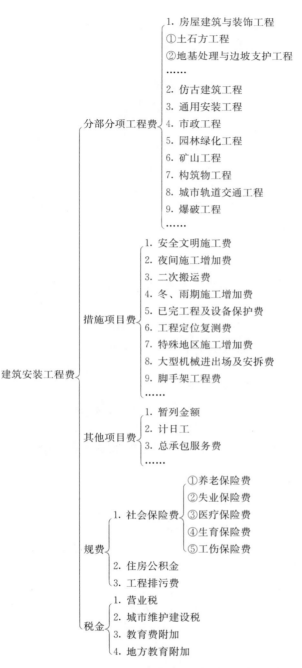

图 1-3　建筑安装工程费用项目组成表

（按工程造价形成划分）

公式 1：

人工费＝Σ（工日消耗量×日工资单价）

$$日工资单价＝\frac{生产工人平均月工资（计时计件）＋平均月（资金＋津贴补贴＋特殊情况下支付的工资）}{年平均每月法定工作日}$$

5

公式 1 主要适用于施工企业投标报价时自主确定人工费，也是工程造价管理机构编制计价定额确定定额人工单价或发布人工成本信息的参考依据。

公式 2：

$$人工费＝\sum（工程工日消耗量×日工资单价）$$

式中：日工资单价是指施工企业平均技术熟练程度的生产工人在每工作日（国家法定工作时间内）按规定从事施工作业应得的日工资总额。

工程造价管理机构应根据工程项目的技术要求，通过市场调查，参考实物工程量人工单价综合分析确定日工资单价，最低日工资单价不得低于工程所在地人力资源和社会保障部门所发布的最低工资标准的：普工 1.3 倍、一般技工 2 倍、高级技工 3 倍。

公式 2 适用于工程造价管理机构编制用人定额时确定定额人工费，是施工企业投标报价的参考依据。

2. 材料费

（1）材料费的内容

材料费是指施工过程中耗费的原材料、辅助材料、构配件、零件、半成品或成品、工程设备的费用。内容包括：

1）材料原价：是指材料、工程设备的出厂价格或商家供应价格。

2）运杂费：是指材料、工程设备自来源地运至工地仓库或指定堆放地点所发生的全部费用。

3）运输损耗费：是指材料在运输装卸过程中不可避免的损耗。

4）采购及保管费：是指为组织采购、供应和保管材料、工程设备的过程中所需要的各项费用。包括采购费、仓储费、工地保管费、仓储损耗。

以上所说的工程设备是指构成或计划构成永久工程一部分的机电设备、金属结构设备、仪器装置及其他类似的设备和装置。

（2）材料费的计算

1）材料费

$$材料费＝\sum（材料消耗量×材料单价）$$

$$材料单价＝\{（材料原价＋运杂费）×[1＋运输损耗率（\%）]\}×[1＋采购保管费率（\%）]$$

2）工程设备费

$$工程设备费＝\sum（工程设备量×工程设备单价）$$

$$工程设备单价＝（设备原价＋运杂费）×[1＋采购保管费率（\%）]$$

3. 施工机具使用费

（1）施工机具使用费的内容

施工机具使用费是指施工作业所发生的施工机械、仪器仪表使用费或租赁费。内容包括：

1）施工机械使用费：以施工机械台班耗用量乘以施工机械台班单价表示，施工机械台班单价由下列七项费用组成：

① 折旧费：指施工机械在规定的使用年限内，陆续收回其原值的费用。

② 大修理费：指施工机械按规定的大修理间隔台班进行必要的大修理，以恢复其正常功能所需的费用。

③ 经常修理费：指施工机械除大修理以外的各种保养和临时故障排除所需的费用。包括为保障机械正常运转所需替换设备与随机配备工具附件的摊销和维护费用，机械运转中日常保养所需润滑与擦拭的材料费用及机械停滞期间的维护和保养费用等。

④ 安拆费及场外运费：安拆费指施工机械（大型机械除外）在现场进行安装与拆除所需的人工、材料、机械和试运转费用以及机械辅助设施的折旧、搭设、拆除等费用；场外运费指施工机械整体或分体自停放地点运至施工现场或由一施工地点运至另一施工地点的运输、装卸、辅助材料及架线等费用。

⑤ 人工费：指机上司机（司炉）和其他操作人员的人工费。

⑥ 燃料动力费：指施工机械在运转作业中所消耗的各种燃料及水、电等。

⑦ 税费：指施工机械按照国家规定应缴纳的车船使用税、保险费及年检费等。

2）仪器仪表使用费：是指工程施工所需使用的仪器仪表的摊销及维修费用。

（2）施工机具使用费的计算

1）施工机械使用费

$$施工机械使用费=\sum(施工机械台班消耗量\times机械台班单价)$$

$$机械台班单价=台班折旧费+台班大修费+台班经常修理费$$
$$+台班安拆费及场外运费+台班人工费$$
$$+台班燃料动力费+台班车船税费$$

工程造价管理机构在确定计价定额中的施工机械使用费时，应根据《建筑施工机械台班费用计算规则》，结合市场调查编制施工机械台班单价。施工企业可以参考工程造价管理机构发布的机械台班单价，自主确定施工机械使用费的报价，如租赁施工机械，施工机械使用费的计算公式为：

$$施工机械使用费=\sum(施工机械台班消耗量\times机械台班租赁单价)$$

2）仪器仪表使用费

$$仪器仪表使用费=工程使用的仪器仪表摊销费+维修费$$

4. 企业管理费

（1）企业管理费的内容

企业管理费是指建筑安装企业组织施工生产和经营管理所需的费用。内容包括：

1）管理人员工资：是指按规定支付给管理人员的计时工资、奖金、津贴（补贴）、加班加点工资及特殊情况下支付的工资等。

2）办公费：是指企业管理办公用的文具、纸张、账表、印刷、邮电、书报、办公软件、现场监控、会议、水电、烧水和集体取暖降温（包括现场临时宿舍取暖降温）等费用。

3）差旅交通费：是指职工因公出差、调动工作的差旅费、住勤补助费、市内交通费和误餐补助费，职工探亲路费，劳动力招募费，职工退休、退职一次性路费，工伤人员就医路费，工地转移以及管理部门使用的交通工具的油料、燃料等费用。

4）固定资产使用费：是指管理和试验部门及附属生产单位使用的属于固定资产的房屋、设备、仪器等的折旧、大修、维修或租赁费。

5）工具用具使用费：是指企业施工生产和管理使用的不属于固定资产的工具、器具、家具、交通工具和检验、试验、测绘、消防用具等的购置、维修和摊销费。

6）劳动保险和职工福利费：是指由企业支付的职工退职金、按规定支付给离退休干部的经费、集体福利费、夏季防暑降温费、冬季取暖补贴、上下班交通补贴等。

7）劳动保护费：是指企业按规定发放的劳动保护用品的支出。如工作服、手套、防暑降温饮料以及在有碍身体健康的环境中施工的保健费用等。

8）检验试验费：是指施工企业按照有关标准规定，对建筑以及材料、构件和建筑设备安装进行一般鉴定、检查所发生的费用，包括自设试验室进行试验所耗用的材料等费用，但不包括新结构、新材料的试验费，对构件做破坏性试验及其他特殊要求检验试验的费用和建设单位委托检测机构进行检测的费用。对此类检测发生的费用，由建设单位在工程建设其他费用中列支；但对施工企业提供的具有合格证明的材料进行检测不合格的，该检测费用由施工企业支付。

9）工会经费：是指企业按《工会法》规定的全部职工工资总额比例计提的工会经费。

10）职工教育经费：是指按职工工资总额的规定比例计提，企业为职工进行专业技术和职业技能培训，专业技术人员继续教育、职工职业技能鉴定、职业资格认定以及根据需要对职工进行各种文化教育所发生的费用。

11）财产保险费：是指施工管理用财产、车辆等的保险费用。

12）财务费：是指企业为施工生产筹集资金或提供预付款担保、履约担保、职工工资支付担保等所发生的各种费用。

13）税金：是指企业按规定缴纳的房产税、车船使用税、土地使用税、印花税等。

14）其他：包括技术转让费、技术开发费、投标费、业务执行费、绿化费、广告费、公证费、法律顾问费、审计费、咨询费、保险费等。

（2）企业管理费的计算

在不同的取费基础下，企业管理费费率的计算方法也不相同。

1）以分部分项工程费为计算基础

$$企业管理费费率（\%）=\frac{生产工人年平均管理费}{年有效施工天数\times 人工单价}\times 人工费占分部分项工程费比例（\%）$$

2）以人工费和机械费合计为计算基础

$$企业管理费费率（\%）=\frac{生产工人年平均管理费}{年有效施工天数\times（人工单价+每一工日机械使用费）}\times 100\%$$

3）以人工费为计算基础

$$企业管理费费率（\%）=\frac{生产工人年平均管理费}{年有效施工天数\times 人工单价}\times 100\%$$

上述公式适用于施工企业投标报价时自主确定管理费，也是工程造价管理机构编制计价定额确定企业管理费的参考依据。

工程造价管理机构在确定计价定额中企业管理费时，应以定额人工费或（定额人工费＋定额机械费）为计算基数，根据历年工程造价积累资料并辅以调查数据确定费率。企业管理费应列入分部分项工程和措施项目中。

5．利润

利润是指施工企业完成所承包工程而获得的盈利。其计算方法为：

（1）施工企业根据自身需求并结合建筑市场实际自主确定，列入报价中。

（2）工程造价管理机构在确定计价定额中的利润时，应以定额人工费或（定额人工费＋定额机械费）为计算基数，根据历年工程造价积累资料并结合建筑市场实际确定费率。以单位（项）工程测算，利润在税前建筑安装工程费用的比重可按不低于5%且不高于7%的费率计算。利润应列入分部分项工程和措施项目中。

6．规费

规费是指按国家法律、法规规定，由省级政府和省级有关权力部门规定必须缴纳或计取的费用。内容包括：

（1）社会保险费，包括养老保险费、失业保险费、医疗保险费、生育保险费和工伤保险费，分别指企业按照规定标准为职工缴纳的基本养老保险费、基本失业保险费、基本医疗保险费、生育保险费和工伤保险费。

（2）住房公积金：指企业按照规定标准为职工缴纳的住房公积金。

（3）工程排污费：指按规定缴纳的施工现场工程排污费。

规费的计算方法为：

（1）社会保险费和住房公积金应以定额人工费为计算基础，根据工程所在地省、自治区、直辖市或行业建设主管部门规定的费率计算。社会保险费和住房公积金费率可以每万元发承包价的生产工人人工费和管理人员工资含量与工程所在地规定的缴纳标准综合分析取定。

（2）工程排污费等其他应列而未列入的规费应按工程所在地环境保护部门规定的标准缴纳，按实计取列入。

7．税金

税金是指国家税法规定的应计入建筑安装工程造价内的营业税、城市维护建设税、教育费附加以及地方教育附加。其计算方法为：

（1）营业税。按计税营业额乘以营业税税率确定，建筑安装企业的营业税税率为3%，计算公式为：

$$应纳营业税＝计税营业额×3\%$$

计税营业额即含税营业额，是指从事建筑、安装、修缮、装饰及其他工程作业收取的全部收入，包括建筑、修缮、装饰工程所用原材料及其他物资和动力的价款。当安装的设备价值作为安装工程产值时，也包括所安装设备的价款。但建筑安装工程总承包方将工程分包或转包给他人时，其营业额中不包括付给分包或转包方的价款。营业税的纳税地点为应税劳务的发生地。

（2）城市维护建设税。是为筹集城市维护和建设资金，稳定和扩大城市、乡镇维护建设的资金来源而对有经营收入的单位和个人征收的一种税。按应纳营业税额乘以适用税率确定，计算公式为：

$$应纳税额＝应纳营业税额×适用税率$$

城市维护建设税的纳税地点在市区的，其适用税率为7%；所在地为县镇的，其适用税率为5%，所在地为农村的，其适用税率为1%。城建税的纳税地点与营业税纳税地点相同。

（3）教育费附加。按应纳营业税额乘以 3% 确定，计算公式为：

$$应纳税额＝应纳营业税额×3\%$$

建筑安装企业的教育费附加要与其营业税同时缴纳，即使办有职工子弟学校的建筑安装企业也应先缴纳教育费附加，教育部门根据企业办学情况，酌情返还办学单位作为对其办学经费的补充。

（4）地方教育附加。大部分地区地方教育附加按应纳营业税额的 2% 确定，计算公式为：

$$应纳税额＝应纳营业税额×2\%$$

地方教育附加应专项用于发展教育事业，不得从地方教育附加中提取或列支征收或代征手续费。

（5）税金的综合计算。为了简化计算，通常是将上述税种合并成一个综合税率一并计算上述各种税金。税金的综合计算公式为：

$$税金＝税前造价×综合税率（\%）$$

综合税率因纳税地点不同而不同：

① 纳税地点在市区的企业

$$综合税率（\%）＝\left[\frac{1}{1-3\%-(3\%×7\%)-(3\%×3\%)-(3\%×2\%)}-1\right]×100\%＝3.48\%$$

② 纳税地点在县城、镇的企业

$$综合税率（\%）＝\left[\frac{1}{1-3\%-(3\%×5\%)-(3\%×3\%)-(3\%×2\%)}-1\right]×100\%＝3.41\%$$

③ 纳税地点不在市区、县城、镇的企业

$$综合税率（\%）＝\left[\frac{1}{1-3\%-(3\%×1\%)-(3\%×3\%)-(3\%×2\%)}-1\right]×100\%＝3.28\%$$

④ 实行营业税改增值税的，按纳税地点现行税率计算。

1.2.4　按造价形成顺序划分的建筑安装工程费用项目组成

1. 分部分项工程费

分部分项工程费是指各专业工程的分部分项工程应予列支的各项费用。其中，专业工程是指按现行国家计量规范划分的房屋建筑与装饰工程、仿古建筑工程、通用安装工程、市政工程、园林绿化工程、矿山工程、构筑物工程、城市轨道交通工程、爆破工程等各类工程。分部分项工程是指按现行国家计量规范对各专业工程划分的项目。如房屋建筑与装饰工程划分的土石方工程、地基处理与边坡支护工程、桩基工程、砌筑工程、混凝土及钢筋混凝土工程等。各类专业工程的分部分项工程划分见现行国家或行业计量规范。

分部分项工程费的计算公式为：

$$分部分项工程费＝\sum（分部分项工程量×综合单价）$$

式中：综合单价包括人工费、材料费、施工机具使用费、企业管理费和利润以及一定范围的风险费用。

2. 措施项目费

（1）措施项目费的内容（见表 1-1）

措施项目费是指为完成建筑工程施工，发生于该工程施工前和施工过程中的技术、生活、安全、环境保护等方面的费用。内容包括：

1）安全文明施工费

① 环境保护费：指施工现场为达到环保部门的要求所需要的各项费用。

② 文明施工费：指施工现场文明施工所需要的各项费用。

③ 安全施工费：指施工现场安全施工所需要的各项费用。

④ 临时设施费：指施工企业为进行建设工程施工所必须搭设的生活和生产用临时建筑物、构筑物和其他临时设施的费用。包括临时设施的搭设、维修、拆除、清理费或摊销费等。

2）夜间施工增加费：是指因夜间施工所发生的夜班补助费、夜间施工降效、夜间施工照明设备摊销及照明用电等费用。

3）二次搬运费：是指因施工场地条件限制而发生的材料、构配件、半成品等一次运输不能到达堆放地点，必须进行二次或多次搬运所发生的费用。

安全文明施工措施项目包含的内容　　　　　　　　　　　　　　　　表 1-1

项目名称	工作内容及包含范围
安全文明施工	1. 环境保护：现场施工机械设备降低噪声、防扰民措施；水泥和其他易飞扬细颗粒建筑材料密闭存放或采取覆盖措施等；工程防扬尘洒水；土石方、建渣外运车辆防护措施等；现场污染源控制、生活垃圾清理外运、场地排水排污措施；其他环境保护措施。 2. 文明施工："五牌一图"；现场围挡的墙面美化（包括内外粉刷、刷白、标语等）、压顶装饰；现场厕所便槽刷白、贴面砖，水泥砂浆地面或地砖，建筑物内临时便溺设施；其他施工现场临时设施的装饰装修、美化措施；现场生活卫生设施；符合卫生要求的饮水设备、淋浴、消毒等设施；生活用洁净燃料；防煤气中毒、防蚊虫叮咬等措施；施工现场操作场地的硬化；现场绿化、治安综合治理；现场配备医药保健器材、物品和急救人员培训；现场工人防暑降温、电风扇、空调等设备及用电；其他文明施工措施。 3. 安全施工：安全资料、特殊作业专项方案的编制，安全施工标志的购置及安全宣传；"三宝"（安全帽、安全带、安全网）、"四口"（楼梯口、电梯井口、通道口、预留洞口）、"五临边"（阳台围栏、楼板围边、屋面围边、槽坑围边、卸料平台两侧）、水平防护架、垂直防护架、外架封闭等防护；施工安全用电，包括配电箱三级配电、两级保护装置要求、外电防护措施；起重机、塔吊等起重设备（含井架、门架）及外用电梯的安全防护措施（含警示标志）及卸料平台的临边防护、层间安全门、防护棚等设施；建筑工地起重机械的检验检测；施工机具防护棚及其围栏的安全保护设施；施工安全防护通道；工人的安全防护用品、用具购置；消防设施与消防器材的配置；电气保护、安全照明设施；其他安全防护措施。 4. 临时设施：施工现场采用彩色、定型钢板、砖、混凝土砌块等围挡的安砌、维修、拆除；施工现场临时建筑物、构筑物的搭设、维修、拆除，如临时宿舍、办公室、食堂、厨房、厕所、诊疗所、临时文化福利用房、临时仓库、加工场、搅拌台、临时简易水塔、水池等；施工现场临时设施的搭设、维修、拆除，如临时供水管道、临时供电管线、小型临时设施等；施工现场规定范围内临时简易道路铺设，临时排水沟、排水设施安砌、维修、拆除；其他临时设施搭设、维修、拆除

4）冬、雨期施工增加费：是指在冬期或雨期施工需增加的临时设施、防滑、排除雨雪，人工及施工机械效率降低等费用。

5）已完工程及设备保护费：是指在竣工验收前，对已完工程及设备采取必要保护措施所发生的费用。

6）工程定位复测费：是指在工程施工过程中，进行的施工测量放线和复测工作费用。

7）特殊地区施工增加费：是指工程在沙漠或其边缘地区、高海拔、高寒、原始森林等特殊地区施工增加的费用。

8）大型机械设备进出场及安拆费：是指机械整体或分体自停放场地运至施工现场或由一个施工地点运至另一施工地点所发生的机械进出场运输及转移费用及机械在施工现场进行安装、拆卸所需的人工费、材料费、机械费、试运转费和安装所需的辅助设施的费用。

9）脚手架工程费：是指工程施工需要的各种脚手架的搭、拆、运输费用以及脚手架购置（或租赁）费的摊销。

（2）措施项目费的计算

为了便于措施项目费的计算，各专业工程计量规范将措施项目按照能否计量进行了分类，对于可以计算工程量的措施项目，采用单价项目的方式进行编制；对于不能计算工程量的措施项目，采用总价项目的方式进行编制，分别计算。如房屋建筑与装饰工程工程量计算规范中规定的措施项目，包括脚手架工程、混凝土模板及支架（撑）、垂直运输、超高施工增加、大型机械设备进出场及安拆、施工排水、降水、安全文明施工及其他措施项目等。其中，前六项是可以计量的措施项目，不能计量的措施项目包括安全文明施工、夜间施工、非夜间施工照明、二次搬运、冬、雨期施工、地上、地下设施及建筑物的临时保护设施、已完工程及设备保护等。

1）国家计量规范规定应予以计量的措施项目，其计算公式为：

$$措施项目费＝\sum（措施项目工程量×综合单价）$$

2）国家计量规范规定不宜计量的措施项目计算方法为：

① 安全文明施工费

$$安全文明施工费＝计算基数×安全文明施工费费率（\%）$$

计算基数应为定额基价（定额分部分项工程费＋定额中可以计量的措施项目费）、定额人工费或（定额人工费＋定额机械费），其费率由工程造价管理机构根据各专业工程的特点综合确定。

措施项目中的安全文明施工费必须按国家或省级、行业建设主管部门的规定计算，不得作为竞争性费用。

② 夜间施工增加费

$$夜间施工增加费＝计算基数×夜间施工增加费费率（\%）$$

③ 二次搬运费

$$二次搬运费＝计算基数×二次搬运费费率（\%）$$

④ 冬、雨期施工增加费

$$冬、雨期施工增加费＝计算基数×冬、雨期施工增加费费率（\%）$$

⑤ 已完工程及设备保护费

$$已完工程及设备保护费＝计算基数×已完工程及设备保护费费率（\%）$$

上述②～⑤项措施项目的计费基数应为定额人工费或（定额人工费＋定额机械费），其费率由工程造价管理机构根据各专业工程特点和调查资料综合分析后确定。

3. 其他项目费

（1）暂列金额

暂列金额是指建设单位在工程量清单中暂定并包括在工程合同价款中的一笔款项。用于施工合同签订时尚未确定或者不可预见的所需材料、工程设备、服务的采购，施工中可能发生的工程变更、合同约定调整因素出现时的工程价款调整以及发生的索赔、现场签证确认等费用。

暂列金额由建设单位根据工程特点，按有关计价规定估算，施工过程中由建设单位掌握使用，扣除合同价款调整后如有余额，归建设单位。

（2）计日工

计日工是指在施工过程中，施工企业完成建设单位提出的施工图纸以外的零星项目或工作所需的费用。

计日工由建设单位和施工企业按施工过程中的签证计价。

（3）总承包服务费

总承包服务费是指总承包人为配合、协调建设单位进行的专业工程发包，对建设单位自行采购的材料、工程设备等进行保管以及施工现场管理、竣工资料汇总整理等服务所需的费用。

总承包服务费由建设单位在招标控制价中根据总包服务范围和有关计价规定编制，施工企业投标时自主报价，施工过程中按签约合同价执行。

4. 规费和税金

规费和税金必须按国家或省级、行业建设主管部门的规定计算，不得作为竞争性费用。

1.3 设备及工器具购置费用

设备及工器具购置费用由设备购置费和工具、器具及生产家具购置费组成。

1.3.1 设备购置费

设备购置费是指为建设项目购置或自制的达到固定资产标准的各种国产或进口设备、工器具及生产家具等所需的费用，由设备原价和设备运杂费构成。

$$设备购置费＝设备原价＋设备运杂费$$

式中，设备原价指国产或进口设备的原价；设备运杂费指除设备原价之外的关于设备采购、运输、途中包装及仓库保管等方面支出的费用总和。

1. 国产标准设备原价

国产标准设备是指按主管部门颁布的标准图纸和技术要求，由国内设备生产厂家批量生产，符合国家质量检测标准的设备。国产标准设备一般有完善的设备交易市场，可通过查询相关交易市场价格或向设备生产厂家询价得到国产标准设备的原价。国产标准设备原价有两种，即带有备件的原价和不带备件的原价，计算时一般采用带有备件的原价。

2. 国产非标准设备原价

国产非标准设备是指国家无定型标准，设备生产厂家只能按订货要求并根据具体的设计图纸制造的设备。非标准设备由于无定型标准，不可能批量生产，所以无法获取市场交易价格，只能按其成本构成或相关技术参数估算其价格。成本计算估价法是一种比较常用的估算非标准设备原价的方法，按成本计算估价法，非标准设备的原价由材料费、加工费、辅助材料费、专用工具费、废品损失费、外购配套件费、包装费、利润、税金、非标准设备设计费组成。单台非标准设备原价可用下式表达：

$$单台非标准设备原价＝\{[（材料费＋加工费＋辅助材料费）$$
$$×（1＋专用工具费费率）×（1＋废品损失费费率）$$
$$＋外购配套件费]×（1＋包装费费率）－外购配套件费\}$$
$$×（1＋利润率）＋销项税额＋非标准设备设计费$$
$$＋外购配套件费$$

3. 进口设备原价

进口设备原价是指进口设备的抵岸价，即设备抵达买方边境港口或车站，交完各种手续费、税费后的价格。进口设备抵岸价的构成与其交货类别有关。

（1）进口设备的交货类别

进口设备的交货类别有内陆交货类、目的地交货类和装运港交货类。

1）内陆交货类。即卖方在出口国内陆某个地点交货。在交货点，卖方及时提交合同规定的货物和有关凭证，并承担交货前的一切费用和风险；买方按时接收货物，交付货款，承担接货后的一切费用和风险，并自行办理出口手续和装运出口。货物的所有权也在交货后由卖方转移给买方。

2）目的地交货类。即卖方在进口国港口或内地交货，有目的港船上交货价、目的港船边交货价、目的港码头交货价及完税后交货价等几种交货价格。这种交货类别买卖双方承担的责任、费用和风险是以目的地约定交货点为分界线，只有当卖方在交货点将货物置于买方控制下方算交货，方能向买方收取货款。目的地交货类对卖方来说承担的风险较大，在国际贸易中卖方一般不愿意采用。

3）装运港交货类。即卖方在出口国装运港交货，主要有装运港船上交货价（FOB），习惯称为离岸价；运费在内价（CFR）；运费、保险费在内价（CIF），习惯称为到岸价三种交货价格。装运港交货类只要卖方按照约定的时间在装运港把合同规定的货物装船并提供货运单便完成交货。

装运港船上交货价（FOB）是我国进口设备采用最多的一种交货价格。采用船上交货时卖方的责任是：负责在规定的期限内，在合同规定的装运港口将货物装上买方指定的船只，并及时通知买方；负责货物装船前的一切费用和风险；负责办理出口手续；提供出口国政府或有关方面签发的证件；负责提供有关装运单据。买方的责任是：负责租船或订舱，支付运费，并将船期、船名通知卖方；承担货物装船后的一切费用和风险；负责办理保险及支付保险费，办理在目的港的进口和收货手续；接受卖方提供的有关装运单据，并按合同规定支付货款。

（2）进口设备抵岸价的构成

进口设备的抵岸价通常由进口设备到岸价（CIF）和进口从属费构成。进口设备到岸价，即进口设备抵达买方边境港口或车站的价格，由进口设备货价、国际运费和运输保险费组成。进口从属费包括银行财务费、外贸手续费、关税、消费税、进口环节增值税等，进口车辆的还需缴纳车辆购置税。其的计算公式分别为：

$$进口设备抵岸价＝进口设备到岸价＋进口从属费$$

$$进口设备到岸价(CIF)＝进口设备货价＋国际运费＋运输保险费$$
$$＝进口设备离岸价(FOB)＋国际运费＋运输保险费$$
$$＝进口设备运费在内价(CFR)＋运输保险费$$
$$进口从属费＝银行财务费＋外贸手续费＋关税＋消费税＋进口环节增值税$$
$$＋进口车辆购置税$$

1）货价。一般指装运港船上交货价，即离岸价（FOB）。设备货价分为原币货价和人民币货价，原币货价一律折算为美元，人民币货价按原币货价乘以外汇市场美元兑换人民币汇率中间价确定。进口设备货价按有关生产厂商询价、报价、订货合同价计算。

2）国际运费。即从装运港（站）到达我国边境港（站）的运费。其计算公式为：
$$国际运费(海、陆、空)＝单位运价×运量$$
或
$$国际运费(海、陆、空)＝原币货价(FOB)×运费率$$

其中，单位运价或运费率参照有关部门或进出口公司的规定执行。

3）运输保险费。是在对外贸易中，保险人（保险公司）与被保险人（出口人或进口人）签订保险契约，在被保险人交付议定的保险费后，保险人根据保险契约的规定对货物在运输过程中发生的承保范围内的损失，给予的经济上的补偿。属于财产保险的一种，其计算公式为：
$$运输保险费＝\frac{原币货价(FOB)＋国外运费}{1-保险费率}×保险费率$$

其中，保险费率按保险公司规定的进口货物保险费率计算。

4）银行财务费。一般是指在国际贸易结算中，中国银行为进出口商提供金融结算服务所收取的费用，可按下式简化计算：
$$银行财务费＝离岸价格(FOB)×人民币外汇汇率×银行财务费率$$

5）外贸手续费。指按规定的外贸手续费率计取的费用，外贸手续费率一般取 1.5%，计算公式为：
$$外贸手续费＝到岸价格(CIF)×人民币外汇汇率×外贸手续费率$$

6）关税。是由海关对进出国境或关境的货物和物品征收的一种税。其计算公式为：
$$关税＝到岸价格(CIF)×人民币外汇汇率×进口关税税率$$

到岸价格作为关税的计征基数时，又可称为关税完税价格。进口关税税率分为普通和优惠两种，分别适用于已与或未与我国签订关税互惠条款的贸易条约或协定国家的进口设备。进口关税税率按我国海关总署发布的进口关税税率计算。

7）消费税。仅对部分进口设备（如轿车、摩托车等）征收，其计算公式为：
$$应纳消费税税额＝\frac{到岸价格(CIF)×人民币外汇汇率＋关税}{1-消费税费}×消费税税率$$

8）进口环节增值税。是对从事进口贸易的单位和个人，在进口商品报关进口后征收的税种。我国增值税条例规定，进口应税产品均按组成计税价格和增值税税率直接计算应纳税额。即：
$$进口环节增值税＝组成计税价格×增值税税率$$
$$组成计税价格＝关税完税价格＋关税＋消费税$$

9）进口车辆购置税。进口车辆需缴纳进口车辆购置税，其计算公式为：

进口车辆购置税＝(关税完税价格＋关税＋消费税)×进口车辆购置税率

4. 设备运杂费

设备运杂费是指国内采购设备自来源地、国外采购设备自到岸港运至工地仓库或指定堆放地点发生的采购、运输、运输保险、装卸、保管等费用。通常由下列各项构成：

（1）运费和装卸费。国产设备是由设备制造厂交货地点运至工地仓库（或施工组织设计指定的堆放地点）的运费和装卸费；进口设备是由我国到岸港口或边境车站运至工地仓库（或施工组织设计指定的堆放地点）的运费和装卸费。

（2）包装费。在设备原价中没有包含的，为运输而进行的包装费用。

（3）设备供销部门的手续费。按有关部门规定的统一费率计算。

（4）采购与仓库保管费。指采购、验收、保管和收发设备所发生的各种费用，包括设备采购人员、保管人员和管理人员的工资、工资附加费、办公费、差旅交通费，设备供应部门办公和仓库所占固定资产使用费、工具用具使用费、劳动保护费、检验试验费等。这些费用可按主管部门规定的采购与保管费费率计算。

设备运杂费按设备原价乘以各部门及省、市规定的设备运杂费费率计算。其计算公式为：

$$设备运杂费＝设备原价×设备运杂费费率$$

1.3.2 工器具及生产家具购置费

工器具及生产家具购置费是指新建或扩建项目初步设计规定的，保证初期正常生产必须购置的没有达到固定资产标准的设备、仪器、工卡模具、器具、生产家具和备品备件等的购置费用。

工器具及生产家具购置费一般以设备购置费乘以部门或行业规定的工具、器具及生产家具费率计算。其计算公式为：

$$工器具及生产家具购置费＝设备购置费×定额费率$$

1.4 工程建设其他费用

工程建设其他费用是指从工程筹建起到工程竣工验收交付使用止的整个建设过程中，除建筑安装工程费用和设备及工器具购置费用以外的，为保证工程建设顺利完成和交付使用后能够正常发挥效用而发生的各项费用，包括建设用地费、与项目建设有关的其他费用和与未来生产经营有关的其他费用三类。

1.4.1 建设用地费

任何一个建设项目都是固定于一个地点与地面相连的，都必须占用一定的土地。建设用地费是指为了获得工程项目建设土地的使用权而发生的各项费用，包括通过划拨方式取得土地使用权而支付的土地征用及迁移补偿费或通过土地使用权出让方式取得土地使用权而支付的土地使用权出让金。

1. 征地补偿费用

建设土地征用补偿费用由以下几个部分构成：

（1）土地补偿费

土地补偿费是对农村集体经济组织因土地被征用而造成经济损失的一种补偿。征用耕地的补偿费，为该耕地被征前3年平均年产值的6～10倍。征用其他土地的补偿费标准，由省、自治区、直辖市参照征用耕地的补偿费标准规定。土地补偿费归农村集体经济组织所有。

（2）青苗补偿费和地上附着物补偿费

青苗补偿费是因征地时对其正在生长的农作物受到损害而做出的一种补偿。在农村实施承包责任制后，农民自行承包土地的青苗补偿费应付给本人，属于集体种植的青苗补偿费可纳入当年集体收益。凡在协商征地方案后抢种的农作物、树木等，一律不予补偿。地上附着物是指房屋、水井、公路、桥梁、涵洞、水利设施、林木等地面建筑物、构筑物、附着物等，视协商征地方案前地上附着物价值与折旧情况，并根据"拆什么、补什么；拆多少、补多少，不低于原来水平"的原则确定。其补偿标准，由省、自治区、直辖市规定。附着物产权属个人的，补偿费付给个人。

（3）安置补助费

安置补助费支付给被征地单位和安置劳动力的单位，作为劳动力安置与培训的支出，以及不能就业人员的生活补助。征收耕地的安置补助费，按照需要安置的农业人口数计算。需要安置的农业人口数，按照被征收的耕地数量除以征地前被征收单位平均每人占有的耕地数量计算。每一个需要安置的农业人口的安置补助费标准，为该耕地被征收前3年平均年产值的4～6倍。但每公顷被征收耕地的安置补助费，最高不得超过被征收前3年平均年产值的15倍。土地补偿费和安置补助费不能使安置农民保持原有生活水平的，经省、自治区、直辖市人民政府批准，可以增加安置补助费。但土地补偿费和安置补助费的总和不得超过土地被征收前3年平均年产值的30倍。

（4）新菜地开发建设基金

新菜地开发建设基金指征用城市郊区商品菜地时支付的费用。这项费用交给地方财政，作为开发建设新菜地的投资。菜地是指城市郊区为供应城市居民蔬菜，连续3年以上常年种菜或养殖鱼虾等的商品菜地和精养鱼塘。一年只种一茬或因调整茬口安排种植蔬菜的，均不作为需要收取开发基金的菜地。征用尚未开发的规划菜地，不缴纳新菜地开发建设基金。在蔬菜产销放开后，能够满足供应，不需要再开发新菜地的城市，不收取新菜地开发建设基金。

（5）耕地占用税

耕地占用税是对占用耕地建房或从事其他非农业生产的单位和个人征收的一种税，其目的是合理利用土地资源、节约用地，保护农用耕地。耕地是指用于种植农作物的土地，前3年曾用于种植农作物的土地也视为耕地。耕地占用税的征收范围不仅包括占用耕地，还包括占用鱼塘、园地、菜地及其他农业用地，均按实际占用的面积和规定的税额一次性征收。

（6）土地管理费

土地管理费主要是征地工作中所发生的办公、会议、培训、宣传、差旅、借用人员工资等必要费用。其收费标准一般是土地补偿费、青苗补偿费、地面附着物补偿费、安置补助费四项之和的2‰～4‰。如果是征地包干，则是在四项费用之和后加上粮食价差、副食补贴、不可预见费等费用，并以此为基础提取2‰～4‰作为土地管理费。

2. 拆迁补偿费用

在城市规划区内国有土地上实施房屋拆迁，拆迁人应对被拆迁人给予补偿、安置。

（1）拆迁补偿

拆迁补偿的方式可以是货币补偿、也可以是房屋产权调换。货币补偿的金额，根据被拆迁房屋的区位、用途、建筑面积等因素，以房地产市场评估价格确定。具体办法由省、自治区、直辖市人民政府制定。实行房屋产权调换的，拆迁人与被拆迁人按照计算得到的被拆迁房屋的补偿金额和所调换房屋的价格，结清产权调换的差价。

（2）搬迁、安置补助

拆迁人应支付被拆迁人或房屋承租人搬迁补助费，对于在规定搬迁期限前搬迁的，拆迁人可以付给提前搬迁奖励；在过渡期限内，被拆迁人或房屋承租人自行安排住处的，拆迁人应当支付临时安置补助费；被拆迁人或房屋承租人使用拆迁人提供的周转房的，拆迁人不支付临时安置补助费。搬迁补助费和临时安置补助费的标准，由省、自治区、直辖市人民政府规定。有些地区还规定，拆除非住宅房屋造成停产、停业经济损失的，拆迁人可以根据被拆除房屋的区位和使用性质，按照一定的标准给予被拆迁人或房屋承租人一次性停产停业综合补助费。

3. 出让金、土地转让金

土地使用权出让金为用地单位向国家支付的土地所有权收益，出让金标准一般参考城市基准地价并结合其他因素制定。基准地价由市土地管理局会同市物价局、国有资产管理局、房地产管理局等部门综合平衡后报市人民政府审定通过。

在有偿出让和转让土地时，政府对地价不作统一规定，但须注意以下原则：即地价对目前的投资环境不产生大的影响；地价与当地的社会经济随能力相适应；地价要考虑已投入的土地开发费用、市场供求关系、土地用途、所在区类、容积率和使用年限等。有偿出让和转让土地使用权，要向土地受让者征收契税；转让土地如有增值，要向转让者征收增值税；土地使用者每年应按规定标准缴纳土地使用费。

1.4.2　与项目建设有关的其他费用

1. 建设管理费

建设管理费是指建设单位为组织完成工程项目施工，在建设期内发生的各类管理性费用。包括建设单位管理费和工程监理费。

（1）建设单位管理费

建设单位管理费是指建设单位发生的管理性质的开支，包括：工作人员工资、工资性补贴、施工现场津贴、职工福利费、住房基金、基本养老保险费、基本医疗保险费、失业保险费、工伤保险费、办公费、差旅交通费、劳动保护费、工具用具使用费、固定资产使用费、必要的办公及生活用品购置费、必要的通信设备及交通工具购置费、零星固定资产购置费、招募生产工人费、技术图书资料费、业务招待费、设计审查费、工程招标费、合同契约公证费、法律顾问费、咨询费、完工清理费、竣工验收费、印花税和其他管理性开支。

建设单位管理费按工程费用（包括建筑安装工程费和设备及工器具购置费）乘以建设单位管理费费率计算。建设单位管理费费率按照建设项目的不同性质、不同规模确定。有的建设项目按照建设工期和规定的金额计算建设单位管理费。如采用监理，建设单位部分管理工作量转移至监理单位。监理费应根据委托的监理工作范围和监理深度在监理合同中商定或按当地或所属行业部门的有关规定计算；如采用工程总承包方式，其总包管理费由建设单位与总包单位根据总包工作范围在合同中商定，从建设管理费中支出。

建设单位管理费＝工程费用×建设单位管理费费率

（2）工程监理费

工程监理费是指建设单位委托工程监理单位实施工程监理的费用，此项费用应按《建设工程监理与相关服务收费管理规定》（发改价格〔2007〕670号）计算。依法必须实行监理的建设工程施工阶段的监理收费实行政府指导价；其他建设工程施工阶段的监理收费和其他阶段的监理与相关服务收费实行市场调节价。

2. 可行性研究费

可行性研究费是指在建设项目投资决策阶段，依据调研报告对有关建设方案、技术方案或生产经营方案进行的技术经济论证，以及编制、评审可行性研究报告所需的费用。此项费用应依据前期可行性研究委托合同计列，或参照《国家计委关于印发＜建设项目前期工作咨询收费暂行规定＞的通知》（计投资〔1999〕1283号）的规定计算。

3. 研究试验费

研究试验费是指为建设项目提供或验证设计数据、资料等进行必要的研究试验及按相关规定在建设过程中必须进行的试验、验证所需的费用。包括自行或委托其他部门研究试验所需的人工费、材料费、试验设备及仪器使用费等。此项费用按照设计单位根据建设项目所需提出的研究试验内容和要求计算。

4. 勘察设计费

勘察设计费是指对建设项目进行工程水文地质勘察、工程设计所发生的费用。包括：工程勘察费、初步设计费、施工图设计费、设计模型制作费。此项费用应按《关于发布〈工程勘察设计收费管理规定〉的通知》（计价格〔2002〕10号）的规定计算。不包括应由科技三项费用（即新产品试制费、中间试验费和重要科学研究补助费）或勘察设计费开动的项目，以及应在建筑安装工程费中列支的施工企业对建筑材料、构件和建筑物进行的一般鉴定、检查所发生的费用和技术革新研究试验费。

5. 环境影响评价费

环境影响评价费是指按照《中华人民共和国环境保护法》、《中华人民共和国环境影响评价法》等规定，在建设项目投资决策过程中，对其进行环境污染或影响评价所需的费用。包括编制环境影响报告及对环境影响报告进行评估所需的费用。此项费用可参照《关于规范环境影响咨询收费有关问题的通知》（计价格〔2002〕125号）的规定计算。

6. 劳动安全卫生评价费

劳动安全卫生评价费是指按照《建设项目（工程）劳动安全卫生监察规定》和《建设项目（工程）劳动安全卫生预评价管理办法》等规定，在建设项目投资决策过程中，为编制劳动安全卫生评价报告所需的费用。包括为编制报告所进行的工程分析和环境现状调查等所需的费用。

7. 场地准备及临时设施费

建设项目场地准备费是指建设单位为使工程建设场地达到开工条件而组织进行的场地平整等准备工作所发生的费用。建设单位临时设施费是指建设单位为满足工程项目建设、生活、办公需要，用于临时设施建设、维修、租赁、使用所发生或摊销的费用。不包括已列入建筑安装工程费中的施工企业临时设施费。

场地准备及临时设施应尽量与永久性工程统一考虑。建设场地的大型土石方工程应计入工程费用。新建项目的场地准备和临时设施费应根据实际工程量估算，或按工程费用的比例计算。改扩建项目一般只计拆除清理费。发生拆除清理费时，可按新建同类工程造价或主材费、设备费的比例计算。凡可回收材料的拆除工程采用以料抵工方式冲抵拆除清理费。

8. 引进技术和引进设备其他费

引进技术和引进设备其他费是指引进技术和引进设备发生的，但未计入设备购置费中的费用。包括：

（1）引进项目图纸资料翻译复制费、备品备件测绘费。根据引进项目的具体情况计列或按引进货价（FOB）的比例估列。

（2）出国人员费用。包括买方人员出国考察、联络、联合设计、监造、培训等发生的差旅费、生活费等。依据合同或协议规定的出国人次、期限及相应的费用标准计算。生活费按照财政部、外交部规定的现行标准计算，差旅费按中国民航公布的票价计算。

（3）来华人员费用。包括卖方来华技术人员的现场办公费用、往返现场交通费用、接待费用等，依据合同或协议有关条款及来华技术人员派遣计划进行计算。来华人员接待费用可按每人次费用指标计算。

（4）银行担保及承诺费。指引进项目由国内外金融机构出面承担风险和责任担保所发生的费用，以及支付贷款机构的承诺费用。应按担保或承诺协议计取。在投资估算和概算编制时，可以担保金额或承诺金额为基数乘以费率计算。

9. 工程保险费

工程保险费是指为转移工程项目建设的意外风险，在建设期内对建筑工程、安装工程、机械设备和人身安全进行投保而发生的费用。包括建筑安装工程一切险、引进设备财产保险和人身意外伤害险等。此项费用根据不同工程类别，分别以建筑工程费乘以建筑、安装工程保险费率计算。民用建筑占建筑工程费的 2‰～4‰；其他建筑占 3‰～6‰；安装工程占 3‰～6‰。

10. 特殊设备安全监督检查费

特殊设备安全监督检查费是指安全监察部门对在施工现场组装的锅炉及压力容器、压力管道、消防设备、燃气设备、电梯等特殊设备和设施实施安全检验收取的费用。此项费用按照建设项目所在省（市、自治区）安全监察部门规定的标准计算。无具体规定的，在编制投资估算和概算时，可按受检设备现场安装费的比例估算。

11. 市政公用设施费

市政公用设施费是指使用市政公用设施的建设项目，按照项目所在地省级人民政府的有关规定，缴纳的市政公用设施建设配套费用及绿化工程补偿费用。此项费用按工程所在地人民政府规定标准计列。

1.4.3 与未来生产经营有关的其他费用

1. 联合试运转费

联合试运转费是指新建或新增生产能力的建设项目，在交付生产前按设计文件规定的工程质量标准和技术要求，对整个生产线或装置进行负荷试运转所发生的费用净支出（支出大于收入的差额部分）。试运转支出包括试运转所需原材料、燃料及动力消耗、低值易耗品、其他物料消耗、工具用具使用费、机械使用费、保险金、施工单位参加试运转人员工资及专家指导费等；试运转收入包括试运转期间的产品销售收入和其他收入。联合试运转费不包括应由安装工程费开支的调试及试车费用，以及在试运转中暴露出来的因施工原因或设备缺陷等发生的处理费用。

2. 专利及专有技术使用费

专利及专有技术使用费包括国外设计及技术资料费、引进有效专利、专有技术使用费和技术保密费，国内有效专利、专有技术使用费，商标权、商誉和特许经营权费等。此项费用按协议或合同的规定计列，计算时应注意以下问题：

（1）专有技术的界定应以省、部级鉴定批准为依据。

（2）项目投资中只计算需在建设期支付的专利及专有技术使用费。协议或合同规定在生产期支付的使用费应在生产成本中核算。

（3）一次性支付的商标权、商誉及特许经营权费按协议或合同规定计列。协议或合同规定在生产期支付的商标权或特许经营权费应在生产成本中核算。

（4）为项目配套的专用设施，包括专用铁路、公路、通信设施、送变电站、地下管道、专用码头等，如由项目建设单位投资但产权不归属本单位的，应作无形资产处理。

3. 生产准备及开办费

生产准备及开办费是指在建设期内，建设单位为保证项目正常生产而发生的人员培训费、提前进厂费及投产使用必备的办公、生活家具用具等的购置费。包括自行组织培训或委托其他单位培训的人员工资、工资性补贴、职工福利费、差旅交通费、劳动保护费、学习资料费，以及为保证初期正常生产（或营业、使用）所必需的第一套不够固定资产标准的生产工具、器具购置费。此项费用可按设计定员乘以生产准备费指标计算。

1.5 预备费和建设期利息

1.5.1 预备费

按我国现行规定，预备费包括基本预备费和价差预备费。

1. 基本预备费

基本预备费是指为项目实施过程中可能发生的难以预料的支出而事先预留的费用。一般包括四类：设计变更、工程变更、材料代用、局部地基处理等增加的费用；自然灾害造成的损失和预防自然灾害所采取的措施费用（实行工程保险项目的该项费用应适当降低）；

竣工验收时为鉴定工程质量对隐蔽工程进行必要的挖掘和修复费用；超规超限设备运输增加的费用。此项费用按工程费用和工程建设其他费用之和乘以基本预备费费率计算，基本预备费费率执行国家及部门有关规定。

$$基本预备费＝(工程费用＋工程建设其他费用)×基本预备费费率$$

2. 价差预备费

价差预备费是指为在建设期内利率、汇率或价格等因素的变化而预留的可能增加的费用。包括人工、材料、设备、施工机械的价差费，建筑安装工程费及工程建设其他费用调整，利率、汇率调整等增加的费用。此项费用一般根据国家规定的投资综合价格指数，以估算年份价格水平的投资额为基数，采用复利法计算。其计算公式为：

$$PF = \sum_{t=1}^{n} I_t \left[(1+f) \right]^m (1+f)^{0.5} (1+f)^{t-1} - 1 \right]$$

式中　　PF——价差预备费；

n——建设期年份数；

I_t——估算静态投资额中第 t 年投入的工程费用；

f——年涨价率（按政府部门的规定执行，没有规定的通过可行性研究预测）；

m——建设前期年限（从编制估算到开工建设的时间，单位：年）。

1.5.2　建设期利息

建设期利息主要是指在建设期内发生的为建设项目筹措资金的融资费用及债务资金利息。当贷款是分年均衡发放时，建设期利息可按当年借款在年中支用进行计算，即当年贷款按半年计息，上年贷款按全年计息。计算公式为：

$$q_j = \left(P_{j-1} + \frac{1}{2} A_j \right) \cdot i$$

式中　　q_j——建设期第 j 年应计利息；

P_{j-1}——建设期第（$j-1$）年末累计贷款本金与利息之和；

A_j——建设期第 j 年贷款金额；

i——年利率。

国外贷款利息还应包括国外贷款银行根据贷款协议向贷款方以年利率方式收取的手续费、管理费、承诺费，以及国内代理机构经国家主管部门批准以年利率方式向贷款单位收取的转贷费、担保费、管理费等。

思考题

1. 简述我国现行建设项目投资构成。
2. 什么是建设工程造价？其构成内容有哪些？
3. 什么是建筑安装工程造价？我国现行建筑安装工程费用是如何构成的？
4. 简述建筑安装工程费用中人工费、材料费、施工机具使用费的构成。
5. 建筑安装工程费用中的企业管理费包括哪些项目？

6. 什么是规费？它包含哪些内容？

7. 建筑安装工程费用中的税金包括哪些项目？

8. 什么是分部分项工程费？

9. 什么是措施项目费？它包含哪些内容？

10. 其他项目费一般有哪些项目？

11. 简述设备及工器具购置费用的构成。

12. 工程建设其他费用包括哪些内容？

13. 什么是预备费？其用途有哪些？

14. 怎样计算建设期利息？

第 2 章　建设工程计价依据

2.1　工程计价概述

2.1.1　工程计价特征及基本原理

1. 工程计价特征

由工程项目的特点决定，工程计价具有以下特征。

（1）计价的单件性

建筑产品的单件性特点决定了每项工程都必须单独计算造价。

（2）计价的多次性

工程项目需要按一定的建设程序进行决策和实施，工程计价也需要在不同阶段多次进行，以保证工程造价计算的准确性和控制的有效性。多次计价是个逐步深化、逐步细化和逐步接近实际造价的过程。如图 2-1 所示。

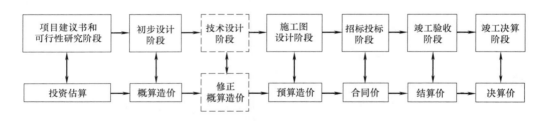

图 2-1　工程多次计价示意图

1）投资估算

是指在项目建议书和可行性研究阶段通过编制估算文件测算和确定的工程造价。投资估算是建设项目进行决策、筹集资金和合理控制造价的主要依据。

2）概算造价

是指在初步设计阶段，根据设计意图，通过编制工程概算文件预先测算和确定的工程造价。与投资估算造价相比，概算造价的准确性有所提高，但受估算造价的控制。概算造价一般又可分为建设项目概算总造价、各个单项工程概算综合造价、各单位工程概算造价。

3）修正概算造价

是指在技术设计阶段，根据技术设计的要求，通过编制概算文件预先测算和确定的工程造价。修正概算是对初步设计阶段的概算造价的修正和调整，比概算造价准确，但受概算造价控制。

4）预算造价

是指在施工图设计阶段，根据施工图纸，通过编制预算文件预先测算和确定的工程造价。它比概算造价或修正概算造价更为详尽和准确，但同样要受前一阶段工程造价的控制。但并非每个工程项目均需要确定预算造价。目前，有些工程项目需要确定招标控制价以限制最高投标报价。

5）合同价

是指在工程招标投标阶段通过签订总承包合同、建筑安装工程承包合同、设备材料采购合同，以及技术和咨询服务合同所确定的价格。合同价属于市场价格，它是由发承包双方根据市场行情共同议定和认可的成交价格。但应注意：合同价并不等同于最终结算的实际工程造价。根据计价方法不同，建设工程合同有许多类型，不同类型合同的合同价内涵也会有所不同。

6）结算价

是指在工程竣工验收阶段，按合同调价范围和调价方法，对实际发生的工程量增减、设备和材料价差等进行调整后计算和确定的价格，反映的是工程项目实际造价。结算价一般由承包单位编制，由发包单位审查，也可委托具有相应资质的工程造价咨询机构进行审查。

7）决算价

是指工程竣工决算阶段，以实物数量和货币指标为计量单位，综合反映竣工项目从筹建开始到项目竣工交付使用为止的全部建设费用。决算价一般是由建设单位编制，上报相关主管部门审查。

（3）计价的组合性

工程造价的计算是分部组合而成的，这一特征与建设项目的组合性有关。一个建设项目是一个工程综合体，它可以分解为许多有内在联系的工程。建设项目的组合性决定了确定工程造价的逐步组合过程，同时也反映到合同价和结算价的确定过程中。工程造价的组合过程是：分部分项工程单价→单位工程造价→单项工程造价→建设项目总造价。

（4）计价方法的多样性

工程项目的多次计价有其各不相同的计价依据，每次计价的精确度要求也各不相同，由此决定了计价方法的多样性。例如，投资估算的方法有设备系数法、生产能力指数估算法等；计算概、预算造价的方法有单价法和实物法等。不同的方法有不同的适用条件，计价时应根据具体情况加以选择。

（5）计价依据的复杂性

由于影响工程造价的因素较多，决定了计价依据的复杂性。计价依据主要可分为以下七类：

1）设备和工程量计算依据。包括项目建议书、可行性研究报告、设计文件等。

2）人工、材料、机械等实物消耗量计算依据。包括投资估算指标、概算定额、预算定额等。

3）工程单价计算依据。包括人工单价、材料价格、材料运杂费、机械台班费等。

4）设备单价计算依据。包括设备原价、设备运杂费、进口设备关税等。

5）措施费、间接费和工程建设其他费用计算依据。主要是相关的费用定额和指标。

6）政府规定的税、费。

7）物价指数和工程造价指数。

2. 工程计价基本原理

每个建设项目的建设都需要按业主的特定要求进行单独设计、单独施工，不能批量生产和按整个项目确定价格，只能采用特殊的计价程序和计价方法，即将整个项目进行分解，划分为可以按有关技术经济参数测量价格的基本构造单元（如定额项目、清单项目），这样就可以计算出基本构造单元的费用。一般来说，分解的结构层次越多，计算也更精确。

任何一个建设项目都可以分解为一个或多个单项工程，任何一个单项工程都是由一个或多个单位工程组成。作为单位工程的各类建筑工程和安装工程仍然是一个比较复杂的综合实体，还需要进一步分解。就建筑工程来说，又可以按照施工顺序细分为土石方工程、地基处理与边坡支护工程、桩基工程、砌筑工程、混凝土及钢筋混凝土工程、金属结构工程、木结构工程、门窗工程、屋面及防水工程等分部工程。分解成分部工程后，从工程计价的角度，还需要把分部工程按照不同的施工方法、不同的构造及不同的规格，进行更为细致的分解，划分为更为简单细小的部分，即分项工程。分解到分项工程后还可以根据需要进一步划分为定额项目或清单项目，得到基本构造单元。

工程造价计价的主要思路就是将建设项目细分至最基本的构造单元，找到适当的计量单位及当时的单价，再采取一定的计价方法，进行分部组合汇总，计算出相应的工程造价。工程计价的基本原理就在于项目的分解与组合。

工程计价的基本原理可以用公式的形式表达如下：

$$\frac{\text{分部分项}}{\text{工程费}} = \Sigma \left[\frac{\text{基本构造单元工程量}}{\text{（定额项目或清单项目）}} \times \text{相应单价} \right]$$

工程造价的计价可分为工程计量和工程计价两个环节。

（1）工程计量

工程计量工作包括工程项目的划分和工程量的计算。

1）单位工程基本构造单元的确定，即划分工程项目。若按定额计价模式计算工程造价时，主要按工程定额进行项目的划分；若按工程量清单计价模式计算工程造价时，编制工程量清单时主要是按照工程量清单计量规范规定的清单项目进行划分。

2）工程量的计算就是依据工程项目的划分和工程量计算规则，按照施工图设计文件和施工组织设计对分项工程实物量进行计算。工程实物量是计价的基础，不同的计价依据有不同的计算规则规定。目前，工程量计算规则包括两大类：①各类工程定额规定的计算规则；②各专业工程量计算规范中规定的计算规则。

（2）工程计价

工程计价包括工程单价的确定和总价的计算。

1）工程单价是指完成单位工程基本构造单元的工程量所需要的基本费用。工程单价包括工料单价和综合单价。

①工料单价也称直接工程费单价，包括人工、材料、机械台班费用。是各种人工消耗量、各种材料消耗量、各类机械台班消耗量与其相应单价的乘积，用下式表示：

工料单价＝∑（人材机消耗量×人材机单价）

② 综合单价包括人工费、材料费、机械台班费，还包括企业管理费、利润和风险因素。综合单价根据国家、地区、行业定额或企业定额消耗量和相应生产要素的市场价格来确定。

2）工程总价是指经过规定的程序或办法逐级汇总形成的相应工程造价。

根据采用单价的不同，总价的计算程序有所不同。

① 采用工料单价时，在工料单价确定后，乘以相应定额项目工程量并汇总，得出相应工程直接工程费，再按照相应的取费程序计算其他各项费用，汇总后形成相应工程造价。

② 采用综合单价时，在综合单价确定后，乘以相应项目工程量，经汇总即可得出分部分项工程费，再按相应的办法计取措施项目、其他项目、规费项目、税金项目费，各项目费汇总后得出相应工程造价。

2.1.2 工程定额计价模式

1. 工程定额计价的基本原理和特点

长期以来，我国在工程造价计价过程中采用一种与计划经济相适应的工程计价模式——工程定额计价模式，这种模式实际上是国家通过颁发统一的估算指标、概算指标，以及概算、预算和有关费用定额，对建设项目价格进行有计划管理的计价方法。国家以假定的建筑安装产品为对象，制定统一的预算和概算定额。计算出每一单元子项的费用后，再综合形成整个工程的价格。工程定额计价基本原理如图 2-2。

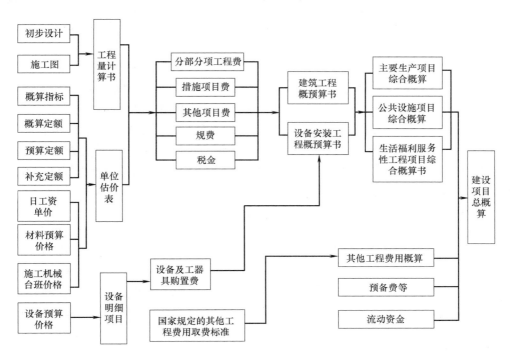

图 2-2 工程定额计价基本原理

从上述定额计价的过程示意图中可以看出，与工程计价的基本原理相同，定额计价也包括两个基本过程：工程量计算和工程计价。为了统一口径，工程量的计算均按照统一的项目划分和工程量计算规则计算。工程量确定以后，就可以按照一定的方法确定出工程的成本及盈利，最终就可以确定出工程预算造价（或投标报价）。定额计价方法的特点就是量与价的结合。概预算的单位价格形成过程，就是依据概预算定额所确定的消耗量乘以定额单价或市场价，经过不同层次的计算达到量与价的最优结合过程。

2. 工程定额计价方法的性质

在不同经济发展时期，建筑产品具有不同的价格形式，不同的定价主体，不同的价格形成机制。而一定的建筑产品价格形式产生、存在于一定的工程建设管理体制和一定的建筑产品交换方式之中。我国建筑产品价格市场化经历了"国家定价——国家指导价——国家调控价"三个阶段。定额计价是以概预算定额、各种费用定额为基本依据，按照规定的计算程序确定工程造价的特殊计价方法。因此，就价格形成而言，利用工程建设定额计算工程造价介于国家定价和国家指导价之间。

但随着市场经济体制改革的深度和广度不断增加，传统的定额计价制度也不断受到冲击，改革势在必行。

自 20 世纪 80 年代末 90 年代初开始，工程建设要素市场的放开，各种建筑材料不再统购统销；随后人力、机械市场等也逐步放开，人工、材料、机械台班的要素价格随市场供求的变化而上下浮动。"动态要素"的动态管理拉开了对传统定额计价进行改革的序幕。

工程定额计价制度第一阶段改革的核心思想是"量价分离"，即由国务院建设行政主管部门制定符合国家有关标准、规范并反映一定时期施工水平的人工、材料、机械等消耗量标准，实现国家对消耗量标准的宏观管理。对人工、材料、机械的单价等，由工程造价管理机构依据市场价格的变化发布工程造价相关信息和指数，将过去完全由政府计划统一管理的定额计价改变为"控制量、指导价、竞争费"。

工程定额计价制度改革第二阶段的核心问题是工程造价计价方式的改革。20 世纪 90 年代中后期，是我国工程建设市场迅猛发展的时期。1999 年《中华人民共和国招标投标法》的颁布标志着我国工程建设市场基本形成，建筑产品的商品属性得到了充分认识。在招标投标已经成为工程发包的主要方式之后，工程项目需要新的、更适应市场经济发展的、更有利于建设项目通过市场竞争合理形成造价的计价方式来确定其建造价格。2003年，国家标准《建设工程工程量清单计价规范》发布与实施，这是我国工程计价方式改革历程中的里程碑，它标志着我国工程造价的计价方式实现了从传统的定额计价向工程量清单计价的转变。

在我国工程建设市场逐步放开的改革中，虽然已经制定并推广了工程量清单计价，但由于各地实际情况的差异，目前的工程造价计价方式不可避免地出现了双轨并行的局面，即：在保留传统定额计价方式的基础上，又参照国际惯例引入了工程量清单计价方式。目前，我国的工程建设定额仍然是工程造价管理的重要手段。随着我国工程造价管理体制改革的不断深入以及对国际管理的深入了解，市场自主定价模式必将逐渐占据主导地位。

2.1.3　工程量清单计价模式

工程量清单计价模式是区别于工程定额计价模式的另一种计价方法，体现了由市场定价的特点，即由建设产品的买方和卖方在建设市场上根据供求状况、信息状况进行自由竞价，从而最终能够签订工程合同价格的方法。因此，可以说工程量清单的计价方法是在建设市场建立、发展和完善过程中的必然产物。随着社会主义市场经济的发展，自 2003 年在全国范围内开始逐步推广建设工程工程量清单计价法，至 2013 年再次推出新版《建设工程工程量清单计价规范》，以及 9 个不同工程类别的"工程量计算规范"，标志着我国工程量清单计价方法的应用逐渐完善。

1. 工程量清单的概念

工程量清单是载明建设工程分部分项工程项目、措施项目和其他项目的名称和相应数量，以及规费、税金项目等内容的明细清单。其中，由招标人根据国家标准、招标文件、设计文件以及施工现场实际情况编制的称为招标工程量清单，而作为投标文件组成部分的已标明价格并经承包人确认的称为已标价工程量清单。

招标工程量清单应由具有编制能力的招标人或受其委托，具有相应资质的工程造价咨询人或招标代理人编制。采用工程量清单方式招标，招标工程量清单必须作为招标文件的组成部分，其准确性和完整性由招标人负责。招标工程量清单应以单位（项）工程为单位编制，包括分部分项工程量清单、措施项目清单、其他项目清单、规费和税金项目清单。

2. 工程量清单计价模式的适用范围和阶段

（1）工程量清单计价模式的适用范围

计价规范适用于建设工程发承包及其实施阶段的计价活动。使用国有资金投资的建设工程发承包必须采用工程量清单计价；非国有资金投资的建设工程，宜采用工程量清单计价；不采用工程量清单计价的建设工程，应执行计价规范中除工程量清单等专门性规定外的其他规定。

国有资金投资的项目包括全部使用国有资金（含国家融资资金）投资或国有资金投资为主的工程建设项目。

国有资金投资的工程建设项目包括：1）使用各级财政预算资金的项目；2）使用纳入财政管理的各种政府性专项建设资金的项目；3）使用国有企事业单位自有资金，并且国有资产投资者实际拥有控制权的项目。

国家融资资金投资的工程建设项目包括：1）使用国家发行债券所筹资金的项目；2）使用国家对外借款或者担保所筹资金的项目；3）使用国家政策性贷款的项目；4）国家授权投资主体融资的项目；5）国家特许的融资项目。

国有资金（含国家融资资金）为主的工程建设项目是指国有资金占投资总额 50% 以上，或虽不足 50% 但国有投资者实质上拥有控股权的工程建设项目。

（2）工程量清单计价模式适用的工程建设阶段

工程量清单计价活动涵盖施工招标、合同管理以及竣工交付全过程，主要包括：工程量清单的编制，招标控制价、投标报价的编制，工程合同价款的约定，竣工结算的办理以及施工过程中的工程计量、工程价款支付、索赔与现场签证、工程价款调整和工程计价争议处理等活动。

3. 工程量清单计价的基本原理

工程量清单计价的基本原理可以描述为：按照工程量清单计价规范规定，在各相应专业工程计量规范的工程量清单项目设置和工程量计算规则基础上，针对具体工程的施工图纸和施工组织设计计算出各个清单项目的工程量，根据规定的方法计算出综合单价，并汇总各清单合价得出工程总价。可用公式进一步表明其基本原理：

（1）分部分项工程费＝Σ（分部分项工程量×相应分部分项综合单价）

（2）措施项目费＝Σ各措施项目费

（3）其他项目费＝暂列金额＋暂估价＋计日工＋总承包服务费

（4）单位工程报价＝分部分项工程费＋措施项目费＋其他项目费＋规费＋税金

（5）单项工程报价＝Σ单位工程报价

（6）建设项目总报价＝Σ单项工程报价

公式中，综合单价是指完成一个规定清单项目所需的人工费、材料费和工程设备费、施工机具使用费和企业管理费、利润，以及一定范围内的风险费用。风险费用是隐含于已标价工程量清单综合单价中，用于化解发承包双方在工程合同中约定内容和范围内的市场价格波动风险的费用。

4. 工程定额计价方法与工程量清单计价方法的联系和区别

（1）工程定额计价方法与工程量清单计价方法的联系

不论何种模式，工程造价计价的基本原理是相同的，在我国，工程造价计价的基本原理是将建设项目细分至最基本的构成单位（如分项工程），用其工程量与相应单价相乘后汇总为整个建设工程造价。即：

建筑安装工程造价＝Σ［单位工程基本构造要素工程量(分项工程)×相应单价］

无论是定额计价还是清单计价，上式都同样有效，只是公式中的各要素有不同的含义：

1）单位工程基本构造要素即分项工程项目。定额计价时，是按工程定额划分的分项工程项目；清单计价时是指清单项目。

2）工程量是指根据工程项目的划分和工程量计算规则，按照施工图或其他设计文件计算的分项工程实物量。工程实物量是计价的基础，不同的计价依据有不同的计算规则。

目前，工程量计算规则包括两大类：①各专业工程计量规范中规定的计算规则；②各类工程定额规定的计算规则。

3）工程单价是指完成单位工程基本构造要素的工程量所需要的基本费用。工程定额计价方法下的分项工程单价是指概、预算定额基价，通常是指工料单价，仅包括人工、材料、机械台班费用，是人工、材料、机械台班定额消耗量与其相应单价的乘积。工程量清单计价方法下的分项工程单价是指综合单价，包括人工费、材料费、机械台班费，还包括企业管理费、利润和风险因素。综合单价应该是根据企业定额和相应生产要素的市场价格来确定。

（2）工程量清单计价方法与定额计价方法的区别

工程量清单计价方法与工程定额计价方法相比有一些重大区别，这些区别也体现出了工程量清单计价方法的特点。

1）两种模式体现了我国建筑市场发展过程中的不同定价阶段。定额计价是以概预算定额、各种费用定额为基础依据，按照规定的计算程序确定工程造价的特殊计价方法，因此，利用工程建设定额计算工程造价就价格形成而言，介于国家定价和国家指导价之间。在工程定额计价模式下，工程价格或直接由国家决定，或是国家给出一定的指导性标准，承包商可以在该标准的允许幅度内实现有限竞争。工程量清单计价模式则反映了市场定价阶段。在该阶段中，工程价格是在国家有关部门间接调控和监督下，由工程承包发包双方根据工程市场中建设产品供求关系变化自主确定工程价格。其价格的形成可以不受国家工程造价管理部门的直接干预，而此时的工程造价是根据市场的具体情况，有竞争形成、自发波动和自发调节的特点。

2）两种模式的主要计价依据及其性质不同。工程定额计价模式的主要计价依据为国家、省、有关专业部门制定的各种定额，其性质为指导性，定额的项目划分一般按施工工序分项，每个分项工程项目所含的工程内容一般是单一的。而工程量清单计价模式的主要计价依据为"清单计价规范"，其性质是含有强制性条文的国家标准，清单的项目划分一般是按"综合实体"进行分项的，每个分项工程一般包含多项工程内容。

3）编制工程量的主体不同。在定额计价方法中，建设工程的工程量由招标人和投标人分别按图计算。而在清单计价方法中，工程量由招标人统一计算或委托有关工程造价咨询资质单位统一计算，工程量清单是招标文件的重要组成部分，各投标人根据招标人提供的工程量清单，根据自身的技术装备、施工经验、企业成本、企业定额、管理水平自主填写单价与合价。

4）单价与报价的组成不同。定额计价法的单价包括人工费、材料费、机械台班费，而清单计价方法采用综合单价形式，综合单价包括人工费、材料和工程设备费、施工机具使用费、企业管理费、利润，并考虑风险因素。工程量清单计价法的报价除包括定额计价法的报价外，还包括暂列金额、暂估价、计日工等费用。

5）适用阶段不同。从目前我国现状来看，工程定额主要用于在项目建设前期各阶段对于建设投资的预测和估计，在工程建设交易阶段，工程定额通常只能作为建设产品价格形成的辅助依据。而工程量清单计价依据主要适用于合同价格形成以及后续的合同价格管理阶段。体现出我国对于工程造价的一词两义采用了不同的管理方法。

6）合同价格的调整方式不同。定额计价方法形成的合同价格，其主要调整方式有：变更签证、定额解释、政策性调整。而工程量清单计价方法在一般情况下单价是相对固定的，减少了在合同实施过程中的调整活口。通常情况下，如果清单项目的数量没有增减，能够保证合同价格基本没有调整，保证了其稳定性，也便于业主进行资金准备和筹划。

7）工程量清单计价把施工措施性消耗单列并纳入了竞争的范畴。定额计价未区分施工实体性损耗和施工措施性损耗，而工程量清单计价把施工措施与工程实体项目进行分离，这项改革的意义在于突出了施工措施费用的市场竞争性。工程量清单计价的工程量计算规则一般是以工程实体的净尺寸计算，也没有包含工程量合理损耗，这一特点也就是定额计价的工程量计算规则与工程量清单计价的工程量计算规则之间的本质区别。

2.2　工程定额体系

工程定额是指在正常的施工模式下，完成一定计量单位的合格产品所必须消耗的人工、材料、机械台班的数量标准，它是一种规定的额度，是生产某种产品消耗资源的限额规定，实行定额的目的是力求用最少的资源消耗，生产出更多合格的建设工程产品，取得更加良好的经济效益。

工程定额在工程建设领域地位突出，作用重要。第一，工程定额是建设工程计价的依据，在编制设计概算、施工图预算、竣工结算时，无论是划分工程项目、计算工程量，还是计算人工、材料和施工机械台班的消耗量，都以建设工程定额作为标准依据。第二，工程定额是建筑施工企业实行科学管理的必要手段，使用定额提供的人工、材料、机械台班消耗标准，可编制施工进度计划、施工作业计划，下达施工任务，合理组织调配资源，进行成本核算，在建筑施工企业中推行经济责任制、招标承包制，贯彻按劳分配的原则等也以定额为依据。第三，工程定额加强了对建筑市场行为的规范，一方面，投资者利用定额预测资金投入和预期回报，提高决策的科学性；另一方面，建筑企业在投标报价时，依据定额做出正确的决策，提升竞争优势。因此，定额对完善我国固定资产投资市场和建筑市场，具有重要作用。

在工程建设领域存在多种定额，可分别按照生产要素、编制程序和用途、专业等分类，这些定额分别是确定不同阶段工程造价的重要依据。本节主要介绍施工定额、预算定额、概算定额和概算指标以及投资估算指标相关内容。

2.2.1 施工定额

施工定额又称企业定额，施工定额是直接用于建设工程施工管理中的定额，是建设安装企业的生产定额。它是以同一性质的施工过程为标定对象，以工序为基础编制的。

1. 施工定额概述

（1）施工定额的概念

施工定额是规定在正常的施工条件下，为完成一定计量单位的某一施工过程或工序所需人工、材料和机械台班消耗的数量标准。施工定额包括劳动定额、材料消耗定额和机械台班使用定额。为了适应生产组织和管理的需要，施工定额的划分很细，是建设工程定额中分项最细、定额子目最多的一种定额，也是工程建设中的基础性定额。

（2）施工定额的编制原则

1）平均先进性原则

所谓平均先进水平，是指在正常条件下，多数施工班组或生产者经过努力可以达到，少数班组或生产者可以接近，个别班组或生产者可以超过的水平。通常，它低于先进水平，略高于平均水平。这种水平使先进的班组和工人感到有一定压力，大多数处于中等水平的班组或工人感到定额水平可望也可及。贯彻此原则，能促进企业科学管理和不断提高劳动生产率，达到提高企业经济效益的目的。

2）简明适用性原则

所谓简明适用是指定额结构合理，定额步距大小适当，文字通俗易懂，计算方法简便，易为群众掌握运用，便于基层使用；具有多方面的适应性，能在较大范围内满足不同情况、不同用途的需要。

3）自主原则

施工企业有编制和颁发企业施工定额的权限。企业应该根据自身的具体条件，参照国家有关规范、制度，自己编制定额，自行决定定额的水平。

4）保密原则

施工定额属于企业内部定额，在市场经济条件下，企业定额是企业的商业秘密，只有对外进行保密，才能在市场上具有竞争能力。

2．人工定额的编制

（1）人工定额的概念

人工定额（又称劳动定额）是指在一定的技术装备和劳动组织条件下，生产单位合格施工产品或完成一定的施工作业过程所必需的劳动消耗量的额度或标准。

（2）人工定额的表现形式

人工定额可用时间定额和产量定额两种形式表示：

1）时间定额：指在一定的生产技术和生产组织条件下，某工种和某种技术等级的工人小组或个人，完成单位合格产品所必须消耗的工作时间，是在拟定基本工作时间，辅助工作时间、必要的休息时间、生理需要时间、不可避免的工作中断时间、工作的准备和结束时间的基础上制定的。时间定额的计量单位，通常以消耗的工日来表示，每个工日工作时间按现行制度，一般规定为 8h。

$$单位产品的时间定额（工日）＝1/每工日产量$$

2）产量定额：是指在一定的生产技术和生产组织条件下，某工种和某种技术等级的工人小组或个人，在单位时间（工日）内，完成合格产品的数量。产量定额的计算方法，规定如下：每工日产量＝1/单位产品的时间定额（工日）

从上面的两个定额的计算公式中，可以看出，时间定额与产量定额是互为倒数的关系，即：时间定额＝1/产量定额

（3）人工定额的作用

人工定额反映产品生产中劳动消耗的数量标准，是施工定额中极其重要的一部分，其作用如下：

1）人工定额是制定施工定额的基础

2）人工定额是施工管理的重要依据

3）人工定额是衡量工人劳动生产率的主要尺度

4）人工定额是企业经济核算的依据

（4）人工定额的编制方法

人工定额的编制方法随着建筑业生产技术水平的不断提高而不断改进，目前，制定人工定额的方法主要有经验估计法、统计分析法、比较类推法、技术测定法等几种。

如：技术测定法，是根据先进合理的生产（施工）技术、操作方法、合理的劳动组织和正常的生产（施工）条件对施工过程中的具体活动进行实地观察，详细地记录施工中工人和机械的工作时间消耗、完成单位产品的数量及有关影响因素，将记录的结果加以整理，客观地分析各种因素对产品的工作时间消耗的影响，据此进行取舍，以获得各个项目的时间消耗资料，从而制定出劳动定额的方法。这种方法具有较高的准确性和科学性，是制定新定额和典型定额的主要方法。技术测定法通常采用的方法有测时法、写实记录法、工作抽查法等多种。

3．材料消耗定额的编制

（1）材料消耗定额的概念

材料消耗定额是指在先进合理的施工条件下，节约和合理地使用材料时，生产质量合

格的单位产品所必须消耗的某种一定规格的建筑材料、成品、半成品、零配件和水、电等资源的数量。它包括材料的净用量和必要的损耗量。

材料消耗量＝材料净用量＋损耗量

材料净用量指在不计废料和损耗的情况下，直接用于建筑物上的材料；材料的损耗一般按损耗率计算，材料的损耗量与材料总消耗量之比称为材料损耗率。即

$$材料损耗率＝(材料损耗量/材料总消耗量)×100\%$$

一般地，为了方便计算，采用

$$材料总消耗量＝材料净用量/(1－材料损耗率)$$

这两种方法的结果差异不大，而后一种方法又较为简便，故而较多采用。

（2）材料消耗的性质

工程施工中所消耗的材料，按其消耗的方式可以分成两种，一种是在施工中一次性消耗的、构成工程实体的材料，如：砌筑砖墙用的标准砖、浇筑混凝土构件用的混凝土等，一般把这种材料称为直接性材料；另一种是为直接性材料消耗工艺服务且在施工中周转使用的材料，其价值是分批分次地转移到工程实体中去的，这种材料一般不构成工程实体，而是在工程实体形成过程中发挥辅助作用，是措施项目清单中发生消耗的材料，如：砌筑砖墙用的脚手架、浇筑混凝土构件用的模板等，一般把这种材料称为周转性材料。

施工中材料的消耗，可分为必需的材料消耗和损失的材料两类性质。

必需消耗的材料，是指在合理用料的条件下，生产合格产品所需消耗的材料。它包括：直接用于建筑和安装工程的材料；不可避免的施工废料；不可避免的材料损耗。

必需消耗的材料属于施工正常消耗，是确定材料消耗定额的基本数据。其中：直接用于建筑和安装工程的材料，应编制材料净用量定额；不可避免的施工废料和材料损耗，应编制材料损耗定额。

合理确定材料消耗定额，必须研究和区分材料在施工过程中消耗的性质。

（3）材料消耗定额的确定方法

确定材料消耗定额，可以采用以下方法。

1）技术测定法

技术测定法在本节"人工定额的编制方法"已有叙述，对于材料消耗，要注意选择典型的工程项目，其施工技术、组织及产品质量均要符合技术规范的要求；材料的品种、型号、质量也应符合设计要求；产品检验合格，操作工人能合理使用材料和保证产品质量。所有这些均是工程造价计价依据。

2）试验法

试验法是在试验室通过专门的仪器设备测定材料消耗量的一种方法。这种方法主要是对材料的结构、化学成分和物理性能做出科学的结论，从而给材料消耗定额的制定提供可靠的技术依据。

3）统计分析法

统计分析法是在长期累积的各分部分项工程结算资料中统计耗用材料的数量，即根据各分部分项工程拨付材料数量、剩余材料数量及总共完成产品数量计算得出材料消耗量。采用此法时，要保证统计和测算耗用材料与相应产品一致。在施工现场中某些材料，往往难以区分用在各个不同部位上的准确数量。因此，要仔细地加以区分，才能得到有效的统

计数据。

4）理论计算法

理论计算法是通过对施工图纸及其建筑材料、建筑构件的研究，用理论计算公式计算某种产品所需要的材料净用量，然后再查找损耗率，从而制定材料消耗定额的一种方法。理论计算法主要用于块、板类材料的净用量。如砖砌体、钢材、玻璃、混凝土预制构件等，但材料的损耗量仍要在现场通过实测取得。

4. 机械台班使用定额的编制

（1）机械台班定额的概念

机械台班定额是指在先进合理的劳动组织和生产组织条件下，由熟悉机械性能、技术熟练的工人或工人小组管理（操纵）机械时，该机械的生产效率。高质量的施工机械定额，是合理组织机械化施工，有效地利用施工机械，进一步提高机械生产效率的必备条件。

机械台班定额也有两种表现形式，即机械时间定额和机械产量定额。

1）机械时间定额

机械时间定额是指在先进合理的劳动组织和生产组织条件下，生产质量合格的单位产品所必须消耗的机械工作时间。机械时间定额的单位是"台班"，即一台机械工作一个工作班（8h）。

其计算公式为

$$机械时间定额（台班）＝1/机械台班产量$$

2）机械产量定额

机械产量定额是指在先进合理的劳动组织和生产组织条件下，机械在单位时间内所应完成的合格产品的数量。它以产品的计量单位，如 m^3，m^2，m，t 等。其计算公式为

机械台班产量定额＝1/机械时间定额

（2）机械台班使用定额的编制方法

拟定施工机械定额，主要包括以下几部分内容。

1）拟定机械工作的正常条件

机械工作和人工操作相比，劳动生产率在更大的程度上受到施工条件的影响，所以编制施工定额时更应重视确定出机械工作的正常条件。拟定机械工作的正常条件，主要是拟定工作地点的合理组织和合理的工人编制。

工作地点的合理组织，就是对施工地点机械和材料的放置位置、工人从事操作的场所做出科学合理的平面布置和空间安排。它要求施工机械和操纵机械的工人在最小范围内移动，但又不阻碍机械运转和工人操作；应使机械的开关和操纵装置尽可能集中地装置在操纵工人的近旁，以节省工作时间和减轻劳动强度；应最大限度发挥机械的效能，减少工人的手工操作。

拟定合理的工人编制，就是根据施工机械的性能和设计能力，工人的专业分工和劳动工效，合理确定操纵机械的工人和直接参加机械化施工过程的工人的编制人数。确定操纵和维护机械的工人编制人数及配合机械施工的工人编制，如配合吊装机械工作的工人等。工人的编制往往要通过计时观察、理论计算和经验资料来合理确定。拟定合理的工人编制，应要求保持机械的正常生产率和工人正常的劳动工效。

2）确定机械纯工作 1h 的生产效率

确定机械正常的生产率，必须首先确定出机械纯工作 1h 的生产率。施工机械可分循环动作机械和连续动作机械两类，应分别计算其生产率。

① 循环动作机械纯工作 1h 的生产率

机械纯工作 1h 的生产率 N_h，取决于该机械纯工作 1h 的循环次数和每次循环中生产的产品数量 m，即

$$N_h = n \times m$$

② 连续动作机械净工作 1h 生产效率的确定

连续动作机械净工作 1h 的生产率主要是根据机械性能来确定。在一定条件下，净工作 1h 的生产效率通常是一个比较稳定的数值。

3）确定施工机械的正常利用系数

机械的工作时间是由定额时间和非定额时间组成，确定施工机械的正常利用系数，是指机械在工作班内对工作时间的利用率，即机械的纯工作时间与工作班的延续时间之比。

4）计算施工机械台班产量定额

在确定了机械工作正常条件、机械纯工作 1h 的生产率和机械利用系数之后，采用下列公式计算施工机械的产量定额。

施工机械台班产量定额＝机械 1h 纯工作正常生产率×工作班纯工作时间

或

施工机械台班产量定额＝机械纯工作 1h 生产率×工作班纯工作时间
×机械利用系数

2.2.2　预算定额

预算定额是一种计价定额，它是工程建设中的一项重要的技术经济文件，其各项指标，反映了在完成规定计量单位符合设计标准和施工及规范要求的分项工程消耗的活劳动和物化劳动的数量限度。这种限度最终决定着单项工程和单位工程的造价。

1. 预算定额概述

（1）预算定额的概念

预算定额是指在合理的施工组织设计、正常施工条件下、生产一个规定计量单位合格产品所需的人工、材料和机械台班的社会平均消耗量标准，是计算建筑安装产品价格的基础。预算定额是工程建设预算制度中的一项重要的技术经济法规，尽管它的法令性随着市场经济制度的完善而逐渐淡化，但定额为建筑工程提供造价计算与核算尺度方面的作用是不可忽视的。

（2）预算定额的用途

1）是编制施工图预算、确定建筑安装工程造价的基础

2）是编制施工组织设计的依据

3）是工程结算的依据

4）是编制概算定额的基础

5）是合理编制招标控制价、投标报价的基础

（3）预算定额的种类

1）按专业性质分，预算定额有建筑工程定额和安装工程定额两大类。建筑工程定额按专业对象分为建筑工程预算定额、市政工程预算定额、铁路工程预算定额、公路工程预算定额、土地开发整理项目预算定额、房屋修缮工程预算定额、矿山井巷预算定额等。安装工程预算定额按专业对象分为电气设备安装工程预算定额、机械设备安装工程预算定额、通信设备安装工程定额、化学工业设备安装工程预算定额、工业管道安装工程预算定额、工艺金属结构安装工程预算定额、热力设备安装工程预算定额等。

2）从管理权限和执行范围划分，预算定额可以分为全国统一定额、行业统一定额和地区统一定额等。

3）预算定额按构成要素分为劳动定额、材料消耗定额和机械台班定额，但是它们各自不具有独立性，必须互相依存并形成一个整体，作为编制预算定额的依据。

（4）预算定额的编制原则

由于预算定额是确定拟建工程项目投资额的价格依据，所以应符合价值规律要求和反映当时生产力水平，为此，预算定额的编制，应遵循以下原则：

1）社会平均水平

预算定额是确定和控制建筑安装工程造价的主要依据。因此它必须遵照价值规律的客观要求，按生产过程中所消耗的社会必要劳动时间确定定额水平，即按照"在现有的社会正常生产条件下，在社会平均的劳动熟练程度和劳动强度下制造某种使用价值所需要的劳动时间"来确定定额水平。预算定额的平均水平，是在正常的施工条件，合理的施工组织和工艺条件、平均劳动熟练程度和劳动强度下，完成单位分项工程基本构造要素所需要的劳动时间。

2）简明适用、严谨准确

该原则是对执行定额的可操作性便于掌握而言的。为此，编制预算定额时，对于那些主要的、常用的、价值量大的项目，分项工程划分宜细。次要的、不常用的、价值量相对较小的项目则可以放粗一些。同时，要合理确定预算定额的计量单位，简化工程量的计算，尽可能避免同一种材料用不同的计算单位，以及少留活口减少换算工作量。

3）坚持统一性和差别性相结合

统一性，是指从培育全国统一市场规范计价行为出发，由国家建设主管部门归口管理，依照国家的方针政策和经济发展的要求，统一制定编制定额的方案、原则和办法，颁发相关条例和规章制度。这样，建筑产品才有统一的计价依据，对不同地区设计和施工的结果进行有效的考核和监督，避免地区或部门之间缺乏可比性。差别性，是指在统一性基础上，各部门和省、自治区、直辖市工程建设主管部门可以在自己的管辖范围内，根据本部门和地区的具体情况，编制本地区、本部门的预算定额，颁发补充性的条例规定，以及对预算定额实行经常性的管理。

（5）预算定额的编制依据

1）现行施工定额。预算定额中人工、材料、机械台班消耗水平，需要根据施工定额取定；预算定额的计量单位的选择，也要以施工定额为参考，从而保证两者的协调和可比性，减轻预算定额的编制工作量，缩短编制时间。

2）现行设计规范、施工及验收规范，质量评价标准和安全操作规程。

3）具有代表性的典范工程施工图及有关标准图。对这些图纸进行仔细分析研究，并计算出工程数量，作为编制定额时选择施工方法确定定额含量的依据。

4）新技术、新结构、新材料和先进的施工方法等。这类资料是调整定额水平和增加新的定额项目所必需的依据。

5）有关科学实验、技术测定和统计、经验资料。这类工程是确定定额水平的重要依据。

6）现行的预算定额、材料预算价格及有关文件规定等。包括过去定额编制过程中积累的基础资料，也是编制预算定额的依据和参考。

2. 预算定额编制的方法

（1）确定预算定额的计量单位

预算定额与施工定额计量单位往往不同。施工定额的计量单位一般按照工序或施工过程确定；而预算定额的计量单位主要是根据分部分项工程和结构构件的形体特征及其变化确定。由于工作内容综合，预算定额的计量单位亦具有综合的性质。工程量计算规则应确切反映定额项目所包含的工作内容。

预算定额的计量单位关系到预算工作的繁简和准确性。因此，要正确地确定各分部分项工程的计量单位。一般依据以下建筑结构构件形状的特点进行确定，如，建筑结构构件的断面有一定形状和大小，但是长度不定时，可按长度以延长米为计量单位；建筑结构构件的厚度有一定规格，但是长度和厚度不定时，可按面积以平方米为计量单位等。

预算定额中各项人工、机械、材料的计量单位选择，相对比较固定。人工、机械按"工日"、"台班"计量，各种材料的计量单位与产品计量单位基本一致，精确要求高、材料贵重，多取三位小数。如钢材吨以下取三位小数，木材立方米以下取三位小数。一般材料取两位小数。

（2）按典型设计图纸和资料计算工程数量

计算工程数量，是为了通过计算出典型设计图纸所包括的施工过程的工程量，以便在编制预算定额时，有可能利用施工定额的劳动、机械和材料消耗指标确定预算定额所含工序的消耗量。

（3）确定预算定额各项目人工、材料和机械台班消耗指标

确定预算定额人工、材料、机械台班消耗标准时，必须先按施工定额的分项逐项计算出消耗指标，然后，再按预算定额的项目加以综合。但是，这种综合不是简单的合并和相加，而需要在综合过程中增加两种定额之间的适当的水平差。预算定额的水平，首先取决于这些消耗量的合理确定。

人工、材料和机械台班消耗量指标，应根据定额编制原则和要求，采用理论与实际相结合、编制人员与现场工作人员相结合等方法进行计算和确定，使定额既符合政策要求，又与客观情况一致，便于贯彻执行。

（4）编制定额表和拟定有关说明

定额项目表的一般格式是：横向排列为各分项工程的项目名称，竖向排列为分项工程的人工、材料和施工机械消耗量指标。有的项目表下部，还有附注以说明设计有特殊要求时怎么进行调整和换算。预算定额的说明包括定额说明、分部工程说明及各分项工程说明。涉及各分部需要说明的共性问题列入总说明，属某一分部需要说明的事项列章节说明。说明要求简明扼要，但是必须分门别类注明，尤其是对特殊的变化，力求使用简便，

避免争议。

3. 预算定额中消耗量指标的确定

（1）人工消耗量指标的确定

1）人工工日消耗量指标的确定

人工的工日数有两种确定方法。一种是以劳动定额为基础确定；一种是以现场观测资料为基础计算。预算定额中人工消耗量指标应包括为完成该分项工程定额单位所必需的用工数量，即应包括基本用工和其他用工两部分。

① 基本用工。基本用工指完成单位合格产品所必需消耗的技术工种用工。例如：为完成墙体砌筑工程中的砌砖、调运砂浆、铺砂浆、运砖等所需要的工日数量。基本用工以技术工种相应劳动定额的工时定额计算，以不同工种列出定额工日。其计算公式为：

相应工序基本用工数量＝∑（某工序工程量×相应工序的劳动定额）

② 其他用工。其他用工是指辅助基本用工完成生产任务所耗用的人工。按其工作内容的不同可分以下三类。

超运距用工：指预算定额中规定的材料、半成品的平均水平运距超过劳动定额规定运输距离的用工。

超运距用工＝∑（超运距运输材料数量×相应超运距劳动定额）

超运距＝预算定额取定运距－劳动定额已包括的运距

辅助用工：指技术工种劳动定额内不包括而在预算定额内又必须考虑的用工。例如：筛砂、淋灰用工，机械土方配合用工等。

辅助用工＝∑（某工序工程数量×相应劳动定额）

人工幅度差：它主要是指预算定额与劳动定额由于定额水平不同而引起的水平差，另外还包括定额中未含，但在一般施工作业中又不可避免的而且无法计量的用工，例如：各工种间工序搭接、交叉作业时不可避免的停歇工时消耗，施工机械转移、水电线路移动以及班组操作地点转移造成的间歇工时消耗，质量检查影响操作消耗的工时，以及施工作业中不可避免的其他零星用工等。其计算公式为：

人工幅度差＝（基本用工＋辅助用工＋超运距用工）×人工幅度差系数

由上述得知，建筑工程预算定额各分项工程的人工消耗量指标就等于该分项工程的基本用工数量与其他用工数量之和。即：

某分项工程人工消耗量指标＝相应分项工程基本用工数量

＋相应分项工程其他用工数量

其他用工数量＝辅助用工数量＋超运距用工数量＋人工幅度差用工数量

2）人工消耗指标的计算依据

预算定额是一项综合性定额，它是按组成分项工程内容的各工序综合而成的。编制分项定额时，要按工序划分的要求测算、综合取定工程量，即按照一个地区历年实际设计房屋的情况，选用多份设计图纸，进行测算取定数量。

3）计算预算定额用工的平均工资等级

在确定预算定额项目的平均工资等级时，应首先计算出各种用工的工资等级系数和工资等级总系数，然后计算出定额项目各种用工的平均工资等级系数，再查对"工资等级系数表"，最后求出预算定额用工的平均工资等级。其计算式如下：

$$劳动小组成员平均工资等级系数＝\sum(某一等级的工人数$$
$$量×相应等级工资系数)÷小组工人总数$$

某种用工的工资等级总系数＝某种用工的总工日×相应小组成员平均工资等级系数

幅度差平均工资等级系数＝幅度差所含各种用工工资等级总系数之和÷幅度差总工日

幅度差工资等级总系数可根据某种用工的工资等级总系数计算式计算。

$$定额项目用工的平均工资等级系数＝(基本用工工资等级总系数＋其他用工工资等级总系数)$$
$$÷(基本用工总工日数＋其他用工总工日数)$$

（2）材料消耗量指标的确定

1）材料消耗量计算方法

其方法主要有：

① 凡有标准规格的材料，按规范要求计算定额计量单位耗用量。

② 凡设计图纸标注尺寸及下料要求的，按设计图纸尺寸计算材料净用量。

③ 换算法。

④ 测定法。包括试验室试验法、统计法和现场观察法等。

2）材料消耗量的确定

材料消耗定额中有直接性材料、周转性材料和其他材料，计算方法和表现形式也有所不同。

① 直接性材料消耗量指标的确定

直接性材料消耗量指标包括主要材料净用量和材料损耗量，其计算公式为：
$$材料损耗率＝损耗量÷净耗量×100\%$$
$$材料消耗量＝材料净用量×(1＋损耗率)$$

在确定预算定额中材料消耗量时，还必须充分考虑分项工程或结构构件所包括的工程内容、分项工程或结构构件的工程量计算规则等因素对材料消耗量的影响。另外，预算定额中材料的损耗率与施工定额中材料的损耗率不同，预算定额中材料损耗率的损耗范围比施工定额中材料损耗率的损耗范围更广，它必须考虑整个施工现场范围内材料堆放、运输、制备、制作及施工操作过程中的损耗。

② 其他材料消耗量的确定

对于用量很少、价值又不大的次要材料，估算其用量后，合并成"其他材料费"，以"元"为单位列入预算定额表中。

③ 周转性材料摊销的确定

施工措施项目中为直接性材料消耗工艺服务的一些工具性的周转材料应按多次使用、分次摊销的方式计入预算定额。

（3）机械消耗量指标的确定

预算定额中的建筑施工机械消耗量指标，是以台班为单位进行计算，每一台班为8小时工作制。预算定额的机械化水平，应以多数施工企业采用的和已推广的先进施工方法为标准。预算定额中的机械台班消耗量按合理的施工方法取定并考虑增加了机械幅度差。

1）机械幅度差

机械幅度差是指在施工定额（机械台班量）中未曾包括的，而机械在合理的施工组织条件下所必需的停歇时间，在编制预算定额时，应予以考虑。其内容包括：

① 施工机械转移工作面及配套机械互相影响损失的时间；

② 在正常的施工情况下，机械施工中不可避免的工序间歇；

③ 检查工程质量影响机械操作的时间；

④ 临时水、电线路在施工中移动位置所发生的机械停歇时间；

⑤ 工程结尾时，工作量不饱满所损失的时间。

机械幅度差系数一般根据测定和统计资料取定。大型机械的幅度差系数规定为：土石方机械25%；吊装机械30%；打桩机械33%；其他专用机械如打夯、钢筋加工、木工、水磨石等，幅度差系数为10%，其他均按统一规定的系数计算。由于垂直运输用的塔吊、卷扬机及砂浆、混凝土搅拌机是按小组配合，应以小组产量计算机械台班产量，不另增加机械幅度差。

2）机械台班消耗量指标的计算

① 小组产量计算法：按小组日产量大小来计算耗用机械台班多少。

② 台班产量计算法：按台班产量大小来计算定额内机械消耗量大小。

根据施工定额或以现场测定资料为基础确定机械台班消耗量计算公式如下：

$$预算定额机械耗用台班＝施工定额机械耗用台班×（1＋机械幅度差系数）$$

2.2.3 概算定额和概算指标

概算定额是指在正常的生产建设条件下，为完成一定计量单位的扩大分项工程或扩大结构构件的生产任务所需人工、材料和机械台班的消耗数量标准。概算指标则是以整个建筑物或构筑物为对象，以建筑面积、体积或成套设备装置的台或组为计量单位，包括人工、材料和机械台班的消耗量标准和造价指标。

1. 概算定额的编制

概算定额是编制设计概算的依据，而设计概算又是我国目前控制工程建设投资的主要依据。概算定额是在综合施工定额或预算定额的基础上，根据有代表性的工程通用图纸和标准图集等资料，进行综合、扩大和合并而成的。概算定额是编制初步设计概算和技术设计修正概算的依据，初步设计概算或技术设计修正概算经批准后是控制建设项目投资的依据。

（1）概算定额的编制原则

概算定额应遵循下列原则编制：

1）与设计、计划相适应。概算定额应适应设计、计划、统计和建设资金筹措的要求，方便建筑工程的管理工作。

2）满足概算能控制工程造价。要细算粗编。"细算"是指在含量的取定上，要正确选择有代表性且质量高的图纸和可靠的资料，精心计算，全面分析。"粗编"是指综合内容时，贯彻以主代次的指导思想，以影响水平较大的项目为主，并将影响水平较小的项目综合进去，但应尽量不留活口或少留活口。

3）适用性原则。"适用"既要体现在项目的划分、编排、说明、附注、内容和表现形式等方面清晰醒目，一目了然；又要面对本地区，综合考虑到各种情况都能应用。

4）贯彻国家政策、法规。

（2）概算定额的主要编制依据

由于概算定额的适用范围不同，其编制依据也略有区别。编制依据一般有以下几种：

1）国家有关建设方针、政策及规定等；

2）现行建筑和安装工程预算定额；

3）现行的设计标准规范；

4）现行标准设计图纸或有代表性的设计图和其他设计资料；

5）编制期人工工资标准、材料预算价格、机械台班费用及其他的价格资料。

（3）概算定额的编制步骤

概算定额的编制一般分为三个阶段：准备阶段、编制阶段、审查报批阶段。

1）准备阶段。确定编制机构和人员组成，进行调查研究，了解现行概算定额执行情况与存在问题，明确编制的目的、编制范围。在此基础上制定概算定额的编制方案、细则和概算定额项目划分。

2）编制阶段。收集和整理各种编制依据，对各种资料进行深入细致的测算和分析，确定人工、材料和机械台班的消耗量指标，测算、调整新编制概算定额与原概算定额及现行预算定额之间的水平。最后编制概算定额初稿。

3）审查报批阶段。测算概算定额水平，即测算新编制概算定额与原概算定额及现行预算定额之间的水平。概算定额水平与预算定额水平之间应有一定的幅度差，幅度差一般在5％以内。概算定额经测算比较后，可报送国家授权机关审批。

2. 概算指标的编制

概算指标是以统计指标的形式反映的工程建设过程中生产单位合格建设产品所需资源消耗量的水平，它比概算定额更为综合和概括。

概算指标与各个设计阶段相适应，主要用于投资估价、初步设计阶段，特别是当工程设计尚不具体时或计算分部分项工程量有困难时，无法查用概算定额，同时又必须提供建筑工程概算的情况下，可利用概算指标。概算指标可以作为编制投资估算的参考，是匡算主要材料用量、设计单位进行设计方案比较和投资经济效果分析、建设单位选址的依据，同时，也是编制固定资产投资计划、确定投资额和主要材料计划的主要依据。

概算指标的分类见图2-3。

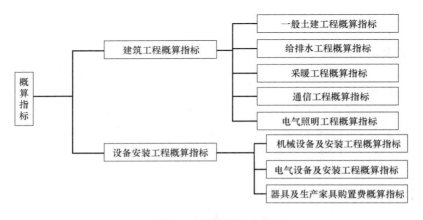

图 2-3　概算指标分类图

1）概算指标的编制依据

① 标准设计图纸和各类工程具有代表性的典型设计图纸；

② 国家颁发的建筑标准、设计规范、施工规范等；

③ 各类工程造价资料；

④ 现行的概算定额和预算定额及补充定额；

⑤ 人工工资标准、材料预算价格、机械台班预算价格及其他价格资料。

2）概算指标编制的编制原则

① 按平均水平确定概算指标。在市场经济条件下，概算指标必须按社会必要劳动时间，贯彻平均水平的编制原则；只有这样才能使概算指标合理确定和控制工程造价的作用得到充分发挥。

② 概算指标的内容和表现形式，要简明适用。为概算指标的项目划分应根据用途的不同，确定其项目的综合范围，遵循粗而不漏、适用面广的原则，体现综合扩大的性质。概算指标从形式到内容应简明易懂，要便于在采用时根据拟建工程的具体情况进行必要的调整换算，能在较大范围内满足不同用途的需要。

③ 概算指标的编制依据，必须具有代表性。编制概算指标所依据的工程设计资料，应是有代表性的，技术上先进、经济上合理。

3）概算指标的编制步骤

① 成立编制小组，拟定工作方案，明确编制原则和方法，确定指标的内容及表现形式，确定基价所依据的人工工资单价、材料预算价格、机械台班单价。

② 编制概算指标。收集整理编制指标所必需的标准设计、典型设计以及有代表性的工程设计图纸，设计预算等资料，计算出每一结构构件或分部工程的工程数量。

③ 在计算工程量指标的基础上，按基价所依据的价格要求计算综合指标，并计算必要的主要材料消耗指标，用于调整价差的万元人工、材料和机械的消耗指标，一般可按不同类型工程划分项目进行计算。

④ 计算出每平方米建筑面积和每立方米建筑物体积的单位造价，计算出该计量单位所需要的主要人工、材料和机械实物消耗量指标，次要人工、材料和机械的消耗量，综合为其他人工、其他机械、其他材料，用金额"元"表示。

⑤ 核对审核、平衡分析、水平测算、审查定稿，才能最后定稿报批。随着有使用价值的工程造价资料积累制度和数据库的建立，以及计算机、网络的充分发展利用，概算指标的编制工作将得到根本改观。

2.2.4　投资估算指标

投资估算指标是在项目建议书和可行性研究阶段编制投资估算、计算投资额需要量时使用的一种定额。它往往以独立的单项工程或完整的工程项目为计算对象，编制内容是所有项目费用之和。

1. 投资估算指标的作用与编制原则

（1）投资估算指标的作用

投资估算是指在建设项目的投资决策阶段，确定拟建项目所需投资数量的费用计算文件，编制投资估算的主要目的：一是作为拟建项目投资决策的依据，二是作为拟建项目实施阶段投资控制的目标值。

在编制建设项目建议书、可行性研究报告等前期工作阶段，投资估算以此为依据，编制固定资产长远规划投资也可以此为参考。投资估算指标起着投资预测、投资控制、投资效益分析的作用，是合理确定项目投资的基础。估算指标中的主要材料消耗量也是一种扩大材料消耗量指标，可以作为计算建设项目主要材料消耗量的基础，估算指标的正确制订对于提高投资估算的准确度、对建设项目的合理评估、正确决策具有重要的意义。

（2）投资估算指标的编制原则

投资估算指标往往根据历史的预、决算资料和价格变动等资料编制，其编制基础离不开预算定额、概算定额。由于投资估算指标比上述各种计价定额具有更大的综合性和概括性，编制原则也有特殊之处。

1）反映现实水平，适当考虑超前

投资估算指标属于项目建设前期进行估算投资的技术经济指标，它不但要反映实施阶段的静态投资，还须反映项目建设前期和交付使用期内发生的动态投资，以此为依据编制的投资估算，包含项目建设的全部投资额。投资估算指标项目的确定，须使指标的编制既能反映现实的科技成果、正常建设条件下的造价水平，也能适应今后若干年的科技发展水平，以满足以后几年编制建设项目建议书和可行性研究报告投资估算的需要。

2）特点鲜明，适应性强

投资估算指标的分类、项目划分、项目内容、表现形式等要反映不同行业、不同项目和不同工程的特点，并且要与项目建议书、可行性研究报告的编制深度相适应。项目建设的特定条件，在内容上既要贯彻指导性、准确性和可调性的原则，又要具有一定的深度和广度。

3）贯彻静态和动态相结合的原则

考虑到建设期的价格、建设期利息、固定资产投资方向调节税及涉外工程的汇率等动态因素的变动，导致指标的量差、价差、利息差、费用差等"动态"因素对投资估算的影响，应对上述动态因素给出必要的调整办法和调整参数，尽可能减少这些动态因素对投资估算准确性的影响，加强实用性和可操作性。

4）体现国家对固定资产投资实施间接调控的作用

要贯彻能分能合、有粗有细、细算粗编的原则。使投资估算指标能满足项目建议书和可行性研究各阶段的要求，既要有能反映一个建设项目的全部投资及其构成，又要有组成建设项目投资的各个单项工程投资。做到既能综合使用，又能个别分解使用。同时，还要便于因项目条件变化而对投资产生影响作相应的调整，也便于对已有项目实行技术改造、扩建项目投资估算的需要，扩大投资估算指标的覆盖面，使投资估算能够合理准确的编制。

2. 投资估算指标的内容

投资估算指标是确定和控制建设项目全过程各项投资支出的技术经济指标，其范围涉及建设前期、建设实施期和竣工验收交付使用期等各个阶段的费用支出，内容因行业不同而各异，一般可分为建设项目综合指标、单项工程指标和单位工程指标三个层次。

（1）建设项目综合指标

指按规定应列入建设项目总投资的从立项筹建开始至竣工验收交付使用的全部投资额，包括单项工程投资、工程建设其他费用和预备费等。

建设项目综合指标一般以项目的综合生产能力单位投资表示，如"元/t"、"元/kW"，或以使用功能表示，如医院床位数："元/床"。

（2）单项工程指标

指按规定应列入能独立发挥生产能力或使用效益的单项工程内的全部投资额，包括建筑工程费、安装工程费、设备、工器具及生产家具购置费和其他费用。单项工程一般划分为：主要生产设施、辅助生产设施、公用工程、环境保护工程、总图运输工程、厂区服务设施、生活福利设施、厂外工程等。

单项工程指标一般以单项工程生产能力单位投资，如"元/t"或其他单位表示。如：锅炉房："元/蒸汽吨"；办公室、仓库、宿舍、住宅等房屋则区别不同结构形式以"元/m²"。

（3）单位工程指标

指按规定应列入能独立设计、施工的工程项目的费用，即建筑安装工程费用。其费用组成包括：人工费、材料费、施工机械使用费、措施费、规费、企业管理费、利润及相关税金等。

单位工程指标一般以如下方式表示：如，房屋区别不同结构形式以"元/m²"表示；管道区别不同材质、管径以"元/m"表示等。

3. 投资估算指标的编制方法

投资估算指标的编制工作，涉及建设项目的产品规模、产品方案、工艺流程、设备选型、工程设计和技术经济等各个方面，既要考虑到现阶段技术状况，又要展望近期技术发展趋势和设计动向，它的编制一般分为三个阶段进行。

（1）收集整理资料阶段

收集整理已建成或正在建设的，符合现行技术政策和技术发展方向、有可能重复采用的、有代表性的工程设计施工图、标准设计以及相应的竣工决算或施工图预算资料等，同时，对调查收集到的资料要选择占投资比重大、相互关联多的项目进行认真的分析整理后，将数据资料按项目划分栏目加以归类，按照编制年度的现行定额、费用标准和价格，调整成编制年度的造价水平。

（2）平衡调整阶段

由于调查收集的资料来源不同，虽然经过一定的分析整理，但难免会由于设计方案、建设条件和建设时间上的差异带来某些影响，使数据失准或漏项等，必须对有关资料进行综合平衡调整。

（3）测算审查阶段

测算是将新编的指标和选定工程的概预算，在同一价格条件下进行比较，检验其"量差"的偏离程度是否在允许偏差的范围之内，如偏差过大，则要查找原因，进行修正，以保证指标的确切、实用。测算同时也是对指标编制质量进行一次系统检查，应由专人进行，以保持测算口径的统一，在此基础上组织有关专业人员予以全面审查定稿。

2.3 工程量清单计价

工程量清单计价是遵循市场经济规律、与国际接轨的一种建筑产品计价方式。我国采用清单计价始于 2003 年，2008 年作了修订，现行的 2013 版清单规范是在推行清单 10 年后作了重大调整而形成的。本节围绕工程量清单的组成，对其计量与计价的特点、计算方法及所用表格加以介绍。

2.3.1 工程量清单计价与计量规范概述

1. 建设工程清单规范体系

现行的清单规范是建设工程领域的一套工程计价标准体系，它是由《建设工程量清单计价规范》GB 50500—2013（以下简称计价规范）和九个专业工程的工程量计算规范（以下简称计量规范）所组成。专业计算规范分别是房屋建筑与装饰工程工程量计算规范GB 50854—2013、仿古建筑工程工程量计算规范 GB 50855—2013、通用安装工程工程量计算规范 GB 50856—2013、市政工程工程量计算规范 GB 50857—2013、园林绿化工程工程量计算规范 GB 50858—2013、构筑物工程工程量计算规范 GB 50860—2013、矿山工程工程量计算规范 GB 50859—2013、城市轨道交通工程工程量计算规范 GB 50861—2013 以及爆破工程工程量计算规范 GB 50862—2013。其他现行的建设工程清单规范体系如图 2-4 所示，目前已颁发了 9 个专业的工程量计算规范。

2. 计价规范的内容

建设工程工程量清单计价规范包括总则、术语、一般规定、招标工程量清单、招标控制价、投标报价、合同价款约定、工程计量、合同价款调整、合同价款期中支付、竣工结算与支付、合同解除的价款结算与支付、合同价款争议的解决、工程计价资料与档案、计价表格组成。

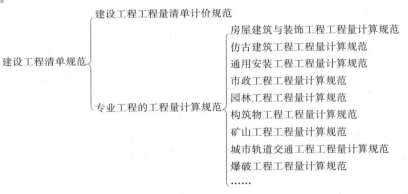

图 2-4　我国现行工程量清单规范体系

3. 房屋建筑与装饰工程计量规范的内容

各专业工程计量规范包括总则、术语、一般规定、分部分项工程、措施项目、规范用词说明和条文说明。

其中，工程计量规范，由以下 17 个附录组成，即

（1）土石方工程

（2）地基处理与边坡支护工程

（3）桩基工程

（4）砌筑工程

（5）混凝土及钢筋混凝土工程

（6）金属结构工程

（7）木结构工程
（8）门窗工程
（9）屋面及防水工程
（10）防腐、隔热、保温工程
（11）楼地面装饰工程
（12）墙柱面装饰与隔断幕墙工程
（13）天棚工程
（14）油漆、涂料、裱糊工程
（15）其他装饰工程
（16）拆除工程
（17）措施项目

4. 工程项目清单组成

不论是房屋建筑与装饰工程工程量计算规范还是其他专业工程量计算规范，其清单均由分部分项工程项目清单、措施项目清单、其他项目清单、规费和税金项目清单组成，如图 2-5 所示。

工程项目清单组成
- 分部分项工程项目清单 } 综合单价
- 措施项目清单
  - 单价措施项目清单 } 综合单价
  - 总价措施项目清单
- 其他项目清单
- 规费与税金项目清单

图 2-5　工程项目清单组成

2.3.2　分部分项工程量清单

分部分项工程是“分部工程”和“分项工程”的总称。“分部工程”是单项或单位工程的组成部分，系按结构部位、路段长度及施工特点或施工任务将单项或单位工程划分为若干分部的工程。例如，房屋建筑与装饰工程分为土石方工程、地基处理与边坡支护工程、桩基工程、砌筑工程、混凝土及钢筋混凝土工程、门窗工程、屋面及防水工程、楼地面装饰工程、墙柱面装饰与隔断断幕墙工程、顶棚工程等分部工程。“分项工程”是分部工程的组成部分，是按不同施工方法、材料、工序及路段长度等分部工程划分为若干个分项或项目的工程。例如现浇混凝土梁分为基础梁、矩形梁、异形梁、圈梁、过梁、弧形拱形梁等分项工程。构成一个分部分项工程项目清单有五个不可或缺的要素，即项目编码、项目名称、项目特征、计量单位和工程量。实际工程的每一个分部分项工程项目清单必须根据各专业工程计量规范规定的这五个要素及计算规则进行编制。其格式如表 2-1 所示，在分部分项工程量清单的编制过程中，表中前 6 列内容由招标人负责填列，至于金额部分，编制招标控制价时由招标人填列，编制投标报价时由投标人填列。

1. 项目编码

（1）十二位五级编码

项目编码是分部分项工程和措施项目清单名称的阿拉伯数字标识。分部分项工程量清单项目编码以五级编码设置，用十二位阿拉伯数字表示。一、二、三、四级编码为全国统一，即一至九位应按计价规范附录的规定设置；第五级即十至十二位为自行编制的编码，

分部分项工程和单价措施项目清单与计价表　　　　　　表 2-1

工程名称：　　　　　　　标段：　　　　　　　第　页　共　页

序号	项目编码	项目名称	项目特征描述	计量单位	工程量	金额（元）		
						综合单价	合价	其中：暂估价
本页小计								
合　计								

应根据拟建工程的工程量清单项目名称设置，即这三位清单项目编码由招标人针对招标工程项目具体编制，并应自 001 起顺序编制，不得有重号。各级编码代表的含义如下：

第一级表示工程分类顺序码（分二位）。

第二级表示专业工程顺序码（分二位）。

第三级表示分部工程顺序码（分二位）。

第四级表示分项工程项目名称顺序码（分三位）。

第五级表示工程量清单项目名称顺序码（分三位）。

项目编码结构如图 2-6 所示（以房屋建筑与装饰工程为例）：

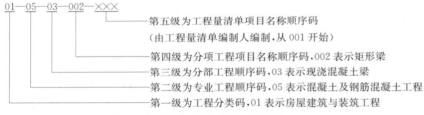

图 2-6　工程量清单项目编码结构

（2）"不得重码"的处理

当同一标段（或合同段）的一份工程量清单中含有多个单位工程且工程量清单是以单位工程为编制对象时，在编制工程量清单时应特别注意对项目编码十至十二位的设置不得有重码的规定。例如一个标段（或合同段）的工程量清单中含有三个单位工程，每一单位工程中都有项目特征相同的实心砖墙砌体，在工程量清单中又需反映三个不同单位工程的实心砖墙砌体工程量时，则第一个单位工程的实心砖墙的项目编码应为 010401003001，第二个单位工程的实心砖墙的项目编码应为 010401003002，第三个单位工程的实心砖墙的项目编码应为 010401003003，并分别列出各单位工程实心砖墙的工程量。

2. 项目名称

分部分项工程量清单的项目名称应按各专业工程计量规范附录的项目名称结合拟建工程的实际确定。附录表中的"项目名称"为分项工程项目名称，是形成分部分项工程量清单项目名称的基础。即在编制分部分项工程量清单时，以附录中的分项工程项目名称为基础，考虑该项目的规格、型号、材质等特征要求，结合拟建工程的实际情况，使其工程量清单项目名称细化，以反映影响工程造价的主要因素。例如"011201001 墙面一般抹灰"

48

这一分项工程在形成工程量清单项目名称时可以根据实际做法分别列为"墙面抹石灰砂浆"、"水泥砂浆"、"混合砂浆"、"聚合物水泥砂浆"、"麻刀石灰浆"、"石膏灰浆"等。又如,门窗工程中"010804007 特种门"应区分"冷藏门"、"冷冻间门"、"保温门"、"变电室门"、"隔音门"、"防射线门"、"人防门"、"金库门"等分别编码列项。清单项目名称应表达详细、准确,各专业工程计量规范中的分项工程项目名称如有缺陷,招标人可作补充,并报当地工程造价管理机构(省级)备案。

3. 项目特征

项目特征是构成分部分项工程项目、措施项目自身价值的本质特征。准确地描述一个清单的项目特征,是确定一个清单项目综合单价不可缺少的重要依据,也是区分某一清单项目与其他清单项目的差异所在,还是甲乙双方履行合同义务的基础。分部分项工程量清单的项目特征应按各专业工程计量规范附录中规定的项目特征,结合技术规范、标准图集、施工图纸,按照工程结构、使用材质及规格或安装位置等,予以详细而准确的表述和说明。当《工程量计算规范》中项目特征所用的文字未能准确和全面描述清楚时,编制人可把握以下原则进行:

1)在遵循附录规定的基础上,结合拟建工程实际,其描述以满足确定综合单价的需要为准;

2)若采用标准图集或施工图纸能够全部或部分满足项目特征的要求时,项目特征描述可直接采用详见××图集或××图号的方式。

凡项目特征中未描述到的其他独有特征,由清单编制人视项目具体情况确定,以准确描述清单项目为准。

在各专业工程计量规范附录中还有关于各清单项目"工作内容"的描述。工程内容是指完成清单项目可能发生的具体工作和操作程序,值得注意的是,在编制分部分项工程量清单时,工程内容通常无需描述,因为在计价规范中,工程量清单项目与工程量计算规则、工程内容有一一对应关系,当采用计价规范这一标准时,工程内容均有规定。

4. 计量单位

计量单位应采用基本单位,除各专业另有特殊规定外均按附录所列单位计量,且保留规定的有效位数或取整数。计量单位的有关规定见表 2-2。

计量单位的有关规定　　　　　　　　　　　　　　　　表 2-2

序号	计量对象	单位	有效位数规定	备注
1	以质量计算的项目	吨(t)	保留三位小数,第四位小数四舍五入	质量指物体所含物质的多少
		千克(kg)	保留两位小数,第三位小数四舍五入	
2	以体积计算的项目	立方米(m³)		
3	以面积计算的项目	平方米(m²)		
4	以长度计算的项目	米(m)		
5	以自然计量单位计算的项目	个、根、块、樘、幅、套、组、台……	取整数	
6	没有具体数量的项目	天、昼夜、台次、项……		

现行的工程量计算规范，为了扩大清单的使用面，以方便计量为前提，考虑到与现行定额的规定相衔接，附录中一些同一名称的清单项目，其计量单位不再是唯一的，即有两个或两个以上计量单位均可满足某一工程项目计量要求。对此，在工程计量时，各地应根据拟建工程项目的实际或当地习惯，在清单规定的多个计量单位中选取一个；在同一建设项目（或标段、合同段）中，有多个单位工程的相同项目计量单位必须保持一致。

对于有两个或两个以上计量单位的清单项目，在"计量单位"栏中均作出标注，如桩基工程中，预制钢筋混凝土方桩与预制钢筋混凝土管桩就有"m、m³、根"三个可选单位，供招标人根据实际情况选用。实际工作中，各省、自治区、直辖市或行业建设主管部门可作出统一规定，如××省发文对执行各专业工程清单项目计量单位作了规定，对上述预制钢筋混凝土方桩与预制钢筋混凝土管桩的单位取定为"m³"，对钢管桩的单位取定为"t"，如表2-3所示，使之与当地的建设工程预算基价（估价）表相对应。

<table>
<tr><td colspan="6" style="text-align:left">清单项目多个计量单位及取定</td><td style="text-align:right">表 2-3</td></tr>
<tr><td rowspan="2">序号</td><td colspan="4">《房屋建筑与装饰工程工程量计算规范》规定</td><td rowspan="2">××省（定额）取
定单位</td></tr>
<tr><td>附录</td><td>项目编码</td><td>项目名称</td><td>计量单位</td></tr>
<tr><td rowspan="3">1</td><td rowspan="3">附录C 桩基工程</td><td>010301001</td><td>预制钢筋混凝土方桩</td><td rowspan="2">m、m³、根</td><td rowspan="2">m³</td></tr>
<tr><td>010301002</td><td>预制钢筋混凝土管桩</td></tr>
<tr><td>010301003</td><td>钢管桩</td><td>t、根</td><td>t</td></tr>
<tr><td>2</td><td>附录S 措施项目</td><td>011703001</td><td>垂直运输</td><td>m²、天</td><td>m²</td></tr>
</table>

5. 工程数量的计算

工程数量主要通过工程量计算规则计算得到。工程量计算规则是指对清单项目工程量的计算规定。一般来说，绝大部分清单项目的工程量应以实体工程量为准，并以完成后的净值计算，投标人投标报价时，应在单价中考虑施工中的各种损耗和需要增加的工程量。但应注意有些项目关于工程量计算的说明之"注"。如土方工程"平整场地"项目按"设计图示尺寸以建筑物首层建筑面积"计算；挖沟槽、基坑、一般土方因工作面放坡增加的工程量（管沟工作面增加的工程量）是否并入各土方工程量中，按各省、自治区、直辖市或行业建设主管部门的规定实施，如并入各土方工程量中，办理工程结算时，按经发包人认可的施工组织设计规定计算，编制工程量清单时，按考虑放坡及工作面的规定进行计算；桩基工程现浇混凝土桩，工程量应包括超灌高度；桩长包括桩尖，空桩长度＝孔深－桩长，孔深为自然地面至设计桩底的深度；现浇混凝土钢筋的搭接，为"除设计标明的搭接外，其他施工搭接不计算工程量，由投标人在报价中综合考虑"；楼（地）面防水反边高度≤300mm算作地面防水，＞300mm算作墙面防水；等等。还应注意的是，对于有多个计量单位的项目，应按相应计量单位的计算规则进行计量，如"零星砌砖"项目，当以"m³"计量时，按设计图示尺寸截面积乘以长度计算；当以"m²"计量时，按设计图示尺寸水平投影面积计算；当以"m"计量时，按设计图示尺寸中心线长度计算；当以"个"计量时，按设计图示数量计算。

6. 补充工程量清单项目

随着工程建设中新材料、新技术、新工艺等的不断涌现，计量规范附录所列的工程量清单项目不可能包含所有项目。在编制工程量清单时，当出现计量规范附录中未包括的清单项目时，编制人应作补充。在编制补充项目时应注意以下三个方面。

（1）补充项目的编码应按计量规范的规定确定。具体做法如下：补充项目的编码由计量规范的代码与 B 和三位阿拉伯数字组成，并应从 001 起顺序编制，例如房屋建筑与装饰工程如需补充项目，则其编码应从 01B001 开始起顺序编制，同一招标工程的项目不得重码。

（2）在工程量清单中应附补充项目的项目名称、项目特征、计量单位、工程量计算规则和工作内容。

（3）将编制的补充项目报省级或行业工程造价管理机构备案。

体现五个要素的分部分项工程量清单如表 2-4 所示，表中所列为某住宅工程的部分清单。

分部分项工程和单价措施项目清单与计价表　　　　　表 2-4

工程名称：　　　　　　　　标段：　　　　　　　　　　　　

序号	项目编码	项目名称	项目特征描述	计量单位	工程量	金额（元）		
						综合单价	合价	其中：暂估价
	D.2	砌筑工程						
1	010402001001	加气混凝土砌块墙	1. 墙体厚度：100mm 2. 空心砖、砌块品种、规格、强度等级：A5.0 3. 砂浆强度等级、配合比：M7.5	m³	101.3	358.7	36336.31	
2	010402001002	加气混凝土砌块墙	1. 墙体厚度：200mm 2. 空心砖、砌块品种、规格、强度等级：A5.0 3. 砂浆强度等级、配合比：M7.5	m³	1189.3	335.1	398524.38	
3	010515003001	砌体钢筋加固	1. 钢筋种类、规格：HRB400Φ6.5	t	2.05	5766.38	11821.08	
		分部小计					446681.77	
	E	混凝土及钢筋混凝土工程						
4	010502002001	构造柱	1. 混凝土强度等级：C20 2. 混凝土拌和料要求：商品混凝土	m³	96.77	465.74	45069.66	
5	010503004001	圈梁	1. 混凝土强度等级：C25 2. 混凝土拌和料要求：商品混凝土	m³	68.16	483.32	32943.09	
		本页小计						
		合　计						

2.3.3 措施项目清单

措施项目是为完成工程项目施工，发生于该工程施工准备和施工过程中的技术、生活、安全、环境保护等方面的项目。根据住建部财政部关于印发《建筑安装工程费用项目组成》（建标〔2013〕44号）的规定，建筑安装工程费用项目组成按造价形成划分，措施项目费是不可或缺的重要内容。

1. 措施项目的分类

《建设工程工程量清单计价规范》GB 50500—2013对措施项目作了分类，将能计算工程量的措施项目采用"单价项目"的方式——分部分项工程项目清单方式进行编制，各专业工程分别列出了相应的项目编码、项目名称、项目特征、计量单位和工程量计算规则，如脚手架、混凝土模板及支架等；对不能（或不需要）计算出工程量的措施项目，则采用"总价项目"的方式——以"项"为单位进行编制，规范列出了项目编码、项目名称、工作内容及包含范围，如安全文明施工、冬雨季施工等。

（1）以单价计算的措施项目

1）单价措施项目的内容

以单价计算的措施项目即单价措施项目，如房屋建筑与装饰工程的单价措施项目有：脚手架工程、混凝土模板及支架（撑）、垂直运输、超高施工增加、大型机械设备进出场及安拆、施工排水降水等。其中脚手架工程中综合脚手架见表2-5。

脚手架工程（项目编码：011701）　　　　　　　　表2-5

项目编码	项目名称	项目特征	计量单位	工程量计算规则	工程内容
011701001	综合脚手架	1. 建筑结构形式 2. 檐口高度	m²	按建筑面积计算	1. 场内、外材料搬运 2. 搭设、拆除脚手架、斜道、上料平台 3. 安全网的铺设 4. 选择附墙点与主体连接 5. 测试电动装置、安全锁等 6. 拆除脚手架后材料的堆放
注	使用综合脚手架时，不再使用外脚手架、里脚手架等单项脚手架；综合脚手架不适用于房屋加层、构筑物及附属工程脚手架。				

2）单价措施项目的计价

至于单价措施项目的计价及所用的表格，与分部分项工程相同，即将此两者合二为一了，称之为"分部分项工程和单价措施项目清单与计价表"，见表2.3.4。

（2）以总价计算的措施项目

1）总价措施项目的内容

总价措施项目是指"安全文明施工及其他措施项目"，共有7项：安全文明施工、夜间施工、非夜间施工照明、二次搬运、冬雨季施工、地上地下设施的临时保护设施、已完工程及设备保护。这些项目应根据工程实际情况计算措施项目费用，需分摊的应合理计算摊销费用。

2）总价措施项目清单与计价表

以总价项目计算措施项目的计算基数及费率见表 2-6。

总价措施项目清单与计价表   表 2-6

工程名称：××工程   第 页 共 页

序号	项目编码	项目名称	计算基础	费率(%)	金额(元)	调整费率(%)	调整后金额(元)	备注
1		安全文明施工费						
2		夜间施工						
		……						
		合计						

编制人（造价人员）：   复核人（造价工程师）：

3）总价措施项目的计算

总价措施项目清单与计价表中，"计算基础"中安全文明施工费可为"定额基价"、"定额人工费"或"定额人工费＋定额机械费"。

除安全文明施工费外的其他项目可为"定额人工费"或"定额人工费＋定额机械费"。

按施工方案计算的措施费，若无"计算基础"和"费率"的数值，也可只填"金额"数值，但应在备注栏说明施工方案出处或计算方法。

（3）措施项目中的模板

关于现浇混凝土构件的模板，在造价中属于措施性消耗，由于模板与混凝土及钢筋混凝土结合紧密，现行规范对混凝土及钢筋混凝土工程在"工作内容"中增加了模板及支架的内容，并在正文中说明："本规范对现浇混凝土工程项目在'工作内容'中包括模板工程的内容，同时又在'措施项目'中单列了现浇混凝土模板工程项目。"

于是，在编制招标文件时，招标人可根据工程的实际情况选用（即模板项目清单可单列也可不单列），若招标人在措施项目清单中未编列现浇混凝土模板项目清单，即表示该项目不单列，现浇混凝土工程项目的综合单价中应包括模板工程费用；相应地，此种情况下投标人应理解为该综合单价中已包括模板工程费用。而对预制混凝土构件按现场制作编制项目，"工作内容"中已包括了模板工程，勿需再单列；若采用成品预制混凝土构件时，构件成品价已包括了模板、钢筋、混凝土等所有费用，在确定综合单价时直接将其纳入其中。

（4）措施项目清单的编制

措施项目清单的编制需考虑多种因素，除工程本身的因素外，还涉及水文、气象、环境、安全等因素。措施项目清单应根据拟建工程的实际情况列项。若出现清单计价规范中未列的项目，可根据工程实际情况补充。

措施项目清单的编制依据主要有：

1）施工现场情况、地勘水文资料、工程特点；

2）常规施工方案（招标人）、投标时拟定的施工组织设计或施工方案（投标人）；

3）与建设工程有关的标准、规范、技术资料；

4）拟定的招标文件；

5）建设工程设计文件及相关资料。

2.3.4 其他项目清单

其他项目清单是指分部分项工程量清单、措施项目清单所包含的内容以外，因招标人的特殊要求而发生的与拟建工程有关的其他费用项目和相应数量的清单。其他项目清单包括暂列金额，暂估价（包括材料暂估单价、工程设备暂估单价、专业工程暂估价），计日工，总承包服务费。其他项目清单如表 2-7 所示。

其他项目清单与计价汇总表　　　　　　　　　　表 2-7

工程名称：　　　　　　　标段：　　　　　　　　　　第　页　共　页

序号	项目名称	计量单位	金额(元)	备注
1	暂列金额			
2	暂估价			
2.1	材料(工程设备)暂估价			
2.2	专业工程暂估价			
3	计日工			
4	总承包服务费			
	合计			

注：材料暂估单价进入清单项目综合单价，此处不汇总。

由于工程建设标准的高低、工程的复杂程度、工程的工期长短、工程的组成内容、发包人对工程管理要求等都直接影响其他项目清单的具体内容，因此，当出现未包含在表格中内容的项目时，招标人可根据工程实际情况补充。

1. 暂列金额

暂列金额是招标人在工程量清单中暂定并包括在合同价款中的一笔款项。用于工程合同签订时尚未确定或者不可预见的所需材料、工程设备、服务的采购，施工中可能发生的工程变更、合同约定调整因素出现时的合同价款调整以及发生的索赔、现场签证确认等的费用。不管采用何种合同形式，其理想的标准是：一份合同的价格就是其最终的竣工结算价格，或者至少两者应尽可能接近。我国规定对政府投资工程实行概算管理，经项目审批部门批复的设计概算是工程投资控制的刚性指标，即使商业性开发项目也有成本的预先控制问题，否则，无法相对准确预测投资的收益和科学合理地进行投资控制。但工程建设自身的特性决定了工程的设计需要根据工程进展不断地进行优化和调整，业主需求可能会随工程建设进展出现变化，工程建设过程还会存在一些不能预见、不能确定的因素。消化这些因素必然会影响合同价格的调整，暂列金额正是因这类不可避免的价格调整而设立，以便达到合理确定和有效控制工程造价的目标。设立暂列金额并不能保证合同结算价格就不会再出现超过合同价格的情况，是否超出合同价格完全取决于工程量清单编制人对暂列金额预测的准确性，以及工程建设过程是否出现了其他事先未预测到的事件。

暂列金额应根据工程特点，按有关计价规定估算。暂列金额可按照表 2-8 的格式列示。

暂列金额明细表   表 2-8

工程名称：   标段：   第 页 共 页

序号	项目名称	计量单位	暂定金额(元)	备注
1				
2				
……				
	合计			—

注：此表由招标人填写，如不能详列，也可只列暂定金额总额，投标人应将上述暂列金额计入投标总价中。

2. 暂估价

暂估价是指招标人在工程量清单中提供的用于支付必然发生但暂时不能确定价格的材料、工程设备的单价以及专业工程的金额，包括材料暂估单价、工程设备暂估单价和专业工程暂估价；暂估价类似于 FIDIC 合同条款中的 Prime Cost Items，在招标阶段预见肯定要发生，只是因为标准不明确或者需要由专业承包人完成，暂时无法确定价格。暂估价数量和拟用项目应当结合工程量清单中的"暂估价表"予以补充说明。为方便合同管理，需要纳入分部分项工程量清单项目综合单价中的暂估价应只是材料、工程设备暂估单价，以方便投标人组价。

专业工程的暂估价一般应是综合暂估价，应当包括除规费和税金以外的管理费、利润等取费。总承包招标时，专业工程设计深度往往是不够的，一般需要交由专业设计人设计，国际上，出于提高可建造性考虑，一般由专业承包人负责设计，以发挥其专业技能和专业施工经验的优势。这类专业工程交由专业分包人完成是国际工程的良好实践，目前在我国工程建设领域也已经比较普遍。公开透明地合理确定这类暂估价的实际开支金额的最佳途径就是通过施工总承包人与工程建设项目招标人共同组织的招标。

暂估价中的材料、工程设备暂估单价应根据工程造价信息或参照市场价格估算，列出明细表；专业工程暂估价应分不同专业，按有关计价规定估算，列出明细表。暂估价可按照表 2-9、表 2-10 的格式列示。

材料暂估单价表   表 2-9

工程名称：   标段：   第 页 共 页

序号	材料(工程设备)名称、规格、型号	计量单位	单价(元)	备注
1				
2				
……				

注：1. 此表由招标人填写，并在备注栏说明暂估价的材料、工程设备拟用在哪些清单项目上，投标人应将上述材料、工程设备暂估单价计入工程量清单综合单价报价中；
　　2. 材料、工程设备单价包括《建筑安装工程费用项目组成》中规定的材料、工程设备费内容。

专业工程暂估价   表 2-10

工程名称：   标段：   第 页 共 页

序号	工程名称	工程内容	金额(元)	备注
1				
2				
……				
	合计			

注：此表由招标人填写，投标人应将上述专业工程暂估价计入投标总价中。

3. 计日工

在施工过程中，承包人完成发包人提出的工程合同范围以外的零星项目或工作，按合同中约定的单价计价的一种方式。计日工是为了解决现场发生的零星工作的计价而设立的。国际上常见的标准合同条款中，大多数都设立了计日工（Daywork）计价机制。计日工对完成零星工作所消耗的人工工时、材料数量、施工机械台班进行计量，并按照计日工表中填报的适用项目的单价进行计价支付。计日工适用的所谓零星项目或工作一般是指合同约定之外的或者因变更而产生的、工程量清单中没有相应项目的额外工作，尤其是那些难以事先商定价格的额外工作。

计日工应列出项目名称、计量单位和暂估数量。计日工可按照表 2-11 的格式列示。

计日工表   表 2-11

工程名称：　　　　　　　标段：　　　　　　　　　　　第　页　共　页

序号	项目名称	单位	暂定数量	综合单价	合价
一	人工				
1					
2					
…					
	人工小计				
二	材料				
1					
2					
…					
	材料小计				
三	施工机械				
1					
2					
…					
	施工机械小计				
	总计				

注：此表项目名称、数量由招标人填写，编制招标控制价时，单价由招标人按有关规定确定；投标时，单价由投标人自主报价，计入投标总价中。

4. 总承包服务费

总承包服务费是指总承包人为配合协调发包人进行的专业工程发包，对发包人自行采购的材料、工程设备等进行保管以及施工现场管理、竣工资料汇总整理等服务所需的费用。招标人应预计该项费用并按投标人的投标报价向投标人支付该项费用。

总承包服务费应列出服务项目及其内容等。总承包服务费按照表 2-12 的格式列示。

总承包服务费计价表   表 2-12

工程名称：　　　　　　　标段：　　　　　　　　　　　第　页　共　页

序号	项目名称	项目价值(元)	服务内容	费率(%)	金额(元)
1	发包人发包专业工程				
2	发包人提供材料				
		合计			

注：此表项目名称、服务内容由招标人填写，编制招标控制价时，费率及金额由招标人按有关计价规定确定；投标时，费率及金额由投标人自主报价，计入投标总价中。

2.3.5 规费、税金项目清单

规费是政府部门和有关权力部门规定必须缴纳的费用。规费项目清单应按照下列内容列项：社会保险费（包括养老保险费、失业保险费、医疗保险费、工伤保险费、生育保险费）；住房公积金；工程排污费。编制人对《建筑安装工程费用项目组成》未包括的规费项目，在编制规费项目清单时应根据省级政府或省级有关权力部门的规定列项。

目前税法规定应计入建筑安装工程造价的税种包括下列内容：营业税，城市维护建设税，教育费附加，地方教育附加。当国家税法发生变化如"营改增"，或税务部门依据职权增加了税种，应对税金项目清单进行补充。

规费、税金项目清单与计价表如2-13所示。

规费、税金项目清单与计价表   表 2-13

工程名称：　　　　　　　　标段：　　　　　　　　　　　　第　页　共　页

序号	项目名称	计算基础	计算基数	费率（%）	金额(元)
1	规费				
1.1	社会保险费				
(1)	养老保险费	定额人工费			
(2)	失业保险费	定额人工费			
(3)	医疗保险费	定额人工费			
(4)	工伤保险费	定额人工费			
(5)	生育保险费	定额人工费			
1.2	住房公积金	定额人工费			
1.3	工程排污费	按工程所在地环境保护部门收取标准,按实计入			
2	税金	分部分项工程费＋措施项目费＋其他项目费＋规费－按规定不计税的工程设备金额			
合计					

编制人（造价人员）：　　　　　　　　　复核人（造价工程师）：

思考题

1. 什么是工程建设定额？
2. 现行工程建设定额是如何分类的？共分哪几类？
3. 什么是劳动定额？
4. 什么是非周转性材料？
5. 什么是机械台班使用定额和机械时间定额？
6. 简述预算定额的概念及性质，施工定额与预算定额有何区别与联系？
7. 施工定额人工消耗量指标包括哪些内容？

8. 施工定额材料消耗量的计算方法有哪些?

9. 预算定额人工单价由哪几个部分组成?

10. 预算定额材料价格包括哪几个部分?

11. 预算定额机械台班预算价由哪几个部分组成?

12. 从研究对象、作用、编制方法等方面分别叙述不同定额的异同?

13. 什么是概算定额和概算指标? 其应用范围如何?

14. 工程量清单规范体系的组成及计价是怎样的?

15. 工程量清单计价的作用有哪些?

16. 建设工程工程量清单是由哪些清单组成的? 各包含哪些内容?

17. "其他项目清单"与其他清单相比有哪些显著特点?

第 3 章　工程计量方法与建筑面积计算

工程量计算是整个工程计价过程中最繁琐的工作，必须讲究方法和计算顺序，才能全面、准确的计算。建筑面积是工程计价中一项重要的数据和指标，起着衡量工程建设规模，建设标准、投资效益等方面的作用。因此，掌握工程计量方法和建筑面积计算规则是工程计价的关键。

3.1　工程计量方法

3.1.1　工程量的含义及作用

1. 工程量的含义

工程量是指以物理计量单位或自然计量单位所表示的建筑工程各个分部分项工程或结构构件的实物数量。物理计量单位是指以度量表示的长度、面积、体积和重量等计量单位。如楼梯扶手以"米"为计量单位；墙面抹灰以"平方米"为计量单位；混凝土以"立方米"为计量单位等。自然计量单位指建筑成品表现在自然状态下的简单点数所表示的个、条、樘、块等计量单位。如门窗工程可以以"樘"为计量单位；桩基工程可以以"根"为计量单位等。

2. 工程量的作用

（1）工程量是确定建筑安装工程造价的重要依据。只有准确计算工程量，才能正确计算工程相关费用，合理确定工程造价。

（2）工程量是承包方生产经营管理的重要依据。工程量是编制项目管理规划，安排工程施工进度，编制材料供应计划，进行工料分析，编制人工、材料、机械台班需要量，进行工程统计和经济核算的重要依据。也是编制工程形象进度统计报表，向工程建设发包方结算工程价款的重要依据。

（3）工程量是发包方管理工程建设的重要依据。工程量是编制建设计划、筹集资金、工程招标文件、工程量清单、建筑工程预算、安排工程价款的拨付和结算、进行投资控制的重要依据。

3.1.2　工程量计算的依据

工程量是根据施工图及其相关说明，按照一定的工程量计算规则逐项进行计算并汇总得到的。主要依据如下：

1. 经审定的施工设计图纸及其说明。施工图纸全面反映建筑物（或构筑物）的结构构造、各部位的尺寸及工程做法，是工程量计算的基础资料和基本依据。

2. 工程施工合同、招标文件的商务条款。

3. 经审定的施工组织设计（项目管理实施规划）或施工技术措施方案。施工图纸主要表现拟建工程的实体项目，分项工程的具体施工方法及措施，应按施工组织设计（项目管理实施规划）或施工技术措施方案确定。如计算挖基础土方，施工方法是采用人工开挖，还是采用机械开挖，基坑周围是否需要放坡、预留工作面或做支撑防护等，应以施工方案为计算依据。

4. 工程量计算规则。工程量计算规则是规定在计算工程实物数量时，从设计文件和图纸中摘取数值的取定原则的方法。我国目前的工程量计算规则主要有两类，一是与预算定额相配套的工程量计算规则，原建设部制定了《全国统一建筑工程预算工程量计算规则》，各个地方及不同行业也都制定了相应的预算工程量计算规则；二是与清单计价相配套的计算规则，原建设部于 2003 年和 2008 年先后颁布了两版《建设工程工程量清单计价规范》，在规范的附录部分明确了分部分项工程的工程量计算规则。2013 年住房和城乡建设部又公布了房屋建筑与装饰工程、通用安装工程、市政工程、园林绿化工程、矿山工程、构筑物工程、仿古建筑工程、城市轨道交通工程、爆破工程九个专业的工程量计算规范，进一步规范了工程造价中工程量计量行为，统一了各专业工程量清单的编制、项目设置和工程量计算规则。

5. 经审定的其他有关技术经济文件。

3.1.3 工程量计算的原则

1. 列项要正确，严格按照规范或有关定额规定的工程量计算规则计算工程量，避免错项。

2. 工程量计量单位必须与工程量计算规范或有关定额中规定的计量单位相一致。

3. 计算口径要一致。根据施工图列出的工程量清单项目的口径必须与工程量计算规范中相应清单项目的口径相一致。

4. 按图纸，结合建筑物的具体情况进行计算。要结合施工图纸尽量做到结构按楼层，内装修按楼层分房间，外装修按施工层分立面计算，或按施工方案的要求分段计算，或按使用的材料不同分别进行计算。这样，在计算工程量时既可避免漏项，又可为安排施工进度和编制资源计划提供数据。

5. 工程量计算精度要统一，要满足规范要求。

3.1.4 工程量计算的顺序

为了避免漏算或重算，提高计算的准确程度，工程量的计算应按照一定的顺序进行。具体的计算顺序应根据具体工程和个人的习惯来确定，一般有以下几种顺序：

1. 单位工程计算顺序

单位工程计算顺序一般按计价规范清单列项顺序计算。即按照计价规范上的分章或分部分项工程顺序来计算工程量。

2. 单个分部分项工程计算顺序

（1）按照顺时针方向计算法。即先从平面图的左上角开始，自左至右，然后再由上而下，最后转回到左上角为止，这样按顺时针方向转圈依次进行计算。例如计算外墙、地面、顶棚等分部分项工程，都可以按照此顺序进行计算。

（2）按"先横后竖、先上后下、先左后右"计算法。即在平面图上从左上角开始，按"先横后竖、从上而下、自左到右"的顺序计算工程量。例如房屋的条形基础土方、砖石基础、砖墙砌筑、门窗过梁、墙面抹灰等分部分项工程，均可按这种顺序计算工程量。

（3）按图纸分项编号顺序计算法。即按照图纸上所注结构构件、配件的编号顺序进行计算。例如计算混凝土构件、门窗、屋架等分部分项工程，均可以按照此顺序计算。

按一定顺序计算工程量的目的是防止漏项少算或重复多算的现象发生，只要能实现这一目的，采用哪种顺序方法计算都可以。

3.1.5 用统筹法计算工程量

运用统筹法计算工程量，就是分析工程量计算中各分部分项工程量计算之间的固有规律和相互之间的依赖关系，运用统筹法原理和统筹图图解来合理安排工程量的计算程序，以达到节约时间、简化计算、提高工效、为及时准确地编制工程预算提供科学数据的目的。

实践表明，每个分部分项工程量计算虽有着各自的特点，但都离不开计算"线"、"面"之类的基数，另外，某些分部分项工程的工程量计算结果往往是另一些分部分项工程的工程量计算的基础数据，因此，根据这个特性，运用统筹法原理，对每个分部分项工程的工程量进行分析，然后依据计算过程的内在联系，按先主后次，统筹安排计算程序，可以简化繁琐的计算，形成统筹计算工程量的计算方法。

1. 统筹法计算工程量的基本要点

（1）统筹程序，合理安排

工程量计算程序的安排是否合理，关系着计量工作的效率高低，进度快慢。按施工顺序进行计算工程量，往往不能充分利用数据间的内在联系而形成重复计算，浪费时间和精力，有时还易出现计算差错。

（2）利用基数，连续计算

就是以"线"或"面"为基数，利用连乘或加减，算出与它有关的分部分项工程量。这里的"线"和"面"指的是长度和面积，常用的基数为"三线一面"，"三线"是指建筑物的外墙中心线、外墙外边线和内墙净长线；"一面"是指建筑物的底层建筑面积。

（3）一次算出，多次使用

在工程量计算过程中，往往有一些不能用"线"、"面"基数进行连续计算的项目，如木门窗、屋架、钢筋混凝土预制标准构件等。首先，将常用数据一次算出，汇编成土建工程量计算手册（即"册"），其次也要把那些规律较明显的如槽、沟断面等一次算出，也编入册。当需计算有关的工程量时，只要查手册就可快速算出所需要的工程量。这样可以减少按图逐项地进行繁琐而重复的计算，亦能保证计算的及时与准确性。

（4）结合实际，灵活机动

用"线"、"面"、"册"计算工程量，是一般常用的工程量基本计算方法，实践证明，在一般工程上完全可以利用。但在特殊工程上，由于基础断面、墙厚、砂浆等级和各楼层的面积不同，就不能完全用"线"或"面"的一个数作为基数，而必须结合实际灵活地计算。

一般常遇到的几种情况及采用的方法如下：

1）分段计算法。当基础断面不同，在计算基础工程量时，就应分段计算。

2）分层计算法。如遇多层建筑物，各楼层的建筑面积或砌体砂浆等级不同时，均可分层计算。

3）补加计算法。即在同一分项工程中，遇到局部外形尺寸或结构不同时，为便于利用基数进行计算，可先将其看作相同条件计算，然后再加上多出部分的工程量。如基础深度不同的内外墙基础、宽度不同的散水等工程。

4）补减计算法。与补加计算法相似，只是在原计算结果上减去局部不同部分工程量。如在楼地面工程中，各层楼面除每层盥洗间为水磨石面层外，其余均为水泥砂浆面层，则可先按各楼层均为水泥砂浆面层计算，然后补减盥洗间的水磨石地面工程量。

2. 统筹图

运用统筹法计算工程量，就是要根据统筹法原理对计价规范中清单列项和工程量计算规则，设计出"计算工程量程序统筹图"。统筹图以"三线一面"作为基数，连续计算与之有共性关系的分部分项工程量，而与基数无共性关系的分部分项工程量则用"册"或图示尺寸进行计算。

（1）统筹图的主要内容

统筹图主要由计算工程量的主次程序线、基数、分部分项工程量计算式及计算单位组成。主要程序线是指在"线"、"面"基数上连续计算项目的线，次要程序线是指在分部分项项目上连续计算的线。

（2）计算程序的统筹安排

统筹图的计算程序安排是根据下述原则考虑的，即：

1）共性合在一起，个性分别处理。分部分项工程量计算程序的安排，是根据分部分项工程之间共性与个性的关系，采取共性合在一起，个性分别处理的办法。共性合在一起，就是把与墙的长度（包括外墙外边线、外墙中心线、内墙净长线）有关的计算项目，分别纳入各自系统中，把与建筑面积有关的计算项目，分别归于建筑物底层面积和分层面积系统中，把与墙长或建筑面积这些基数联系不起来的计算项目，如楼梯、阳台、门窗、台阶等，则按其个性分别处理，或利用"工程量计算手册"，或另行单独计算。

2）先主后次，统筹安排，用统筹法计算各分项工程量是从"线"、"面"基数的计算开始的。计算顺序必须本着先主后次原则统筹安排，才能达到连续计算的目的。先算的项目要为后算的项目创造条件，后算的项目就能在先算的基础上简化计算，有些项目只和基数有关系，与其他项目之间没有关系，先算后算均可，前后之间要参照定额程序安排，以方便计算。

3）独立项目单独处理。预制混凝土构件、钢窗或木门窗、金属或木构件、钢筋用量、台阶、楼梯、地沟等独立项目的工程量计算，与墙的长度、建筑面积没有关系，不能合在一起，也不能用"线"、"面"基数计算时，需要单独处理。可采用预先编制"手册"的方法解决，只要查阅"手册"即可得出所需要的各项工程量。或者利用前面所说的按表格形式填写计算的方法。与"线"、"面"基数没有关系又不能预先编入"手册"的项目，按图示尺寸分别计算。

3. 统筹法计算工程量的步骤

用统筹法计算工程量大体可分为五个步骤，如图3-1所示。

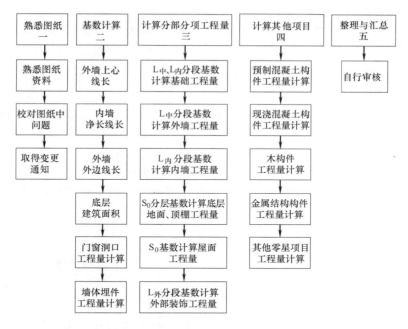

图 3-1 利用统筹法计算分部分项工程量步骤图

3.2 建筑面积计算

3.2.1 建筑面积的概念

建筑面积是指建筑物的各层水平面积相加后的总面积，也称建筑展开面积。它包括建筑使用面积、辅助面积和结构面积。

使用面积是指建筑物各层平面布置中，可直接为生产或生活使用的净面积总和，如居住生活间、工作间和生产间等的净面积。

辅助面积是指建筑物各层平面布置中为辅助生产或生活所占净面积的总和，如楼梯间、走道间、电梯井等。使用面积与辅助面积的总和称为"有效面积"。

结构面积是指建筑物各层平面布置中的墙体、柱、通风道等结构所占面积的总和（不包括抹灰厚度所占面积）。

3.2.2 建筑面积的作用

建筑面积计算是工程计量的最基础工作，在工程建设中具有重要意义。首先，在工程建设的众多技术经济指标中，大多数以建筑面积为基数，建筑面积是核定估算、概算、预算工程造价的一个重要基础数据，是计算和确定工程造价，并分析工程造价和工程设计合理性的一个基础指标。其次，建筑面积是国家进行建设工程数据统计、固定资产宏观调控的重要指标；再次，建筑面积还是房地产交易、工程承发包交易、建筑工程有关运营费用核定等地一个关键指标。建筑面积的作用，具体有以下几个方面：

1. 确定建设规模的重要指标

根据项目立项批准文件所核准的建筑面积，是初步设计的重要控制指标。对于国家投资的项目，施工图的建筑面积不得超过初步设计的 5%，否则必须重新报批。

2. 确定各项技术经济指标的基础

建筑面积与使用面积、辅助面积、结构面积之间存在着一定的比例关系。设计人员在进行建筑或结构设计时，在计算建筑面积的基础上再分别计算出结构面积、有效面积等技术经济指标。比如，有了建筑面积，才能确定每平方米建筑面积的工程造价。

$$单位建筑面积工程造价 = \frac{工程造价}{建筑面积} \tag{3-1}$$

还有很多其他的技术经济指标（如每平方米建筑面积的工料用量），也需要建筑面积这一数据，如：

$$单位建筑面积的材料消耗指标 = \frac{工程材料耗用量}{建筑面积} \tag{3-2}$$

$$单位建筑面积的人工用量 = \frac{工程人工工日耗用量}{建筑面积} \tag{3-3}$$

3. 评价设计方案的依据

建筑设计和建筑规划中，经常使用建筑面积控制某些指标，比如容积率、建筑密度、建筑系数等。在评价设计方案时，通常采用居住面积系数、土地利用系数、有效面积系数、单方造价等指标，它们都与建筑面积密切相关。因此，为了评价设计方案，必须准确计算建筑面积。

$$容积率 = \frac{建筑总面积}{建筑占地面积} \times 100\% \tag{3-4}$$

$$建筑密度 = \frac{建筑物底层面积}{建筑占地总面积} \times 100\% \tag{3-5}$$

根据有关规定，容积率计算式中建筑总面积不包括地下室、半地下室建筑面积，屋顶建筑面积不超过标准层建筑面积 10% 的也不计算。

4. 计算有关分项工程量的依据

在编制一般土建工程预算时，建筑面积是确定一些分项工程量的基本数据。应用统筹计算方法，根据底层建筑面积，就可以很方便地推算出室内回填土体积、地（楼）面面积和天棚面积等。另外，建筑面积也是脚手架、垂直运输机械费用的计算依据。

5. 选择概算指标和编制概算的基础数据

概算指标通常是以建筑面积为计量单位。用概算指标编制概算时，要以建筑面积为计算基础。

3.2.3 建筑面积的计算规则

工业与民用建筑的建筑面积计算的一般原则是：凡在结构上、使用上形成具有一定使用功能的建筑物和构筑物，并能单独计算出其水平面积及其相应消耗的人工、材料和机械用量的，应计算建筑面积；反之，不应计算建筑面积。

建筑面积的计算主要依据《建筑工程建筑面积计算规范》GB/T 50353—2013。规范包括总则、术语、计算建筑面积的规定和条文说明四部分，规定了计算建筑全部面积、计算建筑部分面积和不计算建筑面积的情形及计算规则。规范通过有无围护结构、有无永久性顶盖、是否利用再考虑层高或净高进行区别计算。规范适用于新建、扩建、改建的工业与民用建筑工程的建筑面积计算，包括工业厂房、仓库、公共建筑、农业生产使用的房屋、粮种仓库、地铁车站等的建筑面积计算。

1. 普通建筑面积的计算规则

（1）计算规则

建筑物的建筑面积应按自然层外墙结构外围水平面积之和计算。结构层高在2.20m及以上的，应计算全面积；结构层高在2.20m以下的，应计算1/2面积。

（2）规则解读

1）结构层高是指"楼面或地面结构层上表面至上部结构层上表面之间的垂直距离"，如图3-2所示。

① 上下均为楼面时，结构层高是相邻两层楼板结构层上表面之间的垂直距离。

② 建筑物最底层，从"混凝土构造"的上表面，算至上层楼板结构层上表面。

分两种情况：一是有混凝土底板的，从底板上表面算起，如底板上有上反梁，则应从上反梁上表面算起；二是无混凝土底板、有地面构造的，以地面构造中最上一层混凝土垫层或混凝土找平层上表面算起。

③ 建筑物顶层，从楼板结构层上表面算至屋面板结构层上表面。

2）勒脚是指建筑物外墙与室外地面或散水接触部分墙体的加厚部分，其高度一般为室内地坪与室外地面的高差，也有的将勒脚高度提

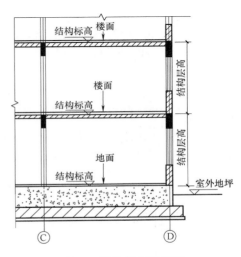

图3-2 结构层高示意图

高到底层窗台。因为勒脚是墙根很矮的一部分墙体加厚，不能代表整个外墙结构，故计算建筑面积时不考虑勒脚。

3）当外墙结构本身在一个层高范围内不等厚时（不包括勒脚，外墙结构在该层高范围内材质不变），以楼地面结构标高处的外围水平面积计算，如图3-3所示。

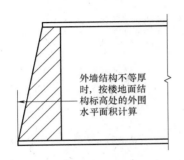

图3-3 外墙结构本身在一个层高范围内不等厚的示意图

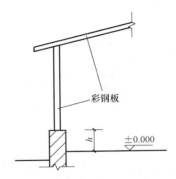

图3-4 轻钢厂房的示意图

65

4）下部为砌体，上部为彩钢板围护的建筑物（俗称轻钢厂房），如图 3-4 所示，其建筑面积的计算：

当 $h<0.45m$ 时，建筑面积按彩钢板外围水平面积计算；

当 $h\geqslant0.45m$ 时，建筑面积按下部砌体外围水平面积计算。

2. 建筑物内有局部楼层时面积的计算规则

（1）计算规则

建筑物内设有局部楼层时，对于局部楼层的二层及以上楼层，有围护结构的应按其围护结构外围水平面积计算，无围护结构的应按其结构底板水平面积计算，且结构层高在 2.20m 及以上的，应计算全面积，结构层高在 2.20m 以下的，应计算 1/2 面积。

（2）规则解读

1）围护结构是指"围合建筑空间的墙体、门、窗"。"栏杆、栏板"按照本规范的定义，属于围护设施。

此处的局部楼层分两种：一种是有围护结构，另一种是无围护结构。其中，在无围护结构的情况下，必须要有围护设施。如果既无围护结构也无围护设施，则不属于楼层，不计算建筑面积。

2）建筑物内设有局部楼层，其首层面积已包括在原建筑物中不能重复计算。因此，应从二层以上开始计算局部楼层的建筑面积。

例 3.1 如图 3-5 所示，假设局部楼层①、②、③层高均超过 2.2m，试计算该建筑物建筑面积。

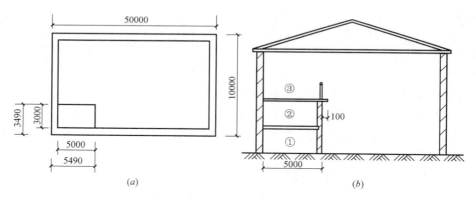

图 3-5 某建筑物内设有部分楼层的示意图

（a）平面图；（b）剖面图

解：

首层建筑面积为：$50\times10=500m^2$

有围护结构的局部楼层②建筑面积为：$5.49\times3.49=19.16m^2$

无围护结构但有围护设施的局部楼层③建筑面积为：$(5+0.1)\times(3+0.1)=15.81m^2$

合计建筑面积为：$500+19.16+15.81=534.97m^2$

3. 建筑物屋顶及场馆看台下面积的计算规则

（1）建筑物屋顶面积计算规则

对于形成建筑空间的坡屋顶，结构净高在 2.10m 及以上的部位应计算全面积；结构净高在 1.20m 及以上至 2.10m 以下的部位应计算 1/2 面积；结构净高在 1.20m 以下的部位不应计算建筑面积。

（2）规则解读

1）建筑空间是"具备可出入、可利用条件（设计中可能标明了使用用途，也可能没有标明使用用途或使用用途不明确）的围合空间"。只要具备建筑空间的两个基本要素：一是围合空间，二是可出入、可利用，即使设计中未体现某个房间的具体用途，仍然应计算建筑面积。其中，可出入是指人能够正常出入，即通过门或楼梯等进出；而必须通过窗、栏杆、人孔、检修孔等出入的不算可出入。

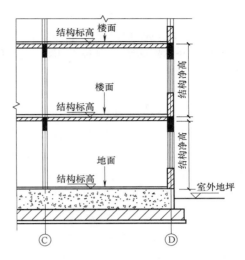

图 3-6　结构净高示意图

2）结构净高是指"楼面或地面结构层上表面至上部结构层下表面之间的垂直距离"，如图 3-6 所示。

例 3.2　某坡屋面下建筑空间的尺寸如图 3-7 所示，建筑物长 50m，计算其建筑面积。

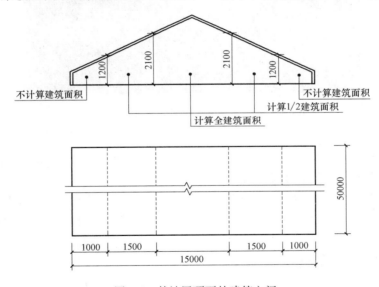

图 3-7　某坡屋顶下的建筑空间

解

全面积部分：$S = 50 \times (15 - 1.5 \times 2 - 1.0 \times 2) = 500 \text{m}^2$

1/2 面积部分：$S = 50 \times 1.5 \times 2 \times 1/2 = 75 \text{m}^2$

合计建筑面积：$S = 500 + 75 = 575 \text{m}^2$

（3）场馆看台下面积计算规则

对于场馆看台下的建筑空间，结构净高在 2.10m 及以上的部位应计算全面积；结构

67

净高在 1.20m 及以上至 2.10m 以下的部位应计算 1/2 面积；结构净高在 1.20m 以下的部位不应计算建筑面积。室内单独设置的有围护设施的悬挑看台，应按看台结构底板水平投影面积计算建筑面积。有顶盖无围护结构的场馆看台应按其顶盖水平投影面积的 1/2 计算面积。

（4）规则解读

1）只要设计有顶盖（不包括镂空顶盖），无论是已有详细设计还是标注为需二次设计，无论是什么材质，都视为有顶盖。

2）本规则共分三款，都是针对场馆的，但各款的适用范围有一定区别：第一款关于看台下的建筑空间，对"场"（顶盖不闭合）和"馆"（顶盖闭合）都适用；第二款关于室内单独悬挑看台，仅对"馆"适用；第三款关于有顶盖无围护结构的看台，仅对"场"适用。

3）室内单独设置的有围护设施的悬挑看台，如图 3-8 所示。无论是单层还是双层悬挑看台，都按各自的"看台结构底板水平投影面积计算建筑面积"。

图 3-8　室内单独设置有围护设施的悬挑看台

4）"场"的看台

① 有顶盖无围护结构的看台，按顶盖计算 1/2 建筑面积。计算建筑面积的范围应是看台与顶盖重叠部分的水平投影面积。

② 有双层看台时，各层分别计算建筑面积，顶盖及上层看台均视为下层看台的盖。

③ 无顶盖的看台，不计算建筑面积（看台下的建筑空间按本条第一款计算建筑面积）。

4. 地下室面积计算规则

（1）计算规则

地下室、半地下室应按其结构外围水平面积计算。结构层高在 2.20m 及以上的，应计算全面积；结构层高在 2.20m 以下的，应计算 1/2 面积。

出入口外墙外侧坡道有顶盖的部位，应按其外墙结构外围水平面积的 1/2 计算面积。

（2）规则解读

1）地下室、半地下室当外墙为变截面时，按地下室、半地下室楼地面结构标高处的外围水平面积计算。

2）地下室的外墙结构不包括找平层、防水（潮）层、保护墙等。

3）地下空间未形成建筑空间的，不属于地下室或半地下室，不计算建筑面积。

4）对于出入口的计算规则，不仅适用于地下室、半地下室出入口，也适用于坡道向上的出入口。

5）出入口坡道计算建筑面积应满足两个条件：一是有顶盖，二是有侧墙，即规范中所说的"外墙结构"，但侧墙不一定封闭。

6）由于坡道是从建筑物内部一直延伸到建筑物外部的，建筑物内的部分随建筑物正常计算建筑面积，建筑物外的部分按本规则执行。建筑物内、外的划分以建筑物外墙结构外边线为界。

5. 建筑架空层面积计算规则

（1）计算规则

建筑物架空层及坡地建筑物吊脚架空层，应按其顶板水平投影计算建筑面积。结构层高在 2.20m 及以上的，应计算全面积；结构层高在 2.20m 以下的，应计算 1/2 面积。

（2）规则解读

1）架空层常见的是学校教学楼、住宅等工程在底层设置的架空层，有的建筑物在二层或以上某个甚至多个楼层设置架空层，有的建筑物设置深基础架空层或利用斜坡设置吊脚架空层，作为公共活动、停车、绿化等空间。

2）架空层是指"仅有结构支撑而无外围护结构的开敞空间层"，无论是否"设计加以利用"，只要具备可利用状态，均计算建筑面积。

"吊脚架空层"，也是无围护结构的，如图 3-9、图 3-10 所示。

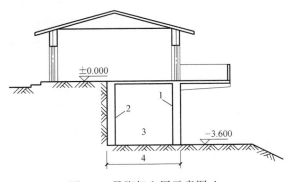

图 3-9　吊脚架空层示意图 A

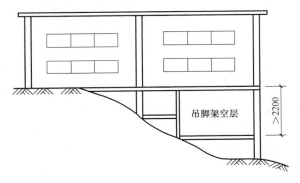

图 3-10　吊脚架空层示意图 B

3）顶板水平投影面积是指架空层结构顶板的水平投影面积，不包括架空层主体结构外的阳台、空调板、通长水平挑板等外挑部分。

例3.3 计算如图3-11所示吊脚架空层的建筑面积。

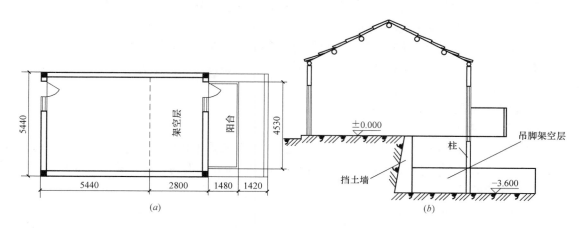

图3-11 某吊脚架空层

解：

$$S=5.44\times2.8=15.23m^2$$

6. 建筑物的门厅、大厅面积计算规则

（1）计算规则

建筑物的门厅、大厅应按一层计算建筑面积，门厅、大厅内设置的走廊应按走廊结构底板水平投影面积计算建筑面积。走廊结构层高在2.20m及以上的，应计算全面积；结构层高在2.20m以下的，应计算1/2面积。

（2）规则解读

走廊是指"建筑物中的水平交通空间"，其中，回廊属于走廊的一种，如图3-12所示。

7. 架空走廊面积计算规则

（1）计算规则

建筑物间的架空走廊，有顶盖和围护结构的，应按其围护结构外围水平面积计算全面积；无围护结构、有围护设施的，应按其结构底板水平投影面积计算1/2面积。

（2）规则解读

1）架空走廊是指"专门设置在建筑物的二层或二层以上，作为不同建筑物之间水平交通的空间"。有围护结构的架空走廊如图3-13所示，无围护结构、有围护设施的架空走廊如图3-14所示。

2）由于架空走廊存在无盖的情况，有时无法计算结构层高，故规则中不考虑层高的因素。

8. 书库、仓库和车库面积计算规则

（1）计算规则

立体书库、立体仓库、立体车库，有围护结构的，应按其围护结构外围水平面积计算

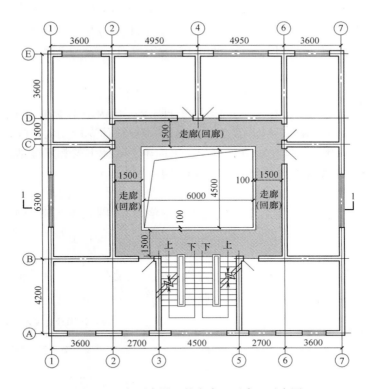

图 3-12 大厅内设置的走廊（回廊）示意图

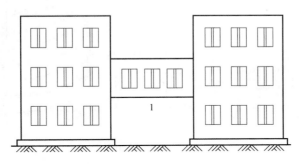

图 3-13 有围护结构的架空走廊
1—架空走廊

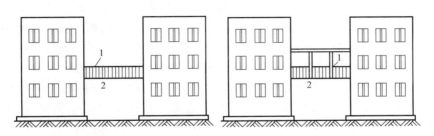

图 3-14 无围护结构、有围护设施的架空走廊
1—栏杆；2—架空走廊

建筑面积；无围护结构、有围护设施的，应按其结构底板水平投影面积计算建筑面积。无结构层的应按一层计算，有结构层的应按其结构层面积分别计算。结构层高在 2.20m 及以上的，应计算全面积；结构层高在 2.20m 以下的，应计算 1/2 面积。

（2）规则解读

结构层是指"整体结构体系中承重的楼板层"。特指整体结构体系中承重的楼层，包括板、梁等构件，而非局部结构起承重作用的分隔层。结构层承受整个楼层的全部荷载，并对楼层的隔声、防火等起主要作用。特别注意的是：立体车库中的升降设备，不属于结构层，不计算建筑面积；仓库中的立体货架、书库中的立体书架都不算结构层。

9. 有围护结构的舞台灯光控制室面积计算规则

（1）计算规则

有围护结构的舞台灯光控制室，应按其围护结构外围水平面积计算。结构层高在 2.20m 及以上的，应计算全面积；结构层高在 2.20m 以下的，应计算 1/2 面积。

（2）规则解读

大部分剧院将舞台灯光控制设在舞台内侧夹层上或设在耳光室中，实际上是一个有墙有顶的分隔间，应按围护的层数计算建筑面积，如图 3-15 所示。

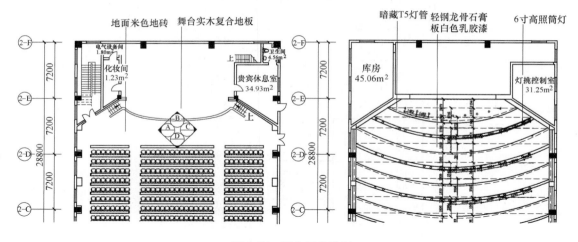

图 3-15　舞台灯光控制

10. 室外走廊、檐廊、门斗、门廊和雨篷等面积计算规则

（1）计算规则

① 有围护设施的室外走廊（挑廊），应按其结构底板水平投影面积计算 1/2 面积，有围护设施（或柱）的檐廊，应按其围护设施（或柱）外围水平面积计算 1/2 面积。

② 门斗应按其围护结构外围水平投影面积计算建筑面积，且结构层高在 2.20m 及以上的，应计算全面积；结构层高在 2.20m 以下的，应计算 1/2 面积。

③ 门廊应按其顶板的水平投影面积的 1/2 计算建筑面积；有柱雨篷应按其结构板水平投影面积的 1/2 计算建筑面积；无柱雨篷的结构外边线至外墙结构外边线的宽度在 2.10m 及以上的，应按雨篷结构板的水平投影面积的 1/2 计算建筑面积。

④ 有顶盖无围护结构的车棚、货棚、站台、加油站、收费站等，应按其顶盖水平投影面积的 1/2 计算建筑面积。

（2）规则解读

1）室外走廊（包括挑廊）、檐廊都是室外水平交通空间。其中，挑廊是悬挑的水平交通空间；檐廊是底层的水平交通空间，由屋檐或挑檐作为顶盖，且一般有柱或栏杆、栏板等。底层无围护设施但有柱的室外走廊可参照檐廊的规则计算建筑面积。

无论哪一种廊，除了必须有地面结构外，还必须有栏杆、栏板等围护设施或柱，这两个条件缺一不可，缺少任何一个条件都不计算建筑面积。

室外走廊（挑廊）、檐廊虽然都算1/2面积，但取定的计算部位不同：室外走廊（挑廊）按结构底板计算，檐廊按围护设施（或柱）外围计算。

2）门斗是"建筑物出入口两道门之间的空间"，它是有顶盖和围护结构的全围合空间。门斗是全围合的，门廊、雨篷至少有一个面不围合。

3）门廊是指在建筑物出入口，无门、三面或二面有墙，上部有板（或借用上部楼板）维护的部位。门廊划分为全凹式、半凹半凸式。全凸时，归为墙支撑雨篷，如图3-16所示。

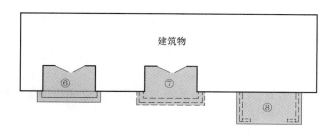

图 3-16　门廊示意图
⑥全凹式门廊；⑦半凹半凸式门廊；⑧全凸式门廊

雨篷系指建筑物出入口上方、突出墙面、为遮挡雨水而单独设立的建筑部件。雨篷划分为有柱雨篷（包括独立柱雨篷、多柱雨篷、柱墙混合支撑雨篷、墙支撑雨篷）和无柱雨篷（悬挑雨篷），如图3-17所示。不单独设立顶盖，利用上层结构板（如楼板、阳台底板）进行遮挡，也不视为雨篷，不计算建筑面积。

有柱雨篷和无柱雨篷计算规则不同：

① 有柱雨篷，没有出挑宽度的限制；无柱雨篷，出挑宽度≥2.10m 时才能计算建筑面积。出挑宽度，系指雨篷结构外边线至外墙结构外边线的宽度，弧形或异形时，为最大宽度，如图3-20中悬挑雨篷的 b。

② 有柱雨篷不受跨越层数的限制，均可计算建筑面积。

③ 无柱雨篷，其结构顶板不能跨层。如顶板跨层，则不计算建筑面积。

①悬挑雨篷；②独立柱雨篷；③多柱雨篷；④柱墙混合支撑雨篷；⑤墙支撑雨篷

混合情况的判断原则：

判断原则 A：根据不重算的原则，当一个附属的建筑部件具备两个或两个以上功能，且计算的建筑面积不同时，只计算一次建筑面积，且取较大的面积。

判断原则 B：当附属的建筑部件按不同方法判断所计算的建筑面积不同时，按计算结果较大的方法进行判断。

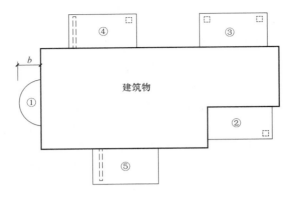

图 3-17 雨篷示意图

4）不分顶盖材质，不分单、双排柱，不分矩形柱、异形柱，均按顶盖水平投影面积的 1/2 计算建筑面积。

顶盖下有其他能计算建筑面积的建筑物时，仍按顶盖水平投影面积计算 1/2 面积，顶盖下的建筑物另行计算建筑面积。

11. 建筑物顶部的楼梯间、水箱间、电梯机房等面积计算规则

（1）计算规则

设在建筑物顶部的、有围护结构的楼梯间、水箱间、电梯机房等，结构层高在 2.20m 及以上的应计算全面积；结构层高在 2.20m 以下的，应计算 1/2 面积。

（2）规则解读

目前建筑物屋顶上的装饰性结构构件，即屋顶造型，材质多样，形式各异。除本规则规定的"楼梯间、水箱间、电梯机房"以外，屋顶上的建筑部件属于建筑空间的可计算建筑面积，不属于建筑空间的则归为屋顶造型，不计算建筑面积。

12. 室内楼梯、电梯井、提物井等面积计算规则

（1）计算规则

建筑物的室内楼梯、电梯井、提物井、管道井、通风排气竖井、烟道，应并入建筑物的自然层计算建筑面积。有顶盖的采光井应按一层计算面积，且结构净高在 2.10m 及以上的，应计算全面积；结构净高在 2.10m 以下的，应计算 1/2 面积。

（2）规则解读

1）室内楼梯包括了形成井道的楼梯（即室内楼梯间）和没有形成井道的楼梯（即室内楼梯），明确了没有形成井道的室内楼梯也应该计算建筑面积，例如建筑物大堂内的楼梯、跃层（或复式）住宅的室内楼梯等应计算建筑面积。室内楼梯间并入建筑物自然层计算建筑面积；未形成楼梯间的室内楼梯按楼梯水平投影面积计算建筑面积。注意：如图纸中画出了楼梯，无论是否用户自理，均按楼梯水平投影面积计算建筑面积；如图纸中未画出楼梯，仅以洞口符号表示，则计算建筑面积时不扣除该洞口面积。

2）跃层和复式房屋的室内公共楼梯间：跃层房屋，按两个自然层计算；复式房屋，按一个自然层计算。跃层房屋是指房屋占有上下两个自然层，卧室、起居室、客厅、卫生间、厨房及其他辅助用房分层布置。复式房屋在概念上是一个自然层，但层高较普通的房屋高，在局部掏出夹层，安排卧室或书房等内容。

3）当室内公共楼梯间两侧自然层数不同时，以楼层多的层数计算，图 3-18 中，楼梯间应计算 6 个自然层建筑面积。

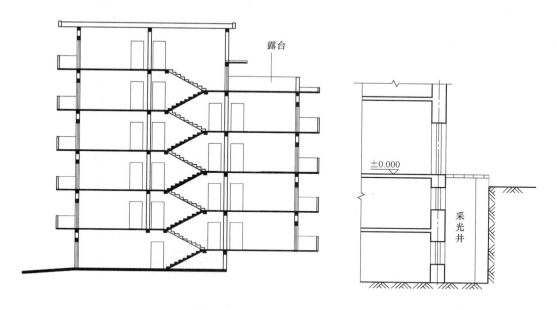

图 3-18　某建筑物剖面图

图 3-19　采光两层且有顶盖的采光井示意图

5）设备管道层，尽管通常设计描述的层数中不包括，但在计算楼梯间建筑面积时，应算 1 个自然层。

6）利用室内楼梯下部的建筑空间不重复计算建筑面积。

7）本规则将电梯井、观光电梯井合并，统一称为电梯井。

8）井道（包括电梯井、提物井、管道井、通风排气竖井、烟道），不分建筑物内外，均按自然层计算建筑面积，如附墙烟道。但独立烟道不计算建筑面积。

9）井道（包括室内楼梯、电梯井、提物井、管道井、通风排气竖井、烟道）按建筑物的自然层计算建筑面积。如自然层结构层高在 2.20m 以下，楼层本身计算 1/2 面积时，相应的井道也应计算 1/2 面积。

10）采光井。由于目前建筑物设计的多样化，采光井的构造也发生了较大的变化，本规则增加了有顶盖采光井计算建筑面积的规定（有顶盖的采光井包括建筑物中的采光井和地下室采光井）。无顶盖的采光井不计算建筑面积。

有顶盖的采光井不论多深、采光多少层，均只计算一层建筑面积。图 3-19 中，采光两层，但只计算一层建筑面积。

13. 室外楼梯的面积计算规则

（1）计算规则

室外楼梯应并入所依附建筑物自然层，并应按其水平投影面积的 1/2 计算建筑面积。

（2）规则解读

1）室外楼梯作为连接建筑物层与层之间交通不可缺少的基本部件，无论是否有盖均应计算建筑面积。

2）本条规则中的"自然层"是指所依附建筑物的自然层，层数为室外楼梯所依附的主体建筑物的楼层数，即梯段部分垂直投影到建筑物范围的层数。在图 3-20 中，梯段投影到主体建筑物只覆盖了 2 个层高（顶盖不考虑），故室外楼梯所依附的建筑物自然层数为 2 层，不应理解为"上到 3 层，依附 3 层"。

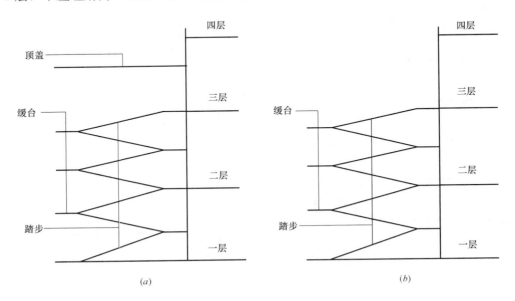

图 3-20　采光两层且有顶盖的采光井示意图

（*a*）有顶盖的室外楼梯；（*b*）无顶盖的室外楼梯

14. 阳台的面积计算规则

（1）计算规则

在主体结构内的阳台，应按其结构外围水平面积计算全面积；在主体结构外的阳台，应按其结构底板水平投影面积计算 1/2 面积。

（2）规则解读

1）阳台是"附设于建筑物外墙，设有栏杆或栏板，可供人活动的室外空间"。本规范将阳台划分为主体结构内的阳台和主体结构外的阳台两类，如图 3-21 所示，其建筑面积不同：主体结构内的阳台计算全面积，主体结构外的阳台计算 1/2 面积。

2）主体结构的判断

① 砖混结构。通常以外墙（即围护结构，包括墙、门、窗）来判断，外墙以内为主体结构内，外墙以外为主体结构外。

② 框架结构。柱梁体系之内为主体结构内，柱梁体系之外为主体结构外。

③ 剪力墙结构。情况比较复杂，分四类：a）如阳台在剪力墙包围之内，则属于主体结构内，应计算全面积；b）如相对两侧均为剪力墙时，也属于主体结构内，应计算全面积；c）如相对两侧仅一侧为剪力墙时，属于主体结构外，计算半面积；d）如相对两侧均无剪力墙时，属于主体结构外，计算半面积。

④ 阳台处剪力墙与框架混合时，分两种情况：a）角柱为受力结构，根基落地，则阳

台为主体结构内，计算全面积；b）角柱仅为造型，无根基，则阳台为主体结构外，计算1/2 面积，如图 3-22 所示。

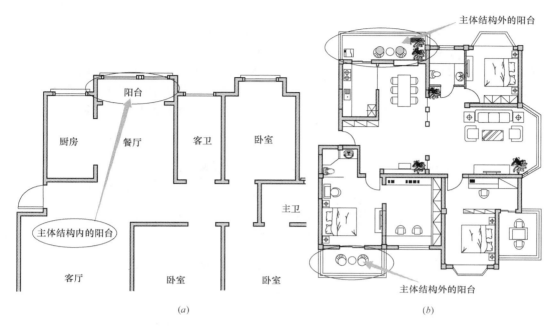

(a)   (b)

图 3-21　采光两层且有顶盖的采光井示意图

（a）主体结构内的阳台；（b）主体结构外的阳台

(a)   (b)

图 3-22　主体结构（剪力墙与框架混合）阳台

（a）角柱为受力结构的阳台；（b）角柱仅为造型，无根基的阳台

3）顶盖不再是判断阳台的必备条件，无论有盖无盖，无论上下层之间是否对齐，只要满足阳台的三个主要属性，即有底板、有栏杆、是附属结构，都应归为阳台。

4）其他几种典型情况。a）阳台的一部分在主体结构内，一部分在主体结构外，应分别计算建筑面积，如图3-23所示，以柱外侧为界，上面部分属于主体结构内，计算全面积，下面部分属于主体结构外，计算1/2面积。b）当阳台外有花槽，与室内相连通，具备使用功能，且满足阳台的三个主要属性，应视为阳台，如图3-24所示，图中花槽可看成主体结构外的阳台，计算1/2面积。c）阳台结构底板上有两种用途的空间，栏杆围护起来的部分为阳台，栏杆外部为设备平台，如图3-25所示，图中的阳台应计算1/2面积，而设备平台不与阳台相连通，不计算建筑面积。

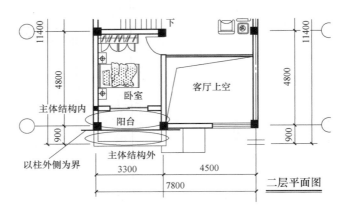

图3-23　部分在主体结构内、部分在主体结构外的阳台

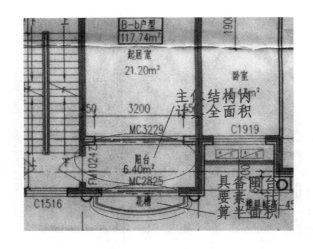

图3-24　与阳台连通的花槽

5）阳台在主体结构外时，按结构底板计算建筑面积，此时无论围护设施是否垂直于水平面，都按结构底板计算建筑面积，同时应包括底板处突出的檐，如图3-26所示。

15. 其他建筑面积计算规则

（1）计算规则

图 3-25　结构底板上有两种用途的阳台

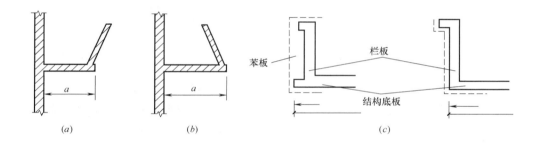

图 3-26　阳台结构底板计算尺寸示意图

1）附属在建筑物外墙的落地橱窗，应按其围护结构外围水平面积计算。结构层高在 2.20m 及以上的，应计算全面积；结构层高在 2.20m 以下的，应计算 1/2 面积。

2）窗台与室内楼地面高差在 0.45m 以下且结构净高在 2.20m 及以上的凸（飘）窗，应按其围护结构外围水平面积的 1/2 计算。

3）围护结构不垂直于水平面的楼层，应按其底板面的外墙外围水平面积计算。结构净高在 2.10m 及以上的部位，应计算全面积；结构净高在 1.20m 及以上至 2.10m 以下的部位，应计算 1/2 面积；结构净高在 1.20m 以下的部位，不应计算建筑面积。

4）以幕墙作为围护结构的建筑物，应按幕墙外边线计算建筑面积。

5）建筑物的外墙外保温层，应按其保温材料的水平截面积计算，并计入自然层建筑面积。

6）与室内相通的变形缝，应按其自然层合并在建筑物建筑面积内计算。对于高低联跨的建筑物，当高低跨内部连通时，其变形缝应计算在低跨面积内。

7）对于建筑物内的设备层、管道层、避难层等有结构层的楼层，结构层高在 2.20m 及以上的，应计算全面积；结构层高在 2.20m 以下的，应计算 1/2 面积。

（2）规则解读

1）凸（飘）窗须同时满足两个条件方能计算建筑面积：一是结构高差在 0.45m 以下，二是结构净高在 2.10m 及以上。否则，凸（飘）窗不计算建筑面积。

2）对于斜围护结构与斜屋顶采用相同的计算规则，即只要外壳倾斜，就按净高划段，分别计算建筑面积，例如，国家大剧院的蛋壳外壳，无法准确说其到底算墙还是算屋顶，按净高划段，分别计算。

3）幕墙以其在建筑物中所起的作用和功能来区分，直接作为外墙起围护作用的幕墙，按其外边线计算建筑面积；设置在建筑物墙体外起装饰作用的幕墙，不计算建筑面积，如图 3-27 所示。

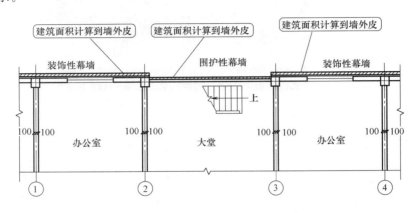

图 3-27　建筑物幕墙示意图

4）外保温层的计算范围：建筑面积仅计算保温材料本身；其中，计算建筑面积的外保温层是以沿高度方向满铺为准，若铺设高度未达到楼层全部高度时，保温层不计算建筑面积。例如，外贴苯板时，如图 3-28 所示，仅苯板本身算保温材料，抹灰层、防水（潮）层、粘接层（空气层）及保护层（墙）等均不计入建筑面积。

在计算方法上，按"保温材料的净厚度乘以外墙结构外边线长度"单独计算。

5）与室内相通的变形缝，是指暴露在建筑物内，在建筑物内可以看见的变形缝，当变形缝与室内不相通时，不计算其建筑面积。高低联跨的建筑物，当高低跨内部连通或局部连通时，其连通部分变形缝的面积计算在低跨面积内。

6）设备层、管道层虽然其具体功能与普通楼层不同，但在结构上及施工消耗上并无本质区别，且本规范定义自然层为"按楼地面结构分层的楼层"，因此设备、管道层也归为自然层，其计算规则与普通楼层相同。此外，在吊顶空间内设置管道及检修马道的，吊顶空间部分不能被视为设备层、管道层，不计算建筑面积。

16. 不计算建筑面积的项目

（1）计算规则

1）与建筑物内不相连通的建筑部件。

2）骑楼、过街楼底层的开放公共空间和建筑物

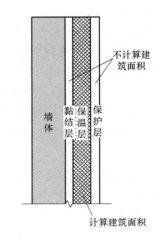

图 3-28　外墙外保温层示意图

通道。

3）舞台及后台悬挂幕布和布景的天桥、挑台等，指的是影剧院的舞台及为舞台服务的可供上人维修、悬挂幕布、布置灯光及布景等搭设的天桥和挑台等构件设施。

4）露台、露天游泳池、花架、屋顶的水箱及装饰性结构构件。

5）建筑物内的操作平台、上料平台、安装箱和罐体的平台。

6）勒脚、附墙柱、垛、台阶、墙面抹灰、装饰面、镶贴块料面层、装饰性幕墙，主体结构外的空调室外机搁板（箱）、构件、配件，挑出宽度在 2.10m 以下的无柱雨篷和顶盖高度达到或超过两个楼层的无柱雨篷。

7）窗台与室内地面高差在 0.45m 以下且结构净高在 2.10m 以下的凸（飘）窗，窗台与室内地面高差在 0.45m 及以上的凸（飘）窗。

8）室外爬梯、室外专用消防钢楼梯。

9）无围护结构的观光电梯。

10）建筑物以外的地下人防通道，独立的烟囱、烟道、地沟、油（水）罐、气柜、水塔、贮油（水）池、贮仓、栈桥等构筑物。

（2）规则解读

1）"与建筑物内不相连通"是指没有正常的出入口。即：通过门进出的，视为"连通"，通过窗或栏杆等翻出去的，视为"不连通"，如装饰性阳台、挑廊等均为"与建筑物内不相连通建筑部件"。

2）骑楼是"建筑底层沿街面后退且留出公共人行空间的建筑物"，如图 3-29 所示。过街楼是"跨越道路上空并与两边建筑相连接的建筑物"，建筑物通道是"为穿过建筑物而设置的空间"，如图 3-30 所示。

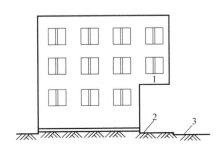

图 3-29　骑楼
1—骑楼；2—人行道；3—街道

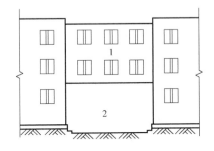

图 3-30　过街楼
1—过街楼；2—建筑物通道

3）露台是指"设置在屋面、首层地面或雨篷上的供人室外活动的有围护设施的平台"。露台须同时满足四个条件：一是位置，设置在屋面、地面或雨篷顶；二是可出入；三是有围护设施；四是无盖。屋顶的水箱不计算建筑面积，但屋顶的水箱间应计算建筑面积。

4）台阶是"联系室内外地坪或同楼层不同标高而设置的阶梯形踏步"，室外台阶还包括与建筑物出入口连接处的平台。而楼梯是"楼层之间垂直交通"的建筑部件，故由起点至终点的高度达到一个自然层及以上的称为楼梯，在一个自然层以内的称为台阶。

81

思考题

1. 名词解释：建筑面积、使用面积、首层建筑面积。
2. 简述计算建筑面积的意义。
3. 不计算建筑面积的范围有哪些？
4. 某建筑物为一栋 9 层框架混凝土结构，并利用深基础架空层作设备层，层高 2.20m，其外围水平面积为 800m²。第一层框架结构，层高 6m，外墙厚均为 240mm，外墙轴线尺寸为 15m×50m，第一层至第五层外围面积均为 765.66m²，第六层至第九层外墙的轴线尺寸为 6m×50m，第二层至第九层的层高均为 2.80m。在第五层屋顶至第九层屋顶有一室外楼梯，室外楼梯每层水平投影面积为 15m²。试计算该建筑物的总建筑面积。

第4章 土石方工程计量

本章以国家及湖北省的相关规定为依据，介绍土石方工程定额计价工程量计算。本章内容包括：土方工程、石方工程、土石方运输工程、回填及其他工程。

定额总说明

1. 本定额适用于湖北省境内工业与民用建筑的新建、扩建、改建工程、市政工程及园林绿化工程中的土石方工程。

2. 本定额是依据现行国家建设工程劳动定额、湖北省建筑、安装、市政及园林绿化工程消耗量定额编制的。

3. 本定额的工作内容中，已说明了主要施工工序，次要工序虽未说明，均已包含在定额内。

4. 本定额中消耗量和价格的确定：

（1）人工工日：

① 本定额中的人工工日按普工表示。内容包括基本用工、辅助用工、超运距用工、人工幅度差。

② 本定额中的人工工日的单价取定为：60.00 元/工日。

（2）施工机械台班：

① 本定额中的机械类型、规格采用本省常用机械类型，按正常合理的机械配备综合取定。

② 机械台班消耗量中包括了机械幅度差。

③ 机械台班单价按《湖北省施工机械台班价格》（2013 年）计取。

5. 执行定额计价方法时：

（1）本定额说明、工程量计算规则、附注等条款注明允许调整、换算者外，一般不得因具体工程的人工、材料、机械消耗与定额规定不同而调整。

（2）本定额规定应计取的项目，由于施工单位采取了技术措施，改变了生产工艺又能按工程质量要求完成任务，保证安全操作，其项目仍按本定额计算。

（3）山上施工，运输车不能直接到达施工现场而发生的运输，根据发生的数量另作补充，按实计算。

（4）定额中的人工工日及单价，各地不得自行变更。

（5）定额中的机械类别、名称、规格型号、机型为统一划分，实际采用机械与定额不同时，不允许换算。

6. 本定额中为满足环保要求而配备了洒水汽车在施工现场降尘，若实际施工中未采用洒水汽车降尘的，在结算中应扣除洒水汽车和水的费用。

7. 沟槽、基坑、石方平基的划分：

建筑、安装、园林工程凡图示沟槽底宽在 3m 以内，且沟槽长大于沟槽宽 3 倍以上的为沟槽。

凡图示基坑底面积在 20m² 以内，且坑底的长与宽之比小于或等于 3 倍的为基坑。

凡图示沟槽底宽 3m 以外，坑底面积 20m² 以外，平整场地挖土方厚度在 300mm 以外，均按挖土方计算。

市政工程底宽 7m 以内，底长大于底宽 3 倍以上按沟槽计算。

底长小于或等于底宽 3 倍的按基坑计算，基坑底面积在 150m² 以内的执行基坑定额。

石方平基：沟槽、基坑底宽大于 3m 且底面积大于 20m²；顶平面标高不同时，以低边顶平面标高线以上的部分为平基。

8. 土壤及岩石分类

土壤分类见表 4-1。岩石分类见表 4-2，岩石分类的依据是国家标准《岩土工程勘察规范》GB 50021—2001。

土壤分类表 表 4-1

土壤分类	土壤名称	鉴别方法
Ⅰ 类土 （松软土）	1. 略有黏性的砂土 2. 腐殖土及疏松的种植土 3. 泥炭	用锹，少许用脚蹬或用板锹挖掘
Ⅱ 类土 （普通土）	1. 潮湿的黏性土或黄土 2. 轻盐土和碱土 3. 含有建筑材料碎屑、碎石、卵石的堆积土和种植土	用锹，条锹挖掘，需用脚蹬，少许用镐
Ⅲ 类土 （坚土）	1. 中等密实黏性土或黄土 2. 含有碎石、卵石或建筑材料碎屑的黏性土或黄土	主要用镐、条锄，少许用锹
Ⅳ 类土 （砂砾坚土）	1. 坚硬密实的黏性土或黄土 2. 含有体积在 10%～30%、质量在 25kg 以下碎石、砾石的中等密实黏性土或黄土 3. 硬化的重盐土	全部用镐、条锄挖掘，少许用撬棍挖掘

岩石分类表 表 4-2

岩石类别	定性鉴定	风化特征	岩石单轴饱和抗压强度 （MPa）	基岩承载力基本值 （MPa）	代表性岩石
极软岩	锤击声哑，无回弹，有较深凹痕，手可捏碎；浸水后，可捏成团	结构构造全部破坏，矿物成分除石英外，大部分风化成土状	<5	<0.5	1. 全风化的各种岩石 2. 各种半成岩
软岩	锤击声哑，无回弹，有凹痕，易击碎；浸水后，可掰开	结构构造大部分破坏，矿物色泽明显变化，长石、云母等多风化成次生矿物	5～15	0.5～2.0	1. 强风化的坚硬岩 2. 弱风化—强风化的较坚硬岩 3. 弱风化的较软岩 4. 未风化的泥岩等
较软岩	锤击声不清脆，无回弹，较易击碎；浸水后，指甲可刻出印痕	结构构造部分破坏，矿物色泽较明显变化，裂隙面出现风化矿物或存在风化夹岩	15～30	4.0～2.0	1. 强风化的坚硬岩 2. 弱风化的较坚硬岩 3. 未风化—微风化的：凝灰岩、千枚岩、砂质泥岩、泥灰岩、泥质砂岩、粉砂岩、页岩等

岩石类别	定性鉴定	风化特征	岩石单轴饱和抗压强度（MPa）	基岩承载力基本值（MPa）	代表性岩石
较坚硬岩	锤击声较清脆，有轻微回弹，稍震手，较难击碎；浸水后，有轻微吸水反应	结构构造、矿物色泽基本未变，部分裂隙面有铁锰质渲染	30～60	4.0～7.0	1. 弱风化的坚硬岩 2. 未风化—微风化的：熔结凝灰岩、大理岩、板岩、白云岩、石灰岩、钙质胶结的砂岩等
坚硬岩	锤击声清脆，有回弹，震手，难击碎；浸水后，大多无吸水反应	结构构造未变，岩质新鲜	＞60	＞7.0	未风化—微风化的：花岗岩、正长岩、闪长岩、辉绿岩、玄武岩、安山岩、片麻岩、石英片岩、硅质板岩、石英岩、硅质胶结的砾岩、石英砂岩、硅质石灰岩等

9. 本定额未列的消耗量项目，由各市、县建设工程造价主管机构按照本定额编制原则、方法收集补充，报省建设工程造价管理机构备案。

10. 本定额是本省建设工程按定额计价的规范性文件，各地区、各部门不得另行编制、修改和翻印。

11. 本定额中注有"××"以内或"××"以下者，均包括"××"本身，"××"以外或"××"以上者，则不包括"××"本身。

4.1 土方工程

4.1.1 定额说明

1. 本节定额均适用于各类工程的土方工程（除有关专业册已说明不适用土方工程定额者外）。

2. 人工挖土方、沟槽、基坑定额深度超过 6m，按 6m 以内的相应项目基价，每加深 1m 乘以 1.25（如 7m 以内采用 6m 以内的项目基价乘以系数 1.25；8m 以内采用 7m 以内的项目基价乘以系数 1.25，依此类推）。

3. 干湿土的划分，应根据地质勘测资料以地下常水位为准划分，地下常水位以上为干土，以下为湿土，含水率≥25％为湿土，如挖湿土时，人工和机械乘以系数 1.18。若含水率＞40％，则应另行计算。

4. 本定额未包括地下水位以下施工的排水费用，发生时另按措施项目计算。

5. 本定额未包括工作面以外运输路面维修、养护、城区环保清洁费、挖方、填方区的障碍清理、铲草皮、挖淤泥、堰塘排水等内容，发生时应另行计算。

6. 在支撑下挖土，按实挖体积人工乘以系数 1.43，机械乘以系数 1.20。先开挖后支撑的不属于支撑下挖土。

7. 挖桩间土方时，按实挖体积（扣除桩体所占体积），人工乘以系数 1.50。

8. 场地按竖向布置挖填土方时，不再计算平整场地的工程量。

9. 挖土中遇含碎、砾石体积为31%～50%的密实黏性土或黄土时，按挖四类土相应项目基价乘以1.43。碎、砾石含量超过50%时，另行处理。

10. 挖土中因非施工方责任发生塌方时，除一、二类土外，三、四类土壤按降低一级土类别执行，第9条所列土壤按四类土执行，工程量均以塌方数量为准。

11. 竖井挖土方，是指在土质隧道的竖井挖土方。

12. 机械挖土方工程量按施工组织设计分别计算机械和人工挖土工程量。无施工组织设计时，可按机械挖土方90%、人工挖土方10%计算（人工挖土部分按相应定额项目人工乘以系数2.00）。

13. 推土机推土或铲运机铲土，其土层平均厚度小于300mm时，推土机台班用量乘以系数1.25；铲运机台班用量乘以系数1.17。

14. 挖密实的钢碴，按挖四类土，人工乘以系数2.50；机械乘以系数1.50。

15. 斗容量为0.2m³的抓斗挖土机挖土、淤泥、流沙，按斗容量为0.5m³的抓铲挖掘机挖土、淤泥、流沙定额消耗量乘以系数2.50计算。

4.1.2 工程量计算规则

1. 土方工程量计算一般规则

（1）土方体积均以天然密实体积为准计算。当虚方体积、夯实体积和松填体积必须折算成天然密实体积时，可按表4-3中所列数值予以换算。

土方体积折算表

表4-3

虚方体积	松填体积	天然密实体积	夯实后体积
1.00	0.83	0.77	0.67
1.20	1.00	0.92	0.80
1.30	1.08	1.00	0.87
1.50	1.25	1.15	1.00

（2）建筑物挖土以设计室外地坪标高为准计算。

（3）土方工程量按图示尺寸计算，修建机械上下坡的便道土方量并入土方工程量内。

（4）清理土堤基础按设计规定以水平投影面积计算，清理厚度为300mm内，废土运距按30m计算。

（5）人工挖土堤台阶工程量，按挖前的堤坡斜面积计算，运土应另行计算。

（6）管道接口作业坑和沿线各种井室所需增加开挖的土方工程量：排水管道按2.5%计算；排水箱涵不增加；给水管道按1.5%计算。

（7）竖井挖土方按设计结构外围水平投影面积乘以竖井高度，以m³计算，其竖井高度指实际自然地面标高至竖井底板下表面标高之差。

2. 挖沟槽、基坑土方工程量

（1）沟槽、基坑加宽工作面，放坡系数按设计图示尺寸计算，无明确规定时按表4-4的规定计算。

（2）挖沟槽、基坑需支挡土板时，其挡土板按各专业施工技术措施项目中相应子目计算。凡放坡部分不得再计算挡土板，支挡土板后不得再计算放坡。

放坡系数表 表 4-4

土壤类别	放坡起点 （m）	人工挖土	机械挖土	
			在坑内作业	在坑上作业
一、二类土	1.20	1:0.50	1:0.33	1:0.75
三类土	1.50	1:0.33	1:0.25	1:0.67
四类土	2.00	1:0.25	1:0.10	1:0.33

（3）基础、构筑物施工所需工作面宽度按表 4-5 的规定计算，管沟施工所需工作面宽度按表 4-6 的规定计算。

基础、构筑物施工所需工作面宽度表 表 4-5

基础、构筑物 材料	砖基础	浆砌毛石、 条石基础	混凝土基础 垫层支模板	混凝土基础 支模板	基础垂直面 做防水层	构筑物 （无防潮层）	构筑物 （有防潮层）
每边各增加 工作面宽度 （mm）	200	150	300	300	800 （防水层面）	400	600

管沟底部每侧工作面宽度表（单位：mm） 表 4-6

管道结构宽（mm）	混凝土管道 基础 90°	混凝土管道 基础大于 90°	金属管道	塑料管道
500 以内	400	400	300	300
1000 以内	500	500	400	400
2500 以内	600	600	400	400
2500 以外	600	500	400	400

（4）挖土交接处产生的重复工程量不扣除（见图 4-1）。如在同一断面内遇有数类土壤，其放坡系数可按各类土占全部深度的百分比加权计算。

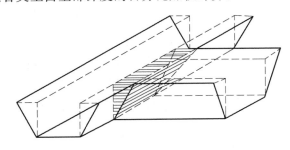

图 4-1　沟槽放坡时的交接处重复工程量示意图

管道结构宽：无管座按管道外径计算；有管座按管道基础外缘计算；构筑物按基础外缘计算；如设挡土板、打钢板桩，则每侧增加 100mm。

建筑物沟槽、基坑工作面放坡自垫层按上表面开始计算。

管道沟槽、给排水构筑物沟槽基坑工作面及放坡自垫层按下表面开始计算。

（5）挖沟槽：外墙按图示中心线长度计算；内墙按图示基础底面之间净长度计算；内外突出部分（垛、附墙烟囱等）的体积并入沟槽土方工程量内计算。

（6）挖管道沟槽按管道中心线长度计算。

3. 地下连续墙挖土成槽土方

地下连续墙挖土成槽土方工程量按连续墙设计长度、宽度和槽深（加超深0.50m）以 m^3 计算。

4.1.3 工程量计算方法

1. 人工挖地槽

凡图示沟槽底宽在3m以内，且沟槽长度大于槽宽3倍以上的为沟槽（见图4-2）。

凡是满足此两条件者，均为地槽。其工程量计算，按图示尺寸以 m^3 计算。

$$V=(b+2c+kH)HL$$

式中　V——挖地槽体积；

　　　b——地槽中基础或垫层的宽度；

　　　c——工作面宽度，需要支模时 $c=300mm$，不需支模时 $c=0$；

　　　k——放坡系数，按表4-4选用，不放坡或支挡土板时均取零；

　　　H——自设计室外标高到槽底的深度；

　　　L——地槽长度，外墙按中心线计算，内墙按净长线计算。

例 4.1　某地槽长 28.76m，槽深 1.60m，混凝土基础垫层宽0.90m，有工作面，三类土，计算人工挖地槽工程量并确定定额项目。

解　已知：$b=0.90m$

　　　　$c=0.30m$（查表4-5）

　　　　$H=1.60m$

　　　　$L=28.76m$

　　　　$k=0.33$（查表4-4）

则其工程量为

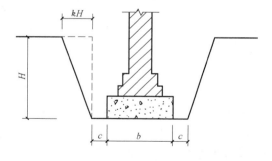

图4-2　有放坡地槽示意图

$$V=(b+2c+kH)HL$$
$$=(0.90+2×0.30+0.33×1.60)×1.60×15.50$$
$$=2.028×1.60×28.76=93.32m^3$$

定额项目为：G1-143　人工挖沟槽 三类土 深度2m以内

定额基价为：3228.97 元/100m^3

2. 人工挖地坑

凡图示基坑底面积在 $20m^2$ 以内，且坑底的长与宽之比小于或等于3倍的为基坑（见图4-3）。

挖地坑的工程量按以下公式计算：

$$V=(a+2c+kH)(b+2c+kH)H+\frac{1}{3}k^2H^3$$

式中　V——地坑的体积；

　　　a——坑底长；

88

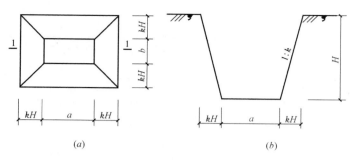

图 4-3　矩形地坑示意图
(a) 平面图；(b) 1—1 断面图

b——坑底宽；

c——工作面宽；

H——地坑深度；

k——放坡系数。

例 4.2　某基坑混凝土垫层的尺寸为 4.00m×3.60m，垫层底面距设计室外地面 3.10m。已知：三类土、垫层采用支模浇筑。试计算人工放坡开挖的工程量并确定定额项目。

解　因为垫层底面积 $S=4.00×3.60=14.40m^3<20m^3$，所以属于挖地坑。又因为开挖深度 $H=3.10m$，大于三类土的放坡起点深度 1.50m，所以应按放坡开挖计算。

查取定额可知人工开挖、三类土的放坡系数 $k=0.33$。因为混凝土垫层采用支模浇筑，所以周边应增加支模工作面 $c=300mm$。

$$V=(a+2c+kH)×(b+2c+kH)H+\frac{1}{3}k^2H^3$$

$$=(4.00+2×0.30+0.33×3.10)×(3.60+2×0.30+0.33×3.10)×3.10$$

$$+\frac{1}{3}×0.33^2×3.10^3=92.13m^3$$

定额项目为：G1-153　人工挖基坑　三类土　深度 4m 以内

定额基价为：4433.98 元/100m³

3. 人工挖土方

凡图示沟槽底宽在 3m 以外，坑底面积在 20m² 以外，平整场地挖土方厚度在 300mm 以外，均按挖土方计算。

挖土方的工程量与挖地坑的工程量计算公式相同。

4.1.4　清单工程量计算规则

土方工程工程量清单项目设置、项目特征描述的内容、计量单位及工程量计算规则，应按表 4-7 的规定执行。

土方工程（编号：010101）　　　　　　　　　　　　表 4-7

项目编码	项目名称	项目特征	计量单位	工程量计算规则	工作内容
010101001	平整场地	1. 土壤类别 2. 弃土运距 3. 取土运距	m²	按设计图示尺寸以建筑物首层建筑面积计算	1. 土方挖填 2. 场地找平 3. 运输

项目编码	项目名称	项目特征	计量单位	工程量计算规则	工作内容
010101002	挖一般土方	1. 土壤类别 2. 挖土深度 3. 弃土运距	m³	按设计图示尺寸以体积计算	1. 排地表水 2. 土方开挖 3. 围护（挡土板）及拆除 4. 基底钎探 5. 运输
010101003	挖沟槽土方			按设计图示尺寸以基础垫层底面积乘以挖土深度计算	
010101004	挖基坑土方				
010101005	冻土开挖	1. 冻土厚度 2. 弃土运距		按设计图示尺寸开挖面积乘以厚度以体积计算	1. 爆破 2. 开挖 3. 清理 4. 运输
010101006	挖淤泥、流砂	1. 挖掘深度 2. 弃淤泥、流砂距离		按设计图示位置、界限以体积计算	1. 开挖 2. 运输
010101007	管沟土方	1. 土壤类别 2. 管外径 3. 挖沟深度 4. 回填要求	1. m 2. m³	1. 以米计量，按设计图示以管道中心线长度计算 2. 以立方米计量，按设计图示管底垫层面积乘以挖土深度计算；无管底垫层按管外径的水平投影面积乘以挖土深度计算。不扣除各类井的长度，井的土方并入	1. 排地表水 2. 土方开挖 3. 围护（挡土板）、支撑 4. 运输 5. 回填

4.2 石方工程

4.2.1 定额说明

1. 本节定额均适用于各类工程的石方工程（除有关专业册已说明不适用石方工程定额外）。

2. 石方爆破定额是按炮眼法松动爆破和无地下渗水积水考虑，防水和覆盖材料未包括在定额内。采用火雷管可以换算，雷管数量不变。扣除定额中的胶质导线用量，增加导火索用量，导火索的长度按每个雷管 2.12m 计算（抛掷和定向爆破另行处理）。打眼爆破若要达到石料粒径要求，则增加的费用另行计算。

4.2.2 工程量计算规则

1. 石方工程量按图示尺寸加允许超挖量以 m³ 计算。

2. 沟槽和基坑的深度、宽度每边允许超挖量：较软岩及较坚硬岩为 200mm；坚硬岩为 150mm。

3. 机械拆除混凝土障碍物，按被拆除构件的体积以 m³ 计算。

4. 人工凿钢筋混凝土桩头按桩截面积乘以被凿断的桩头长度以 m³ 计算。

4.2.3 工程量计算方法

例 4.3 某工程钢筋混凝土预制方桩 345 根，截面尺寸为 450mm×450mm，平均截桩长度为 650mm。试计算人工凿钢筋混凝土桩头的工程量并确定定额项目。

解

$$V = 0.45^2 \times 0.65 \times 345$$
$$= 45.41 \text{m}^3$$

定额项目为：G3-57　人工凿钢筋混凝土桩头

定额基价为：1563.54 元/10m³

4.2.4 清单工程量计算规则

石方工程工程量清单项目设置、项目特征描述的内容、计量单位及工程量计算规则，应按表 4-8 的规定执行。

石方工程（编号：010102）　　　　　　　　　　　　　　　　表 4-8

项目编码	项目名称	项目特征	计量单位	工程量计算规则	工作内容
010102001	挖一般石方	1. 岩石类别 2. 开凿深度 3. 弃渣运距	m³	按设计图示尺寸以体积计算	1. 排地表水 2. 凿石 3. 运输
010102002	挖沟槽石方			按设计图示尺寸沟槽底面积乘以挖石深度以体积计算	
010102003	挖基坑石方			按设计图示尺寸基坑底面积乘以挖石深度以体积计算	
010102004	挖管沟石方	1. 岩石类别 2. 管外径 3. 挖沟深度	1. m 2. m³	1. 以米计量，按设计图示以管道中心线长度计算 2. 以立方米计量，按设计图示截面积乘以长度计算	1. 排地表水 2. 凿石 3. 回填 4. 运输

4.3 土石方运输工程

4.3.1 定额说明

1. 本节定额均适用于各类工程的土石方运输工程（除有关专业册已说明不适用土石方运输工程定额者外）。

2. 汽车、重车上坡降效因素，已综合在相应的土石方运输定额项目中，不再另行计算。

3. 汽车运土运输道路是按一、二、三类道路综合确定的，已考虑了在运输过程中的道路清理的人工，如需要铺筑材料时，则需另行计算。

4. 人工装土汽车运土时，汽车运土定额乘以系数 1.10。

5. 自卸汽车运土，如采用反铲挖掘机装土，则自卸汽车运土台班数量乘以系数 1.10；拉铲挖掘机装车，自卸汽车运土台班数量乘以系数 1.20。

6. 自卸汽车运淤泥、流沙，按自卸汽车运土台班数量乘以系数1.20。

7. 本定额中未包括由于河道清理施工封航而发生的其他费用和外租设备、船只的途中调遣费。

4.3.2 工程量计算规则

1. 土石方运距应以挖土质心至填土质心或弃土质心最近距高计算，挖土质心、填土质心、弃土质心按施工组织设计确定。如遇下列情况应增加运距：

（1）人力及人力车运土、石方上坡坡度在15％以上，推土机推土、推石碴，铲运机铲运土重车上坡时，如果坡度大于5％时，其运距按坡度区段斜长乘以表4-9中所列的系数计算。

土石方运输系数表 表 4-9

项目	推土机、铲运机				人力及人力车
坡度(%)	5~10	15 以内	20 以内	25 以内	15 以上
系数	1.75	2.00	2.25	2.50	5.00

（2）采用人力垂直运输土、石方，垂直深度每米折合水平运距7m计算。

（3）拖式铲运机3m³加27m转向距离，其余型号铲运机加45m转向距离。

2. 余土或取土工程量可按下式计算：

余土外运体积＝挖土总体积－回填土总体积（或按施工组织设计计算）

式中计算结果为正值时为余土外运体积，负值时为取土体积。

4.3.3 工程量计算方法

土石方的运输是指把开挖后多余的土、石运至指定地点，或在回填土不足的情况下，从取土地点回运到现场。

例4.4 根据例4-6中所提供的有关资料，试计算其土方运输工程量，并确定定额项目。已知：土方运输距离为40m。

解 已知：基槽土方体积为42.20m³，回填土体积为36.02m³。则土方运输工程量为

$$V＝42.20－36.02＝6.18m^3$$

计算结果为正，表示回填后尚有余土，应由场内向场外运输。

定额项目为：G1-219 单（双）轮车运土方 运距50m以内

定额基价为：957.00元/100m³

4.4 回填及其他工程

4.4.1 定额说明

本节定额均适用于各类工程的土方回填及其他工程（除有关专业册已说明不适用回填及其他工程定额者外）。

4.4.2 工程量计算规则

1. 回填土区分夯填、松填按图示回填体积并依下列规定，以 m³ 计算：

（1）建筑物沟槽、基坑回填土体积以挖方体积减去设计室外地坪以下埋设砌筑物（包括基础垫层、基础等）体积计算。

（2）管道沟槽回填应扣除管径在 200mm 以上的管道、基础、垫层和各种构筑物所占体积。

（3）室内回填土按主墙之间的面积乘以回填土厚度计算。

2. 平整场地及碾压工程量按下列规定计算：

（1）平整场地是指建筑场地以设计室外地坪为准，±300mm 以内挖、填土方及找平。挖、填土厚度超过±300mm 时，按场地土方平衡竖向布置图另行计算。

（2）平整场地工程量按建筑物外墙外边线每边各加 2m，以 m² 计算。

（3）原土碾压按图示碾压面积以 m² 计算，填土碾压按图示填土体积以 m³ 计算。

3. 基底钎探按图示基底面积以 m² 计算。

4. 围墙、挡土墙、窨井、化粪池等都不计算平整场地工程量。

5. 人工开挖地面需分不同厚度按 m² 计算。

4.4.3 工程量计算方法

1. 平整场地

平整场地的工程量按建筑物底面积的外边线各放出 2m 后所围的面积计算。并利用基数 "S_d" 和 "L_w" 进行计算。如图 4-4 所示建筑物底面积均由矩形组成，其工程量可按下式计算：

$$S = S_d + 2 \cdot L_w + 16$$

式中 S——平整场地的面积；

S_d——底层外墙外边线所围面积即底层建筑面积；

L_w——底层外墙外边线总长；

16——四个角的正方形面积 $= 4 \times 2 \times 2 = 16 m^2$。

一般情况下，以上公式适用于由矩形组成的各种形式的建筑物底面。因为它们漏算面积的角与重复计算的角之差总是四个。

例 4.5 某建筑底层外墙见图 4-4，已知：$L = 27.24m$，$B = 18.24m$。试计算其人工平整场地的工程量，并确定定额项目。

解 平整场地为矩形，求其面积即可。

$$S = (27.24 + 4.00) \times (18.24 + 4.00)$$
$$= 694.78 m^2$$

定额子目为：G1-283 人工平整场地

定额基价为：189.00 元/100m²

本例题亦可按上述公式求出，读者可自行验证。

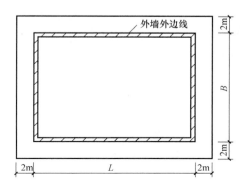

图 4-4 规则矩形平整场地

2. 基底钎探

基底钎探按图示基底面积以 m² 计算。

例 4.6 某单层建筑工程基础图见图 4-5，土质为三类土。垫层为 C10 混凝土支模板。试计算基底钎探的工程量，并确定定额项目。

解 基底钎探工程量按基底面积计算。

$$L=(7.20+4.80)×2+(4.80-0.80)×1=28.00\text{m}$$
$$S=0.80×28.00=22.40\text{m}^2$$

定额项目为：G1-297 基底钎探

定额基价为：55.20 元/100m²

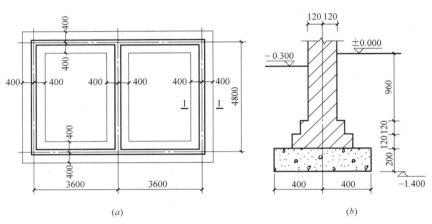

图 4-5 某工程基础平面及剖面图

（a）基础平面图；（b）1—1 剖面图

3. 回填土

回填土是指将所挖沟槽、基坑等经砌筑或浇筑后的空隙部分以原挖土或外购土予以填充。建筑物回填土可分为基础回填土和室内回填土两部分，其示意图见图 4-6。回填土应区分"夯填"或"松填"，以 m³ 进行计算。

（1）基础回填土

以挖方体积减去设计室外地坪以下埋设砌筑物（包括基础垫层、基础等）体积计算。

$$\begin{matrix}基础回填\\土体积\end{matrix}=\begin{matrix}基础挖\\土体积\end{matrix}-\begin{matrix}室外地坪以下\\埋设物的体积\end{matrix}$$

式中 室外地坪以下埋设物的体积＝基础体积＋基础垫层体积＋地梁体积

（2）室内回填土

室内回填土又称房心回填土，是设计室外地坪标高至房屋室内设计标高之间的回填土。它是按主墙之间的净面积乘以回填土厚度计算，不扣除附墙垛、附墙烟囱和垃圾道等所占的面积。

$$\begin{matrix}室内回填\\土体积\end{matrix}=\begin{matrix}底层主墙\\间净面积\end{matrix}×\left(\begin{matrix}室内外\\高差\end{matrix}-\begin{matrix}地坪\\厚度\end{matrix}\right)$$

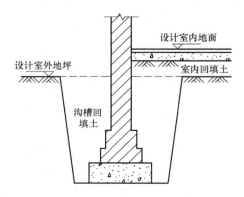

图 4-6 建筑物回填土示意图

式中　底层主墙间净面积＝底层占地面积－(L_z×外墙厚＋L_n×内墙厚)

主墙——墙厚大于 15cm 的墙体。

（3）管道沟回填土

管道沟回填土以挖土体积减去管径所占体积进行计算。

例 4.7　根据例 4.6 中所提供的有关资料，试计算其回填土工程量，并确定定额项目。已知：基槽土方体积为 42.20m³，设计室外地面以下砖基础的体积为 9.58m³，混凝土垫层体积为 4.88m³，室内地面构造层总厚度为 110mm。

解　回填土工程量包括基槽回填土和室内回填土两部分。

1）基槽回填土工程量

$$V_1 = 42.20 - 4.48 - 7.52 = 30.20 \text{m}^3 \quad （基槽回填土）$$

2）室内回填土工程量

$$V_2 = (7.44 \times 5.04 - 28.56 \times 0.24) \times (0.30 - 0.11) = 30.64 \times 0.19$$
$$= 5.82 \text{m}^3 \quad （室内回填土）$$

3）回填土工程量

$$V = V_1 + V_2 = 30.20 + 5.82 = 36.02 \text{m}^3$$

定额项目为：G1-281　填土夯实，槽、坑

定额基价为：1057.03 元/100m³

4.4.4　清单工程量计算规则

回填工程量清单项目设置、项目特征描述的内容、计量单位及工程量计算规则，应按表 4-10 的规定执行。

回填（编号：010103）　　　　　　　　　　　　　　　　　表 4-10

项目编码	项目名称	项目特征	计量单位	工程量计算规则	工作内容
010103001	回填土	1. 密实度要求 2. 填方材料品种 3. 填方粒径要求 4. 填方来源、运距	m³	按设计图示尺寸以体积计算 1. 场地回填：回填面积乘以平均回填厚度 2. 室内回填：主墙间面积乘以回填厚度，不扣除间隔墙 3. 基础回填：按挖方清单项目工程量减去自然地坪以下埋设的基础体积（包括基础垫层及其他构筑物）	1. 运输 2. 回填 3. 压实
010103002	余方弃置	1. 废弃料品种 2. 运距		按挖方清单项目工程量减利用回填方体积（正数）计算	余方点装料运输至弃置点

注：1. 填方密实度要求，在无特殊要求情况下，项目特征可描述为满足设计和规范的要求。

2. 填方材料品种可以不描述，但应注明由投标人根据设计要求验方后方可填入，并符合相关工程的质量规范要求。

3. 填方粒径要求，在无特殊要求情况下，项目特征可以不描述。

4. 如需买土回填应在项目特征填方来源中描述，并注明买土方数量。

思考题

1. 土方工程量计算包括哪些内容?
2. 怎样计算平整场地工程量?
3. 怎样区分沟槽与地坑?
4. 放坡系数 k 值与槽坑深度有什么关系?
5. 怎样确定槽坑挖土是否放坡?
6. 怎样确定沟槽长度?
7. 叙述矩形放坡地坑工程量计算公式的含义。
8. 怎样计算沟槽、基坑、房心回填土?
9. 怎样计算运土工程量?

10. 某建筑工程的基础施工图见图 4-7。已知:基础墙厚为 240mm,地基为三类土,室内地面构造厚 110mm,基础垫层支模板,土方为人工施工。试计算土方工程的相关工程量,并确定定额项目。

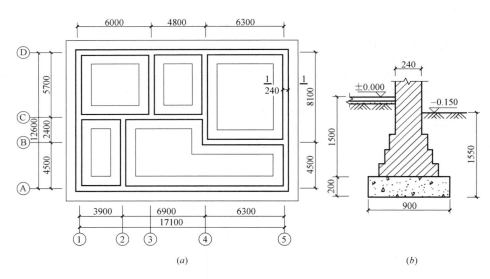

图 4-7　砖基础施工图
(a) 基础平面图;(b) 基础剖面图

第5章　房屋建筑工程计量

本章以国家及湖北省的相关规定为依据，介绍建筑工程定额计价工程量计算。本章内容包括：地基处理与边坡支护工程，桩基工程，砌筑工程、混凝土及钢筋混凝土工程，木结构工程，金属结构工程，屋面及防水工程，保温，隔热，防腐工程等定额计价及清单计价工程量的计算。

定额总说明

1. 2013年《湖北省房屋建筑与装饰工程消耗量定额及基价表（结构·屋面）》（以下简称本定额）是按照国家标准《建设工程工程量清单计价规范》（GB 50500—2013）的有关要求，在《湖北省建筑工程消耗量及统一基价表》（2008年）的基础上，结合本省实际情况进行修编的。

2. 本定额适用于湖北省境内工业与民用建筑的新建、扩建、改建工程。

3. 本定额既是实行工程量清单计价时配套的消耗量定额，也是实行定额计价时的全省基价表。本定额是编制招标控制价、施工图预算、工程竣工结算、设计概算及投资估算的依据；是企业投标报价、内部管理和核算的重要参考。

4. 本定额是依据现行有关国家产品标准、设计规范和施工验收规范、质量评定标准、安全操作规程编制的，并参考了行业、地方标准以及有代表性的工程设计、施工资料和其他资料。

5. 本定额消耗量是完成规定计量单位的合格产品所需的人工、材料、机械台班的数量标准。是按照正常的施工条件，机械装备程度，合理的施工工期、施工工艺、劳动组织为基础编制的，反映了社会平均消耗量水平。

6. 本定额的工作内容中，已说明了主要施工工序，次要工序虽未说明，均已包含在消耗量内。

7. 本定额中消耗量和价格的确定：

（1）人工工日。人工工日消耗量不区分工种，按普工、技工、高级技工分为三个技术等级。内容包括基本用工、辅助用工、超运距用工和人工幅度差。

人工工日单价取定：普工60.00元/工日；普工92.00元/工日；高级技工138.00元/工日。

（2）材料。材料消耗量包括施工中所需的主要材料、辅助材料和其他材料。凡能计量的材料、成品、半成品均按品种、规格逐一列出数量，并计入了相应损耗，其内容包括：从工地仓库、现场集中堆放地点（或现场加工地点）至操作（或安装）地点的施工现场堆放损耗、运输损耗、施工操作损耗。

定额中不便计量、用量少、价值小的材料合并为其他材料费。

（3）施工机械台班。定额中的机械类型，规格采用我省常用机械，按正常合理的机械配备综合取定。机械台班消耗量中已包含机械幅度差。

机械台班单价按《湖北省施工机械台班费用定额》（2013年）取定。

机械价值在2000元以内，不属于固定资产的低值易耗的小型机械，未列入定额，作为工具用具在建筑安装工程费用定额中考虑。

定额中的机械是按施工企业自有方式考虑的。实际工程中，大型机械采用租赁方式的（需承发包双方约定），租赁的大型机械费用按价差处理。计算公式：

机械费价差＝（甲乙双方商定的租赁价格或租赁机械市场信息价－定额中施工机械台班价）
×定额中大型机械总台班数×租赁机械调整系数

其中：租赁机械调整系数综合取定为0.43。

8. 本定额中人工、材料、机械台班价格的管理，按《湖北省建筑安装工程费用定额》（2013年）规定执行。

9. 本定额的其他规定：

（1）除脚手架及垂直运输定额中已注明其适用檐口高度外，其他分部分项工程（部分注明定额子目除外）均按建筑物檐口高度20m以下编制。檐口高度超过20m时，另按本定额外脚手架增加费、高层建筑垂直运输的有关规定计算。

（2）定额中的混凝土养护和木材干燥均按自然养护和自然干燥制定的。如钢筋混凝土构件制作和木材采用其他方法养护和其他方法干燥时，其费用另行计算。

（3）定额中的混凝土坍落度取定如下：现浇混凝土30～50mm，防水混凝土30～50mm，泵送混凝土110～130mm。

（4）山上施工，运输车不能直接到达施工现场而发生的运输，根据实际情况，按实计算。

10. 执行定额时的有关规定：

（1）本定额中，除规定允许调整、换算外，一般不得因具体工程的工、料、机消耗与定额规定不同而改变消耗量。

（2）定额的各章说明、工程量计算规则、附注等条文中，凡注明允许按定额的工、料、机换算的，均应按本定额所列单价计算基价。

（3）定额中的人工工日数量、单价及人工拆分比例，各地不得自行调整。

（4）定额中机械的类别、名称、规格型号为统一划分，实际采用机械与定额不同，且定额配置机械能够完成定额子目的工作内容时，不允许换算。

11. 本定额未列的项目，由各地建设工程造价管理机构按照本定额编制原则和方法收集补充，并报省建设工程标准定额管理总站备案。

12. 本定额是我省建设工程计价的规范性文件，各地区、各部门不得另行编制、修改和翻印。

13. 本定额中注有"××"以内或"××"以下者，均包括"××"本身，"××"以外或"××"以上者，则不包括"××"本身。

5.1 地基处理与边坡支护工程

5.1.1 定额说明

本节适用于湖北省境内房屋建筑工程和市政基础设施工程的地基处理与边坡支护施工。

1. 地基处理

（1）灌注桩中灌注的材料用量，均已包括定额规定的充盈系数和材料损耗，充盈系数与定额规定不同时，可以调整。打孔灌注砂桩：充盈系数 1.15，损耗率 3.00%；打孔灌注砂石桩：充盈系数 1.15，损耗率 3.00%。其中，灌注砂石桩除充盈系数和损耗率外，还包括级配密实系数 1.334。

（2）单、双头深层水泥搅拌桩

单、双头深层水泥搅拌桩，定额已综合了正常施工工艺需要的重复喷浆（粉）和搅拌。空搅部分按相应定额的人工及搅拌桩机台班用量乘以系数 0.5 计算，其他不计。

水泥搅拌桩的水泥掺量按加固土重（1800kg/m³）的 13% 考虑，如设计不同时，按水泥掺量每增减 1% 定额调整。

（3）SMW 工法搅拌桩，搅拌桩水泥掺量按 20% 考虑，实际用量不同时，可以调整；插拔型钢按 4 次摊销考虑。

（4）水泥搅拌桩定额按不掺添加剂（如石膏粉、木质素硫酸钙、硅酸钠等）编制，如设计有要求，定额应按设计要求增加添加剂的材料费，其余不变。

（5）高压旋喷桩，设计水泥用量与定额不同时，可以调整。

2. 基坑与边坡支护

（1）地下连续墙土方的运输、回填，套用土石方工程相应定额子目；钢筋笼、钢筋网片及护壁、导墙的钢筋制作及安装，套用混凝土及钢筋混凝土工程相应定额子目。

（2）喷射混凝土护坡中的钢筋网片制作、安装，套用混凝土及钢筋混凝土工程中相应定额子目。

3. 单位工程打桩工程量在下表规定以内时，其中人工、机械消耗量另按相应定额项目乘以系数 1.25 计算。沉管灌注砂桩、砂石桩：工程量 150m³；水泥搅拌桩、高压旋喷桩、微型桩：工程量 100m³；钢板桩：工程量 50t。

4. 单独打试桩、锚桩，按相应定额的打桩人工及机械乘以系数 1.5。

5. 金属周转材料中包括桩帽、送桩器、桩帽盖、活瓣桩尖、钢管、料斗等属于周转性使用的材料。

6. 地基处理施工前场地平整、压实地表、地下障碍处理等，定额均未考虑，发生时另行计算。

7. 本节定额未包括施工场地和桩机行驶路面的平整夯实，发生时另行计算。

5.1.2 定额工程量计算规则

1. 沉管灌注砂（砂石）桩

（1）单桩体积（包括砂桩、砂石桩）不分沉管方法均按钢管外径截面积（不包括桩箍）乘以设计桩长（不包括预制桩尖）另加加灌长度计算。

加灌长度：设计有规定的，按设计要求计算；设计无规定的，按0.5m计算。若按设计规定桩顶标高已达到自然地坪时，不计加灌长度（各类灌注桩均同）。

（2）沉管灌注桩空打部分工程量，按打桩前的自然地坪标高至设计桩顶标高的长度减加灌长度后乘以桩截面积计算。

2. 水泥搅拌桩

（1）单、双头深层水泥搅拌桩工程量，按桩长乘以桩径截面积以体积计算，桩长按设计桩顶标高至桩底长度另加0.5m计算；若设计桩顶标高至打桩前的自然地坪标高小于0.5m或已达到打桩前的自然地坪标高时，另加长度应按实际长度计算或不计。

（2）SMW工法搅拌桩按桩长乘以设计截面积以体积计算。插、拔型钢工程量按设计图示型钢重量计算。

3. 高压旋喷桩工程量，引（钻）孔按自然地坪标高至设计桩底的长度计算，喷浆按设计加固桩截面面积乘以设计桩长计算，不扣除桩与桩之间的搭接。

4. 压力注浆微型桩按设计长度乘以桩截面面积以体积计算。

5. 地下连续墙

（1）地下连续墙成槽土方量按连续墙设计长度、宽度和槽深（加超深0.5m）计算。混凝土浇筑量同连续成槽土方量。

（2）锁口管及清底置换以段为单位（段指槽壁单元槽段）。

（3）锁口管吊拔按连续墙段数加1段计算，定额中已包括锁口管的摊销费用。

6. 打拔圆木桩按设计桩长（包括接桩）及梢径，按木材材积表计算，其预留长度的材积已考虑在定额内。送桩按大头直径的截面积乘以入土深度计算。

7. 打、拔槽型钢板桩工程量按设计图示槽型钢板桩的重量计算。凡打断、打弯的桩，均需拔出重打，但不重复计算工程量。

8. 打、拔拉森钢板桩（SP-IV型）按设计桩长计算。

9. 锚杆（土钉）支护

（1）锚杆（土钉）钻孔、灌浆按设计图示以延长米计算。

（2）喷射混凝土护坡按设计图示尺寸以面积计算。

5.1.3 清单工程量计算规则

地基处理与边坡支护工程的清单工程量计算规则见表5-1、表5-2所示。

地基处理 表5-1

项目编码	项目名称	项目特征	计量单位	工程量计算规则	工作内容
010201001	换填垫层	1. 材料种类及配比 2. 压实系数 3. 掺加剂品种	m³	按设计图示尺寸以体积计算	1. 分层铺填 2. 碾压、振密或夯实 3. 材料运输
010201002	铺设土工合成材料	1. 部位 2. 品种 3. 规格	m²	按设计图示尺寸以面积计算	1. 挖填锚固沟 2. 铺设 3. 固定 4. 运输

项目编码	项目名称	项目特征	计量单位	工程量计算规则	工作内容
010201003	预压地基	1. 排水竖井种类、断面尺寸、排列方式、间距、深度 2. 预压方法 3. 预压荷载、时间 4. 砂垫层厚度	m²	按设计图示处理范围以面积计算	1. 设置排水竖井、盲沟、滤水管 2. 铺设砂垫层、密封膜 3. 堆载、卸载或抽气设备安拆、抽真空 4. 材料运输
010201004	强夯地基	1. 夯击能量 2. 夯击遍数 3. 夯击点布置形式、间距 4. 地耐力要求 5. 夯填材料种类			1. 铺设夯填材料 2. 强夯 3. 夯填材料运输
010201005	振冲密实（不填料）	1. 地层情况 2. 振密深度 3. 孔距			1. 振冲加密 2. 泥浆运输
010201006	振冲桩（填料）	1. 地层情况 2. 空桩长度、桩长 3. 桩径 4. 填充材料种类	1. m 2. m³	1. 以米计量，按设计图示尺寸以桩长计算 2. 以立方米计量，按设计桩截面乘以桩长以体积计算	1. 振冲成孔、填料、振实 2. 材料运输 3. 泥浆运输
010201007	砂石桩	1. 地层情况 2. 空桩长度、桩长 3. 桩径 4. 成孔方法 5. 材料种类、级配		1. 以米计量，按设计图示尺寸以桩长（包括桩尖）计算 2. 以立方米计量，按设计桩截面乘以桩长（包括桩尖）以体积计算	1. 成孔 2. 填充、振实 3. 材料运输
010201008	水泥粉煤灰碎石桩	1. 地层情况 2. 空桩长度、桩长 3. 桩径 4. 成孔方法 5. 混合料强度等级		按设计图示尺寸以桩长（包括桩尖）计算	1. 成孔 2. 混合料制作、灌注、养护 3. 材料运输
010201009	深层搅拌桩	1. 地层情况 2. 空桩长度、桩长 3. 桩截面尺寸 4. 水泥强度等级、掺量	m	按设计图示尺寸以桩长计算	1. 预搅下钻、水泥浆制作、喷浆搅拌提升成桩 2. 材料运输
010201010	粉喷桩	1. 地层情况 2. 空桩长度、桩长 3. 桩径 4. 粉体种类、掺量 5. 水泥强度等级、石灰粉要求			1. 预搅下钻、喷粉搅拌提升成桩 2. 材料运输
010201011	夯实水泥土桩	1. 地层情况 2. 空桩长度、桩长 3. 桩径 4. 成孔方法 5. 水泥强度等级 6. 混合料配比		按设计图示尺寸以桩长（包括桩尖）计算	1. 成孔、夯底 2. 水泥土拌合、填料、夯实 3. 材料运输

项目编码	项目名称	项目特征	计量单位	工程量计算规则	工作内容
010201012	高压喷射注浆桩	1. 地层情况 2. 空桩长度、桩长 3. 桩截面尺寸 4. 注浆类型、方法 5. 水泥强度等级	m	按设计图示尺寸以桩长计算	1. 成孔 2. 水泥浆制作、高压喷射注浆 3. 材料运输
010201013	石灰桩	1. 地层情况 2. 空桩长度、桩长 3. 桩径 4. 成孔方法 5. 掺和料种类、配比		按设计图示尺寸以桩长(包括桩尖)计算	1. 成孔 2. 混合料制作、运输、夯填
010201014	灰土(土)挤密桩	1. 地层情况 2. 空桩长度、桩长 3. 桩径 4. 成孔方法 5. 灰土级配			1. 成孔 2. 灰土拌和、运输、填充、夯实
010201015	柱锤冲扩桩	1. 地层情况 2. 空桩长度、桩长 3. 桩径 4. 成孔方法 5. 桩体材料种类、配合比		按设计图示尺寸以桩长计算	1. 安、拔套管 2. 冲孔、填料、夯实 3. 桩体材料制作、运输
010201016	注浆地基	1. 地层情况 2. 空钻深度、注浆深度 3. 注浆间距 4. 浆液种类及配比 5. 注浆方法 6. 水泥强度等级	1. m 2. m³	1. 以米计量,按设计图示尺寸以钻孔深度计算 2. 以立方米计量,按设计图示尺寸以加固体积计算	1. 成孔 2. 注浆导管制作、安装 3. 浆液制作、压浆 4. 材料运输
010201017	褥垫层	1. 厚度 2. 材料品种及比例	1. m² 2. m³	1. 以平方米计量,按设计图示尺寸以铺设面积计算 2. 以立方米计量,按设计图示尺寸以体积计算	材料拌合、运输、铺设、压实

注:1. 地层情况按"土壤分类表"和"岩石分类表"的规定,并根据岩土工程勘察报告按单位工程各地层所占比例(包括范围值)进行描述。对无法准确描述的地层情况,可注明由投标人根据岩土工程勘察报告自行决定报价。

2. 项目特征中的桩长应包括桩尖,空桩长度=孔深-桩长,孔深为自然地面至设计桩底的深度。

3. 高压喷射注浆类型包括旋喷、摆喷、定喷,高压喷射注浆方法包括单管法、双重管法、三重管法。

4. 如采用泥浆护壁成孔,工作内容包括土方、废泥浆外运,如采用沉管灌注成孔,工作内容包括桩尖制作、安装。

基坑与边坡支护

表 5-2

项目编码	项目名称	项目特征	计量单位	工程计算规则	工作内容
010202001	地下连续墙	1. 地层情况 2. 导墙类型、截面 3. 墙体厚度 4. 成槽深度 5. 混凝土种类、强度等级 6. 接头形式	m³	按设计图示墙中心线长乘以厚度乘以槽深以体积计算	1. 导墙挖填、制作、安装、拆除 2. 挖土成槽、固壁、清底置换 3. 混凝土制作、运输、灌注、养护 4. 接头处理 5. 土方、废泥浆外运 6. 打桩场地硬化及泥浆池、泥浆沟

项目编码	项目名称	项目特征	计量单位	工程量计算规则	工作内容
010202002	咬合灌注桩	1. 地层情况 2. 桩长 3. 桩径 4. 混凝土种类、强度等级	1. m 2. 根	1. 以米计量,按设计图示尺寸以桩长计算 2. 以根计量,按设计图示数量计算	1. 成孔、固壁 2. 混凝土制作、运输、灌注、养护 3. 套管压拔 4. 土方、废泥浆外运 5. 打桩场地硬化及泥浆池、泥浆沟
010202003	圆木桩	1. 地层情况 2. 桩长 3. 材质 4. 尾径 5. 桩倾斜度		1. 以米计量,按设计图示尺寸以桩长(包括桩尖)计算 2. 以根计量,按设计图示数量计算	1. 工作平台搭拆 2. 桩机移位 3. 桩靴安装 4. 沉桩
010202004	预制钢筋混凝土板桩	1. 地层情况 2. 送桩深度、桩长 3. 桩截面 4. 沉桩方法 5. 连接方式 6. 混凝土强度等级			1. 工作平台搭拆 2. 桩机移位 3. 沉桩 4. 板桩连接
010202005	型钢桩	1. 地层情况或部位 2. 送桩深度、桩长 3. 规格型号 4. 桩倾斜度 5. 防护材料种类 6. 是否拔出	1. t 2. 根	1. 以吨计量,按设计图示尺寸以质量计算 2. 以根计量,按设计图示数量计算	1. 工作平台搭拆 2. 桩机移位 3. 打(拔)桩 4. 接桩 5. 刷防护材料
010202006	钢板桩	1. 地层情况 2. 桩长 3. 板桩厚度	1. t 2. m²	1. 以吨计量,按设计图示尺寸以质量计算 2. 以平方米计量,按设计图示墙中心线长乘以桩长以面积计算	1. 工作平台搭拆 2. 桩机移位 3. 打拔钢板桩
010202007	锚杆(锚索)	1. 地层情况 2. 锚杆(索)类型、部位 3. 钻孔深度 4. 钻孔直径 5. 杆体材料品种、规格、数量 6. 预应力 7. 浆液种类、强度等级	1. m 2. 根	1. 以米计量,按设计图示尺寸以钻孔深度计算 2. 以根计量,按设计图示数量计算	1. 钻孔、浆液制作、运输、压浆 2. 锚杆(锚索)制作、安装 3. 张拉锚固 4. 锚杆(锚索)施工平台搭设、拆除
010202008	土钉	1. 地层情况 2. 钻孔深度 3. 钻孔直径 4. 置入方法 5. 杆体材料品种、规格、数量 6. 浆液种类、强度等级			1. 钻孔、浆液制作、运输、压浆 2. 土钉制作、安装 3. 土钉施工平台搭设、拆除
010202009	喷射混凝土、水泥砂浆	1. 部位 2. 厚度 3. 材料种类 4. 混凝土(砂浆)类别、强度等级	m²	按设计图示尺寸以面积计算	1. 修正边坡 2. 混凝土(砂浆)制作、运输、喷射、养护 3. 钻排水孔、安装排水管 4. 喷射施工平台搭设、拆除

项目编码	项目名称	项目特征	计量单位	工程量计算规则	工作内容
0102020010	钢筋混凝土支撑	1. 部位 2. 混凝土种类 3. 混凝土强度等级	m³	按设计图示尺寸以体积计算	1. 模板（支架或支撑）制作、安装、拆除、堆放、运输及清理模内杂物、刷隔离剂等 2. 混凝土制作、运输、浇筑、振捣、养护
0102020011	钢支撑	1. 部位 2. 钢材品种、规格 3. 探伤要求	t	按设计图示尺寸以质量计算。不扣除孔眼质量、焊条、铆钉、螺栓等不另增加质量	1. 支撑、铁件制作（摊销、租赁） 2. 支撑、铁件安装 3. 探伤 4. 刷漆 5. 拆除 6. 运输

注：1. 地层情况按"土壤分类表"和"岩石分类表"的规定，并根据岩土工程勘察报告按单位工程各地层所占比例（包括范围值）进行描述。对无法准确描述的地层情况，可注明由投标人根据岩土工程勘察报告自行决定报价。
2. 土钉置入方法包括钻孔置入、打入或射入。
3. 混凝土种类：指清水混凝土、彩色混凝土等，如在同一地区既使用预拌（商品）混凝土，又允许现场搅拌混凝土时，也应注明（下同）。
4. 地下连续墙和喷射混凝土（砂浆）的钢筋网、咬合灌注桩的钢筋笼及钢筋混凝土支撑的钢筋制作、安装，按"混凝土及钢筋混凝土工程"中相关项目列项。本分部未列的基坑与边坡支护的排桩按"桩基工程"中相关项目列项。水泥土墙、坑内加固按"地基处理"中相关项目列项。砖、石挡土墙、护坡按"砌筑工程"中相关项目列项。

5.1.4 工程量计算方法

例5.1 某幢别墅工程基底为可塑黏土，不能满足设计承载力要求，采用水泥粉煤灰碎石桩（CFG桩）进行地基处理，桩径为400mm，桩体强度等级为C20，桩数为52根，设计桩长为10m，桩端进入硬塑黏土层不少于1.5m，桩顶在地面以下1.5m～2m，CFG桩采用振动沉管灌注桩施工，桩顶采用200mm厚人工级配砂石（砂：碎石＝3：7，最大粒径30mm）作为褥垫层，如图5-1所示。

根据以上背景资料及现行国家标准《建设工程工程量清单计价规范》GB 50500—2013、《房屋建筑与装饰工程工程量计算规范》GB 50854—2013，试列出该工程水泥粉煤灰碎石桩、褥垫层、截（凿）桩头的分部分项工程量清单。背景资料中如未提供清单项目特征信息时，可表述为"满足规范及设计"。列出各清单项目的工程量的计算过程。

解 计算过程及工程量清单如表5-3所示。

水泥粉煤灰碎石桩、褥垫层、截（凿）桩头的分部分项工程量清单　　　　表5-3

序号	清单项目编码	清单项目名称	计算式	计量单位	工程量
1	010201008001	水泥粉煤灰碎石桩	L＝52×10＝520m	m	520
2	010201017001	褥垫层	J-1：1.8×1.6×1＝2.88m² J-2：2.0×2.0×2＝8.00m² J-3：2.2×2.2×3＝14.52m² J-4：2.4×2.4×2＝11.52m² J-5：2.9×2.9×4＝33.64m² J-6：2.9×3.1×1＝8.99m² S＝2.88＋8.00＋14.52＋11.52＋33.64＋8.99＝79.55m²	m²	79.55
3	010301004001	截（凿）桩头	n＝52根	根	52

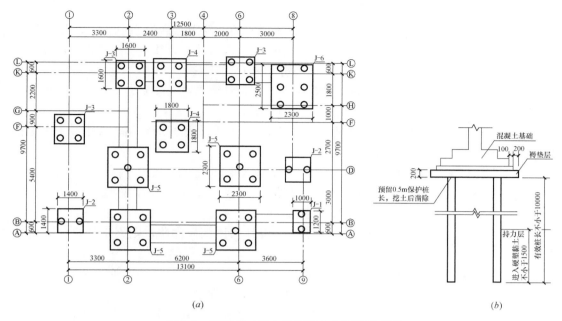

图 5-1 某别墅工程水泥粉煤灰碎石桩示意图
（a）水泥粉煤灰碎石桩平面图；（b）水泥粉煤灰碎石桩详图

5.2 桩基工程

5.2.1 定额说明

本节适用于湖北省境内房屋建筑工程和市政基础设施工程的桩基础施工。

1. 预制混凝土桩

（1）预制混凝土桩定额设置预制钢筋混凝土方桩和预应力混凝土管桩子目，其中预制钢筋混凝土方桩按实心桩考虑，预应力混凝土管桩按空心桩考虑。预制钢筋混凝土方桩、预应力混凝土管桩的定额取定价包括桩制作（含混凝土、钢筋、模板）及运输费用。

（2）打、压预制钢筋混凝土方桩，定额按外购成品构件考虑，已包含了场内必需的就位供桩。

（3）打、压预制钢筋混凝土方桩，定额已综合了接桩所需的打桩机台班，但未包括接桩本身费用，发生时套用接桩定额子目。

（4）打、压预制钢筋混凝土方桩，单节长度超过20m时，按相应人工、机械乘以系数1.2。

（5）打、压预应力混凝土管桩，定额按外购成品构件考虑，已包含了场内必需的就位供桩。设计要求设置的钢骨架、钢托板分别按混凝土及钢筋混凝土工程中的桩钢筋笼和预埋铁件相应定额执行。

（6）打、压预应力混凝土管桩，定额已包括接桩费用，接桩不再计算。

（7）打、压预应力混凝土空心方桩，按打、压预应力混凝土管桩相应定额执行。

2. 灌注桩

（1）岩石按坚硬程度划分为软质岩、硬质岩两类，软质岩包括极软岩、软岩、较软岩，硬质岩包括较硬岩、坚硬岩。较硬岩、坚硬岩按入岩计算，软质岩不按入岩计算。各类岩石的划分标准，详见土石方工程"岩石分类表 G1-2"。

（2）转盘式钻孔装机成孔、旋挖装机成孔，如设计要求进入硬质岩层时，除按相应规则计算工程量外，另应计算入岩增加费。

（3）桩孔空钻部分的回填，可根据施工组织设计要求套用相应定额，填土按土方工程松填土方定额计算。

（4）灌注桩中灌注的材料用量，均已包括定额规定的充盈系数和材料损耗，充盈系数与定额规定不同时，可以调整。打孔灌注混凝土桩：充盈系数 1.15，损耗率 1.50%；钻孔灌注混凝土桩：充盈系数 1.15，损耗率 1.50%。

（5）注浆管埋设定额按桩底注浆考虑，如设计采用侧向注浆，则人工和机械乘以系数 1.2。

（6）泥浆制作，定额按普通泥浆考虑。

（7）埋设钢护筒定额中，钢护筒按摊销量计入材料含量。

（8）各类成孔（钻孔、冲孔）定额按孔径、深度和土质划分项目，若超过定额规定范围，应另行计算。

（9）灌注桩定额中，未包括钻机场外运输、截除余桩、泥浆处理剂外运，发生时按相应定额子目执行。

（10）定额中不包括在钻孔中遇到障碍必须清除的工作，发生时另行计算。

3. 单位工程打桩工程量，其中人工、机械消耗量另按相应定额项目乘以系数 1.25 计算。预制钢筋混凝土方桩：工程量 200m³；预应力钢筋混凝土管桩、空心方桩：工程量 1000m³；沉管灌注混凝土桩、钻孔（旋挖成孔）灌注桩：工程量 150m³；冲孔灌注桩：工程量 100m³。

4. 单独打试桩、锚桩，按相应定额的打桩人工及机械乘以系数 1.5。

5. 在桩间补桩或在地槽（坑）中强夯后的地基上打桩时，按相应定额的打桩人工及机械乘以系数 1.15，在室内打桩时可另行补充。

6. 预制混凝土桩和灌注桩定额以打垂直桩为主，如打斜桩，斜度在 1:6 以内时，按相应定额人工及机械乘以系数 1.25；如斜度大于 1:6，其相应定额的打桩人工及机械乘以系数 1.43。

7. 金属周转材料中包括桩帽、送桩器、桩帽盖、活瓣桩尖、钢管、料斗等属于周转性使用的材料。

8. 桩基施工前场地平整、压实地表、地下障碍处理等，定额均未考虑，发生时另行计算。

9. 本节定额未包括送桩后孔洞填孔和隆起土壤的处理费用，如发生另行计算。

10. 本节定额未包括施工场地和桩机行驶路面的平整夯实，发生时另行计算。

5.2.2 工程量计算规则

1. 预制钢筋混凝土方桩

（1）打、压预制钢筋混凝土方桩按设计桩长（包括桩尖）乘以桩截面面积以体积计算。

（2）送桩按送桩长度乘以桩截面面积以体积计算。送桩长度按设计桩顶标高至打桩前的自然地坪标高另加 0.5m 计算。

（3）电焊接桩按设计图示以角钢或钢板的重量计算。

2. 预应力混凝土管桩

（1）打、压预应力混凝土管桩按设计桩长（不包括桩尖）以延长米计算。

（2）送桩按延长米计算。送桩长度按设计桩顶标高至打桩前的自然地坪标高另加 0.5m 计算。

（3）管桩桩尖按设计图示重量计算。

（4）桩头灌芯按设计图示尺寸以灌注实体积计算。

3. 钢管桩按成品桩考虑，以重量计算

4. 桩头钢筋截断、凿桩头

（1）桩头钢筋截断按桩头根数计算。

（2）机械截断管桩桩头按管桩根数计算。

（3）凿桩顶混凝土按桩截面积乘以凿断的桩头长度以体积计算。

5. 钻孔灌注桩

（1）钻孔桩、旋挖桩机成孔工程量按成孔长度另加 0.25m 乘以设计桩径截面积以体积计算。成孔长度为打桩前的自然地坪标高至设计桩底的长度。入岩增加费工程量按设计入岩部分的体积计算，竣工时按实调整。

（2）灌注水下混凝土工程量，按设计桩长（含桩尖）增加 1.0m 乘以设计断面以体积计算。

（3）冲孔桩机冲击（抓）锤冲孔工程量，分别按设计入土深度计算，定额中的孔深指护筒至桩底的深度，成孔定额中同一孔内的不同土质，不论其所在深度如何，均执行总孔深定额。

（4）泥浆池建造和拆除、泥浆运输工程量，按成孔工程量以体积计算。

（5）桩孔回填土工程量，按加灌长度顶面至打桩前自然地坪标高的长度乘以桩孔截面积计算。

（6）注浆管、声测管工程量，按打桩前的自然地坪标高至设计桩底标高的长度另加 0.2m 计算。

（7）桩底（侧）后注浆工程量，按设计注入水泥用量计算。

（8）钻（冲）孔灌注桩，设计要求扩底，其扩底工程量按设计尺寸计算，并入相应的工程量内。

6. 沉管灌注混凝土桩

（1）单桩体积不分沉管方法均按钢管外径截面积（不包括桩箍）乘以设计桩长（不包括预制桩尖）另加加灌长度计算。

加灌长度：设计有规定的，按设计要求计算；设计无规定的，按 0.5m 计算。若按设计规定桩顶标高已到自然地坪时，不计加灌长度（各类灌注桩均同）。

（2）夯扩（单桩体积）桩工程量＝桩管外径截面积×（夯扩或扩头部分高度＋设计桩长＋加灌长度），式中夯扩或扩头部分高度按设计规定计算。

扩大桩的体积按单桩体积乘以复打次数计算，其复打部分乘以系数 0.85。

（3）沉管灌注桩空打部分工程量，按打桩前的自然地坪标高至设计桩顶标高的长度减加灌长度后乘以桩截面积计算。

5.2.3　清单工程量计算规则

桩基工程的清单工程量计算规则见表 5-4、表 5-5 所示。

打桩　　　　　　　　　　　　　　　　　　　　　　　　　　表 5-4

项目编码	项目名称	项目特征	计量单位	工程量计算规则	工作内容
010301001	预制钢筋混凝土方桩	1. 地层情况 2. 送桩深度、桩长 3. 桩截面 4. 桩倾斜度 5. 沉桩方法 6. 接桩方式 7. 混凝土强度等级	1. m 2. m³ 3. 根	1. 以米计量，按设计图示尺寸以桩长（包括桩尖）计算 2. 以立方米计量，按设计图示截面积乘以桩长（包括桩尖）以实体积计算 3. 以根计量，按设计图示数量计算	1. 工作平台搭拆 2. 桩基竖拆、移位 3. 沉桩 4. 接桩 5. 送桩
010301002	预制钢筋混凝土管桩	1. 地层情况 2. 送桩深度、桩长 3. 桩外径、壁厚 4. 桩倾斜度 5. 沉桩方法 6. 桩尖类型 7. 混凝土强度等级 8. 填充材料种类 9. 防护材料种类			1. 工作平台搭拆 2. 桩基竖拆、移位 3. 沉桩 4. 接桩 5. 送桩 6. 桩尖制作安装 7. 填充材料、刷防护材料
010301003	钢管桩	1. 地层情况 2. 送桩深度、桩长 3. 材质 4. 管径、壁厚 5. 桩倾斜度 6. 沉桩方法 7. 填充材料种类 8. 防护材料种类	1. t 2. 根	1. 以吨计量，按设计图示尺寸以质量计算 2. 以根计量，按设计图示数量计算	1. 工作平台搭拆 2. 桩基竖拆、移位 3. 沉桩 4. 接桩 5. 送桩 6. 切割钢管、精割盖帽 7. 管内取土 8. 填充材料、刷防护材料
010301004	截（凿）桩头	1. 桩类型 2. 桩头截面、高度 3. 混凝土强度等级 4. 有无钢筋	1. m³ 2. 根	1. 以立方米计量，按设计桩截面乘以桩头长度以体积计算 2. 以根计量，按设计图示数量计算	1. 截（切割）桩头 2. 凿平 3. 废料外运

注：1. 地层情况按"土壤分类表"和"岩石分类表"的规定，并根据岩土工程勘察报告按单位工程各地层所占比例（包括范围值）进行描述。对无法准确描述的地层情况，可注明由投标人根据岩土工程勘察报告自行决定报价。

2. 项目特征中的桩截面、混凝土强度等级、桩类型等可直接用标准图代号或设计桩型进行描述。

3. 预制钢筋混凝土方桩、预制钢筋混凝土管桩项目以成品桩编制，应包括成品桩购置费，如果用现场预制，应包括现场预制桩的所有费用。

4. 打试验桩和打斜桩应按相应项目单独列项，并应在项目特征中注明试验桩或斜桩（斜率）。

5. 截（凿）桩头项目适用于"地基处理与边坡支护工程"、"桩基工程"所列桩的桩头（凿）。

6. 预制钢筋混凝土管桩桩顶与承台的连接构造按"混凝土及钢筋混凝土工程"相关项目列项。

项目编码	项目名称	项目特征	计量单位	工程量计算规则	工作内容
010302001	泥浆护壁成孔灌注桩	1. 地层情况 2. 空桩长度、桩长 3. 桩径 4. 成孔方法 5. 护筒类型、长度 6. 混凝土种类、强度等级	1. m 2. m³ 3. 根	1. 以米计量,按设计图示尺寸以桩长(包括桩尖)计算 2. 以立方米计量,按不同截面在桩上范围内以体积计算 3. 以根计量,按设计图示数量计算	1. 护筒埋设 2. 成孔、固壁 3. 混凝土制作、运输、灌注、养护 4. 土方、废泥浆外运 5. 打桩场地硬化及泥浆池、泥浆沟
010302002	沉管灌注桩	1. 地层情况 2. 空桩长度、桩长 3. 复打长度 4. 桩径 5. 沉管方法 6. 桩尖类型 7. 混凝土种类、强度等级			1. 打(沉)拔钢管 2. 桩尖制作、安装 3. 混凝土制作、运输、灌注、养护
010302003	干作业成孔灌注桩	1. 地层情况 2. 空桩长度、桩长 3. 桩径 4. 扩孔直径、高度 5. 成孔方法 6. 混凝土种类、强度等级			1. 成孔、扩孔 2. 混凝土制作、运输、灌注、振捣、养护
010302004	挖孔桩土石方	1. 地层情况 2. 挖孔深度 3. 弃土(石)运距	m³	按设计图示尺寸(含护壁)截面积乘以挖孔深度以立方米计算	1. 排地表水 2. 挖土、凿石 3. 基底钎探 4. 运输
010302005	人工挖孔灌注桩	1. 桩芯长度 2. 桩芯直径、扩底直径、扩底高度 3. 护壁厚度、高度 4. 护壁混凝土种类、强度等级 5. 桩芯混凝土种类、强度等级	1. m³ 2. 根	1. 以立方米计量,按桩芯混凝土体积计算 2. 以根计量,按设计图示数量计算	1. 护壁制作 2. 混凝土制作、运输、灌注、振捣、养护
010302006	钻孔压浆桩	1. 地层情况 2. 空钻长度、桩长 3. 钻孔直径 4. 水泥强度等级	1. m 2. 根	1. 以米计量,按设计图示尺寸以桩长计算 2. 以根计量,按设计图示数量计算	钻孔、下注浆管、投放骨料、浆液制作、运输、压浆
010302007	灌注桩后压浆	1. 注浆导管材料、规格 2. 注浆导管长度 3. 单孔注浆量 4. 水泥强度等级	孔	按设计图示尺寸以注浆孔数计算	1. 注浆导管制作、安装 2. 浆液制作、运输、压浆

注: 1. 地层情况按"土壤分类表"和"岩石分类表"的规定,并根据岩土工程勘察报告按单位工程各地层所占比例(包括范围值)进行描述。对无法准确描述的地层情况,可注明由投标人根据岩土工程勘察报告自行决定报价。

    2. 项目特征中的桩长应包括桩尖,空桩长度=孔深-桩长,孔深为自然地面至设计桩底的深度。

    3. 项目特征中的桩截面(桩径)、混凝土强度等级、桩类型等可直接用标准图代号或设计桩型进行描述。

    4. 泥浆护壁成孔灌注桩是指在泥浆护壁条件下,采用水下灌注混凝土的桩。其成孔方法包括冲击钻成孔、冲抓锥成孔、回旋钻成孔、潜水钻成孔、泥浆护壁的旋挖成孔等。

    5. 沉管灌注桩的沉管方法包括锤击沉管法、振动沉管法、振动冲击沉管法、内夯沉管法等。

    6. 干作业成孔灌注桩是指不用泥浆护壁和套管护壁的情况下,用钻机成孔后,下钢筋笼,灌注混凝土的桩,适用于地下水位以上的土层使用。其成孔方法包括螺旋钻成孔、螺旋钻成孔扩底、干作业的旋挖成孔等。

    7. 混凝土种类:指清水混凝土、彩色混凝土、水下混凝土等,如在同一地区既使用预拌(商品)混凝土,又允许现场搅拌混凝土时,也应注明(下同)。

    8. 混凝土灌注桩的钢筋笼制作、安装,按"混凝土及钢筋混凝土工程"中相关项目编码列项。

5.2.4 工程量计算方法

例 5.2 某单位工程设计采用预制钢筋混凝土方桩，见图 5-2，混凝土强度等级 C35，碎石粒径为 40mm，共 120 根，柴油打桩机打桩，桩加工厂距现场堆放点最短运输距离为 8km，设计室外地面标高为 -0.30m，设计桩顶标高为 -1.50m，一级场地土，平地打直桩。试计算打桩、送桩的工程量并确定定额项目。

解

（1）打预制桩工程量

$$V = 0.40^2 \times (10.00 + 0.65) \times 120 = 204.48\,\mathrm{m^3}$$

定额项目为：G3-1　打预制钢筋混凝土方桩 桩长在 12m 以内

定额基价为：12572.61 元/$10\mathrm{m^3}$

说明：在湖北省定额的打桩项目中已包括桩制作及运输费用。

（2）送桩工程量

图示设计室外地面标高为 -0.30m，即室内外高差为 0.30m。根据工程量计算规则，送桩长度应自设计桩顶面至设计室外地面另加 0.50m。

$$H = 1.50 - 0.30 + 0.50 = 1.70\,\mathrm{m}\quad\text{（送桩深度）}$$
$$V = 0.40^2 \times 1.70 \times 120 = 32.64\,\mathrm{m^3}$$

定额项目为：G3-5　打送预制钢筋混凝土方桩 桩长在 12m 以内

定额基价为：2138.19 元/$10\mathrm{m^3}$

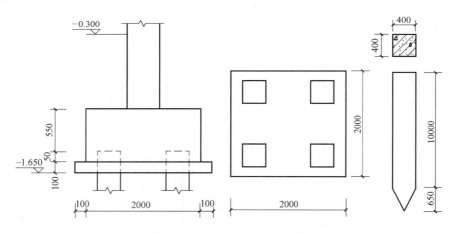

图 5-2　预制钢筋混凝土方桩示意图

5.3　砌筑工程

5.3.1　定额说明

（一）砌砖、砌块

1. 定额中砖的规格按实心砖、多孔砖、空心砖三类编制，砌块的规格按小型空心砌块、加气混凝土砌块、蒸压砂加气混凝土精确砌块三类编制，各种砖、砌块规格如表 5-6 所示。

多孔砖、空心砖、小型空心砌块、加气混凝土砌块、蒸压砂加气混凝土精确砌块是按常用规格设置的，如实际采用规格与定额取定不同时，含量可以调整。

定额取定的砖与砌块规格 表 5-6

砖及砌块名称	长(mm)×宽(mm)×高(mm)
混凝土实心砖	240×115×53
蒸压灰砂砖	240×115×53
多孔砖	240×115×90
空心砖	240×115×115
小型空心砌块	390×190×190　190×190×190　190×190×90
加气混凝土砌块	600×300×100　600×300×150 600×300×200　600×300×250
蒸压砂加气混凝土精确砌块	600×300×100　600×300×200 600×300×250　600×300×50

2. 砖墙定额中已包括先立门窗框的调直用工以及腰线、窗台线、挑檐等一般出线用工。

3. 砖砌体均包括了原浆勾缝用工，加浆勾缝时，另按相应定额计算。

4. 单面清水砖墙（含弧形砖墙）按相应的混水砖墙定额执行，人工乘以系数 1.15。

5. 清水方砖柱按混水方砖柱定额执行，人工乘以系数 1.06。

6. 围墙按实心砖砌体编制，如砌空花、空斗等其他砌体围墙，可分别按墙身、压顶、砖柱套用相应定额。

7. 填充墙以填炉渣、炉渣混凝土为准，如实际使用材料与定额不同时允许换算，其他不变。

8. 砖砌挡土墙时，两层砖以上执行砖基础定额，两层砖以内执行砖墙定额。

9. 砖水箱内外壁，区分不同壁厚执行相应的砖墙定额。

10. 检查井、化粪池适用建设场地范围内上下水工程。定额已包括土方挖、运、填、垫层板、墙、顶盖、粉刷及刷热沥青等全部工料在内。但不包括池顶盖板上的井盖及盖座、井池内进排水套管、支架及钢筋铁件的工料。化粪池容积 50m³ 以上的，分别列项套用相应定额计算。

11. 小型空心砌块、加气混凝土砌块墙是按水泥混合砂浆编制的，如设计使用水玻璃矿渣等粘结剂为胶合料时，应按设计要求另行换算。

12. 砖砌圆弧形空花、空心砖墙及圆弧形砌块砌体墙按直形墙相应定额项目人工乘以系数 1.10。

（二）砌石

1. 定额中粗、细料石（砌体）墙按 400mm×220mm×200mm，柱按 450mm×220mm×200mm，踏步石按 400mm×200mm×100mm 规格编制。

2. 毛石墙镶砖墙身是按内背镶 1/2 砖编制的，墙体厚度为 600mm。

3. 毛石护坡高度超过 4m 时，定额人工乘以系数 1.15。

4. 毛石护坡定额中已综合计列了勾缝用工料。

5. 砌筑圆弧形石砌体基础、墙（含砖石混合砌体）按定额项目人工乘以系数 1.10。

（三）砌筑砂浆

定额项目中砂浆按常用规格、强度等级列出，实际与定额不同时，砂浆可以换算，如采用预拌砂浆时，按相应预拌砂浆定额子目套用。

5.3.2 定额工程量计算规则

（一）砖砌筑工程量一般规则

1. 计算墙体时，按设计图示尺寸以体积计算。扣除门窗洞口、过人洞、空圈、嵌入墙身的钢筋混凝土柱、梁（包括过梁、圈梁、挑梁）、砖平拱、钢筋砖过梁和凹进墙内的壁龛、管槽、暖气槽、消火栓箱所占体积。不扣除梁头、板头、檩头、垫木、木楞头、沿椽木、木砖、门窗走头、砖墙内加固钢筋、木筋、铁件、钢管及单个面积在 0.3m² 以内的孔洞等所占体积。突出墙面的窗台虎头砖、压顶线、山墙泛水、烟囱根、门窗套及三皮砖以内的腰线和挑檐等体积亦不增加。

2. 砖垛、三层砖以上的腰线和挑檐等体积，并入墙身体积内计算。

3. 附墙烟囱（包括附墙通风道、垃圾道）按其外形体积计算，并入所依附的墙体积内，不扣除单个孔洞横截面 0.1m² 以内的体积，但孔洞内的抹灰工程量亦不增加。

4. 女儿墙高度自外墙顶面至图示女儿墙顶面，应区分不同墙厚并入外墙计算。

5. 砖拱、钢筋砖过梁按图示尺寸以体积计算。如设计无规定时，砖平拱按门窗洞口宽度两端共加 100mm，乘以高度（门窗洞口宽小于 1500mm 时，高度为 240mm，洞口宽大于 1500mm 时，高度为 365mm）计算；钢筋砖过梁按门窗洞口宽度两端共加 500mm，高度按 440mm 计算。

（二）砖砌体厚度

1. 混凝土实心砖、蒸压灰砂砖以 240mm×115mm×53mm 为标准，其砖砌体计算厚度，按表 5-7 计算。

标准砖砌体计算厚度表 表 5-7

砖数	1/4	1/2	3/4	1	3/2	2	5/2	3
计算厚度(mm)	53	115	180	240	365	490	615	740

2. 使用非标准砖时，其砌体厚度应按砖的实际规格和设计厚度计算。

（三）基础与墙（柱）身的划分

1. 基础与墙（柱）身使用同一种材料时，以设计室内地面为界（有地下室者，以地下室室内设计地面为界），以下为基础，以上为墙（柱）身。

2. 基础与墙身使用不同材料时，位于设计室内地面±300mm 以内时，以不同材料为界线，超过±300mm 时，以设计室内地面为界线。

3. 砖、石围墙以设计室外地坪为分界线，以下为基础，以上为墙身。

（四）基础长度

外墙墙基按外墙中心线长度计算，内墙墙基按内墙基净长计算。基础大放脚 T 形接头处的重叠部分（见图 5-3）以及嵌入基础的钢筋、铁件、管道、基础防潮层及单个面积在 0.3m² 以内孔洞所占体积不予扣除，但靠墙暖气沟的挑砖亦不增加。附墙垛基础宽出部分体积应并入基础工程量内。

（五）墙的长度

外墙长度按外墙中心线长度计算，内墙长度按内墙净长线计算。

（六）墙身高度按下列规定计算

1. 外墙墙身高度：斜（坡）屋面无檐口顶棚者算至屋面板底；有屋架，且室内外均有顶棚者，算至屋架下弦底面另加 200mm；无顶棚者算至屋架下弦底加 300mm，出檐宽度超过 600mm 时，应按实砌高度计算；平屋面算至钢筋混凝土板面。

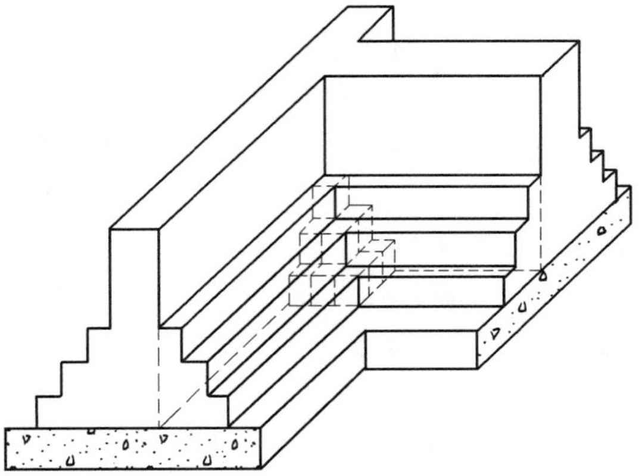

图 5-3　基础放脚 T 形接头重叠部分示意图

2. 内墙墙身高度：位于屋架下者，其高度算至屋架底；无屋架者算至顶棚底另加 100mm。有钢筋混凝土楼板隔层者算至板面；有框架梁时算至梁底面。

3. 内、外山墙墙身高度：按其平均高度计算。

4. 围墙定额中，已综合了柱、压顶、砖拱等因素，不另计算。围墙以设计长度乘以高度计算。高度以设计室外地坪至围墙顶面，围墙顶面按如下规定：

（1）有砖压顶算至压顶顶面；

（2）无压顶算至围墙顶面；

（3）其他材料压顶算至压顶底面。

（七）框架间砌体

框架间砌体，以框架间的净空面积乘以墙厚计算，框架外表镶贴砖部分亦并入框架间砌体工程量内计算。

（八）空斗墙

按设计图示尺寸以空斗墙外形体积计算。墙角、内外墙交接处、门窗洞口立边、窗台砖及屋檐处的实砌部分已包括在定额内，不另行计算。但窗间墙、窗台下、楼板下、梁头下等实砌部分，应另行计算，套用零星砌体定额项目。

（九）空花墙

按设计图示尺寸以空花部分外形体积计算，空花部分不予扣除，其中实砌体部分体积另行计算。

（十）填充墙

按设计图示尺寸以填充墙外形体积计算，其中实砌部分已包括在定额内，不另计算。

（十一）砖柱

按实砌体积计算，柱基套用相应基础项目。

（十二）其他砖砌体

1. 砖砌台阶（不包括梯带）按水平投影面积以平方米计算。

2. 地垄墙按实砌体积套用砖基础定额。

3. 厕所蹲台、水槽腿、煤箱、暗沟、台阶挡墙或梯带、花台、花池及支撑地楞的砖墩，房上烟囱及毛石墙的门窗立边、窗台虎头砖等按实砌体积计算，套用零星砌体定额项目。

4. 砌体内的钢筋加固应根据设计规定以质量计算，套用砌体钢筋加固项目。

5. 检查井、化粪池不分形状及深浅，按垫层以上实有外形体积计算。

（十三）多孔砖墙、空心砖墙、砌块砌体

1. 多孔砖墙、空心砖墙、小型空心砌块等按设计图示尺寸以体积计算，不扣除其本身孔、空心部分体积。

2. 混凝土砌块按设计图示尺寸以体积计算，按设计规定需要镶嵌的砖砌体部分已包括在定额内，不另计算。

3. 其他扣除及不扣除内容适用于砖砌筑工程量一般规则第一条。

（十四）石砌体

1. 毛石墙、方整石墙、料石墙按设计图示尺寸以体积计算，如有砖砌门窗口立边、窗台虎头砖、腰线等，按图示尺寸以零星砌体计算。

2. 毛石砌地沟按设计图示尺寸以体积计算；料石砌地沟按设计图示以中心线长度计算。

3. 毛石墙勾缝，料石墙勾缝，水池墙面开槽勾缝以垂直投影面积计算。

（十五）砖地沟

1. 砖砌地沟按墙基、墙身合并以体积计算。

2. 沟铸铁盖板安装按实铺长度计算。

5.3.3 清单工程量计算规则

砌注工程的清单工程量计算规则见表 5-8、表 5-9 所示。

砖砌体
表 5-8

项目编码	项目名称	项目特征	计量单位	工程量计算规则	工作内容
010401001	砖基础	1. 砖品种、规格、强度等级 2. 基础类型 3. 砂浆强度等级 4. 防潮层材料种类	m³	按设计图示尺寸以体积计算。 包括附墙垛基础宽出部分体积，扣除地梁（圈梁）、构造柱所占体积，不扣除基础大放脚 T 形接头处的重叠部分及嵌入基础内的钢筋、铁件、管道、基础砂浆防潮层和单个面积≤0.3m² 的孔洞所占体积，靠墙暖气沟的挑檐不增加。 基础长度：外墙按外墙中心线，内墙按内墙净长线计算	1. 砂浆制作、运输 2. 砌砖 3. 防潮层铺设 4. 材料运输
010401002	砖砌挖孔桩护壁	1. 砖品种、规格、强度等级 2. 砂浆强度等级		按设计图示尺寸以立方米计算	1. 砂浆制作、运输 2. 砌砖 3. 材料运输

114

项目编码	项目名称	项目特征	计量单位	工程量计算规则	工作内容
010401003	实心砖墙	1. 砖品种、规格、强度等级 2. 墙体类型 3. 砂浆强度等级、配合比	m³	按设计图示尺寸以体积计算 　扣除门窗、洞口、嵌入墙内的钢筋混凝土柱、梁、圈梁、挑梁、过梁及凹进墙内的壁龛、管槽、暖气槽、消火栓箱所占体积,不扣除梁头、板头、檩头、垫木、木楞头、沿椽木、木砖、门窗走头、砖墙内加固钢筋、木筋、铁件、钢管及单个面积≤0.3m² 的孔洞所占的体积。凸出墙面的腰线、挑檐、压顶、窗台线、虎头砖、门窗套的体积亦不增加。凸出墙面的砖垛并入墙体体积计算 　1. 墙长度:外墙按中心线、内墙按净长计算 　2. 墙高度: 　(1)外墙:斜(坡)屋面无檐口天棚者算至屋面板底;有屋架且室内外均有顶棚者算至屋架下弦另加 200mm;无顶棚者算至屋架下弦底另加 300mm;出檐宽度超过 600mm 时按实砌高度计算;有钢筋混凝土楼板隔层者算至板顶。平屋顶算至钢筋混凝土板底 　(2)内墙:位于屋架下弦者,算至屋架下弦底;无屋架算至天棚底另加 100mm;有钢筋混凝土楼板隔层者算至楼板顶;有框架梁时算至梁底 　(3)女儿墙:从屋面板上表面算至女儿墙顶面(如有混凝土压顶时算至压顶下表面) 　(4)内外山墙:按其平均高度计算 　3. 框架间墙:不分内外墙按墙体净尺寸以体积计算 　4. 围墙:高度算至压顶上表面(如有混凝土压顶时算至压顶下表面),围墙柱并入围墙体积内	1. 砂浆制作、运输 2. 砌砖 3. 刮缝 4. 砖压顶砌筑 5. 材料运输
010401004	多孔砖墙				
010401005	空心砖墙				
010401006	空斗墙	1. 砖品种、规格、强度等级 2. 墙体类型 3. 砂浆强度等级、配合比	m³	按设计图示尺寸以空斗墙外形体积计算。墙角、内外墙交接处、门窗洞口立边、窗台砖、屋檐处的实砌部分体积并入空斗墙体积内	1. 砂浆制作、运输 2. 砌砖 3. 装填充料 4. 刮缝 5. 材料运输
010401007	空花墙			按设计图示尺寸以空花部分外形体积计算,不扣除空洞部分体积	

项目编码	项目名称	项目特征	计量单位	工程量计算规则	工作内容
010401008	填充墙	1. 砖品种、规格、强度等级 2. 墙体类型 3. 填充材料种类及厚度 4. 砂浆强度等级、配合比	m³	按设计图示尺寸以填充墙外形体积计算	
010401009	实心砖柱	1. 砖品种、规格、强度等级 2. 柱类型 3. 砂浆强度等级、配合比		按设计图示尺寸以体积计算。扣除混凝土及钢筋混凝土梁垫、梁头、板头所占体积	1. 砂浆制作、运输 2. 砌砖 3. 刮缝 4. 材料运输
010401010	多孔砖柱				
010401011	砖检查井	1. 井截面、深度 2. 砖品种、规格、强度等级 3. 垫层材料种类、厚度 4. 底板厚度 5. 井盖安装 6. 混凝土强度等级 7. 砂浆强度等级 8. 防潮层材料种类	座	按设计图示数量计算	1. 砂浆制作、运输 2. 铺设垫层 3. 底板混凝土制作、运输、浇筑、振捣、养护 4. 砌砖 5. 刮缝 6. 井池底、壁抹灰 7. 抹防潮层 8. 材料运输
010401012	零星砌砖	1. 零星砌砖名称、部位 2. 砖品种、规格、强度等级 3. 砂浆强度等级、配合比	1. m³ 2. m² 3. m 4. 个	1. 以立方米计量,按设计图示尺寸截面积乘以长度计算 2. 以平方米计量,按设计图示尺寸水平投影面积计算 3. 以米计量,按设计图示尺寸长度计算 4. 以个计量,按设计图示数量计算	1. 砂浆制作、运输 2. 砌砖 3. 刮缝 4. 材料运输
010401013	砖散水、地坪	1. 砖品种、规格、强度等级 2. 垫层材料种类、厚度 3. 散水、地坪厚度 4. 面层种类、厚度 5. 砂浆强度等级	m²	按设计图示尺寸以面积计算	1. 土方挖、运、填 2. 地基找平、夯实 3. 铺设垫层 4. 砌砖散水、地坪 5. 抹砂浆面层
010401014	砖地沟、明沟		m	以米计量,按设计图示以中心线长度计算	1. 土方挖、运、填 2. 铺设垫层 3. 底板混凝土制作、运输、浇筑、振捣、养护 4. 砌砖 5. 刮缝、抹灰 6. 材料运输

注：1. "砖基础"项目适用于各种类型砖基础、柱基础、墙基础、管道基础等。
2. 基础与墙（柱）身使用同一种材料时，以设计室内地面为界（有地下室者，以地下室室内设计地面为界），以下为基础，以上为墙（柱）身。基础与墙身使用不同材料时，位于设计室内地面高度≤±300mm时，以不同材料为分界线，高度＞±300mm，以设计室内地面为分界线。
3. 砖围墙以设计室外地坪为界，以下为基础，以上为墙身。
4. 框架外表面的镶贴砖部分，按零星砌砖项目编码列项。
5. 附墙烟囱、通风道、垃圾道应按设计图示尺寸以体积（扣除孔洞所占体积）计算并入所依附的墙体体积内。当设计规定孔洞内需抹灰时，应按"墙、柱面装饰与隔断、幕墙工程"中零星抹灰项目编码列项。
6. 空斗墙的窗间墙、窗台下、楼板下、梁垫下等的实砌部分，按零星砌砖项目编码列项。
7. "空花墙"项目适用于各种类型的空花墙，使用混凝土花格砌筑的空花墙，实砌墙体与混凝土花格应分别计算，混凝土花格按"混凝土及钢筋混凝土工程"中预制构件相关项目编码列项。
8. 台阶、台阶挡墙、梯带、锅台、炉灶、蹲台、池槽、池槽腿、砖胎膜、花台、花池、楼梯栏板、阳台栏板、地垄墙、≤0.3m²的孔洞填塞等，应按零星砌砖项目编码列项。砖砌锅台与炉灶可按外形尺寸以个计算，砖砌台阶可按水平投影面积以平方米计算，小便槽、地垄墙可按长度计算，其他工程以立方米计算。
9. 砖砌体内钢筋加固，应按"混凝土及钢筋混凝土工程"中相关项目编码列项。
10. 砖砌体勾缝按"墙、柱面装饰与隔断、幕墙工程"中相关项目编码列项。
11. 检查井内的爬梯按"混凝土及钢筋混凝土工程"中相关项目编码列项；井内的混凝土构件按"混凝土及钢筋混凝土工程"中预制构件编码列项。
12. 如施工图设计标注做法见标准图集时，应在项目特征描述中注明标准图集的编码、页号及节点大样。

	垫层				表 5-9
项目编码	项目名称	项目特征	计量单位	工程量计算规则	工作内容
010404001	垫层	垫层材料种类、配合比、厚度	m³	按设计图示尺寸以立方米计算	1. 垫层材料的拌制 2. 垫层铺设 3. 材料运输

注：除混凝土垫层应按"混凝土及钢筋混凝土工程"中相关项目编码列项外，没有包括垫层要求的清单项目应按本表垫层项目编码列项。

5.3.4 工程量计算方法

（一）砖基础

砖基础工程量，按结构施工图示尺寸，以 m³ 体积计算。

$$V = L \cdot A$$

式中 V——基础体积；

L——基础长度，外墙为中心线长，内墙为净长线长；

A——基础断面积，等于基础墙的面积与大放脚的面积之和。大放脚的形式有两种，等高式大放脚与间隔式大放脚两种。

为了简化带形砖基础工程量的计算，提高计算速度，可将砖基础大放脚增加断面面积转换成折加高度后再进行基础工程量计算。

设带形砖基础设计深度为 H，折加高度为 h，砖基础的墙厚为 b，基础长度为 L，见图 5-4，则

$$V = b \times (H + h) \times L$$

根据大放脚增加断面面积和折加高度公式，将不同墙厚、不同台阶数大放脚的折加高度和增加断面面积列于表 5-10 中，供计算工程量时查用。

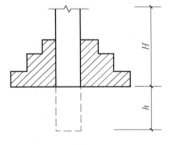

图 5-4 大放脚折加高度示意图

标准砖大放脚折算高度表								表 5-10
放脚层数 （n）	放脚形式	砖墙厚度（m）						放脚面积 （m²）
		115	180	240	365	490	615	
1	等高式	0.137	0.087	0.066	0.043	0.032	0.026	0.0158
	间隔式	0.137	0.087	0.066	0.043	0.032	0.026	0.0158
2	等高式	0.411	0.263	0.197	0.129	0.096	0.077	0.0473
	间隔式	0.342	0.219	0.164	0.108	0.080	0.064	0.0394
3	等高式	0.822	0.525	0.394	0.259	0.193	0.154	0.0945
	间隔式	0.685	0.437	0.328	0.216	0.161	0.128	0.0788
4	等高式	1.370	0.875	0.656	0.432	0.321	0.256	0.1575
	间隔式	1.096	0.700	0.525	0.345	0.257	0.205	0.1260

放脚层数（n）	放脚形式	砖墙厚度（m）						放脚面积（m²）
		115	180	240	365	490	615	
5	等高式	2.054	1.312	0.984	0.647	0.482	0.384	0.2363
	间隔式	1.643	1.050	0.788	0.518	0.386	0.307	0.1890
6	等高式	2.876	1.837	1.378	0.906	0.675	0.538	0.3308
	间隔式	2.260	1.444	1.083	0.712	0.530	0.423	0.2599
7	等高式	3.574	2.450	1.838	1.208	0.900	0.717	0.4410
	间隔式	3.013	1.925	1.444	0.949	0.707	0.563	0.3465
8	等高式	4.930	3.150	2.365	1.553	1.157	0.922	0.5670
	间隔式	3.835	2.450	1.838	1.208	0.900	0.717	0.4410
9	等高式	6.163	3.937	2.953	1.942	1.446	1.152	0.7088
	间隔式	4.793	3.062	2.297	1.510	1.125	0.896	0.5513
10	等高式	7.533	4.812	3.609	2.373	1.768	1.409	0.8663
	间隔式	5.821	3.719	2.789	1.834	1.366	1.088	0.6694

　　砖柱基础见图 5-5，其大放脚增加体积见表 5-11。

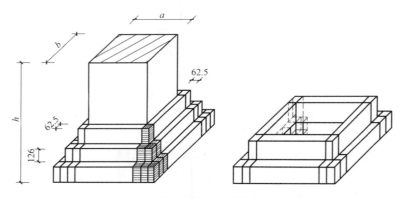

图 5-5　砖柱基础四周放脚增加体积示意图

砖柱基础大放脚增加体积表（m³）　　　　　　　　　　表 5-11

放脚层数（n）	放脚形式	砖柱截面尺寸（mm）							
		240×240	240×365	365×365	365×490	490×490	490×615	615×615	615×740
1	等高式	0.010	0.012	0.014	0.015	0.017	0.019	0.021	0.023
	间隔式	0.010	0.012	0.014	0.015	0.017	0.019	0.021	0.023
2	等高式	0.033	0.038	0.044	0.050	0.056	0.062	0.068	0.074
	间隔式	0.028	0.033	0.038	0.043	0.047	0.052	0.057	0.062
3	等高式	0.073	0.085	0.097	0.108	0.120	0.132	0.144	0.156
	间隔式	0.061	0.071	0.081	0.091	0.101	0.111	0.121	0.130
4	等高式	0.135	0.154	0.174	0.194	0.213	0.233	0.253	0.273
	间隔式	0.110	0.125	0.141	0.157	0.173	0.188	0.204	0.220

放脚层数 (n)	放脚形式	砖柱截面尺寸(mm)							
		240×240	240×365	365×365	365×490	490×490	490×615	615×615	615×740
5	等高式	0.222	0.251	0.281	0.310	0.340	0.369	0.399	0.428
	间隔式	0.179	0.203	0.227	0.250	0.274	0.297	0.321	0.345
6	等高式	0.338	0.379	0.421	0.462	0.503	0.545	0.586	0.627
	间隔式	0.269	0.302	0.334	0.367	0.399	0.432	0.464	0.497
7	等高式	0.487	0.542	0.598	0.653	0.708	0.763	0.818	0.873
	间隔式	0.387	0.430	0.473	0.517	0.560	0.603	0.647	0.690
8	等高式	0.674	0.745	0.816	0.886	0.957	1.029	1.099	1.170
	间隔式	0.531	0.586	0.641	0.696	0.751	0.806	0.861	0.916
9	等高式	0.901	0.990	1.079	1.167	1.256	1.344	1.433	1.521
	间隔式	0.708	0.776	0.845	0.914	0.983	1.052	1.121	1.190
10	等高式	1.174	1.282	1.390	1.499	1.607	1.715	1.824	1.932
	间隔式	0.917	1.000	1.084	1.168	1.251	1.335	1.419	1.502

附墙垛基础见图 5-6。其基础宽出部分增加体积见表 5-12。

砖垛基础增加体积表（m³）　　　　表 5-12

放脚层数 (n)	放脚形式	突出墙面宽(mm)			
		125	250	375	500
1	等高式	0.002	0.004	0.006	0.008
	间隔式	0.002	0.004	0.006	0.008
2	等高式	0.006	0.012	0.018	0.023
	间隔式	0.005	0.010	0.015	0.020
3	等高式	0.012	0.023	0.035	0.047
	间隔式	0.010	0.020	0.029	0.039
4	等高式	0.020	0.039	0.059	0.078
	间隔式	0.016	0.032	0.047	0.063
5	等高式	0.029	0.059	0.088	0.117
	间隔式	0.024	0.047	0.070	0.094
6	等高式	0.041	0.082	0.123	0.164
	间隔式	0.032	0.065	0.097	0.129
7	等高式	0.055	0.109	0.164	0.221
	间隔式	0.043	0.086	0.129	0.172
8	等高式	0.070	0.141	0.211	0.284
	间隔式	0.055	0.109	0.164	0.225

　　例 5.3　根据例 4.6 中所提供的资料，试计算砖基础的工程量，并确定定额项目。已知：砖基础为 M5 水泥砂浆砌标准黏土砖；防潮层为 20mm 厚 1：2 水泥砂浆加 5％防

水粉。

解 砖基础工程量

$$H=1.40-0.20=1.20\text{m}$$

$$h=0.197\text{m} \quad (折加高度 n=2,查表6-9)$$

$$L=(7.20+4.80)\times2+(4.80-0.24)\times1=28.56\text{m}$$

$$V=0.24\times(1.20+0.197)\times28.56=9.58\text{m}^3$$

定额项目为：A1-1　直形砖基础 M5 水泥砂浆

定额基价为：2696.19 元/10m³

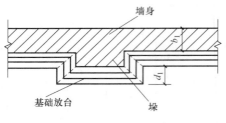

图 5-6　附墙垛基础示意图

（二）砖过梁

砖过梁包括砖平拱过梁和钢筋砖过梁。

砖平拱过梁工程量的计算公式为

$$V=t\cdot(l_n+0.10)\times0.240,(l_n\leqslant1.50\text{m})$$

$$V=t\cdot(l_n+0.10)\times0.365,(l_n>1.50\text{m})$$

钢筋砖过梁工程量的计算公式为

$$V=t\cdot(l_n+0.50)\times0.440$$

式中　t——墙厚，m；

　　　l_n——洞口宽度，m。

例 5.4　某单层建筑物见图 5-7，墙身为 M5 混合砂浆砌筑标准黏土砖，内外墙厚均为 240mm，混水砖墙。GZ240mm×240mm 从基础到压顶底面，已知室内地面以上部分的构造柱工程量为 1.83m³。门窗洞口上全部采用 M7.5 混合砂浆砌筑砖平拱过梁。M-1：1500mm×2700mm；M-2：1000mm×2700mm；C-1：1800mm×1800mm。计算砖平拱过梁的工程量，并确定定额项目。

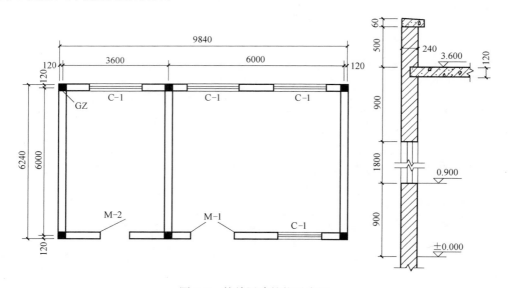

图 5-7　某单层建筑物示意图

解　过梁工程量为

$$V=0.24^2\times(1.50+0.10+1.00+0.10)+0.24\times0.365\times(1.80+0.10)\times4$$

$$=0.1555+0.6658=0.82\text{m}^3$$

定额项目为：A1-30 砖平拱 M7.5 混合砂浆

定额基价为：4844.36 元/10m³

（三）砖墙

砖墙工程包括外砖墙、内砖墙及附墙烟囱、垃圾道、壁柱等，其工程量以砖墙体积 m³ 计算。

$$砖墙工程量＝墙长×墙厚×墙高 \quad （\text{m}^3）$$

例 5.5 根据例 5.4 中所提供的资料，试计算砖墙的工程量，并确定定额项目。

解 砖墙工程量

（1）墙体总体积

$$L_z=(3.60+6.00+6.00)×2=31.20\text{m} \quad （外墙中心线长）$$
$$L_n=6.00-0.24=5.76\text{m} \quad （内墙净长）$$
$$V_1=0.24×(31.20×4.10+5.76×3.60)$$
$$=0.24×148.66=35.68\text{m}^3$$

（2）洞口体积

$$V_2=0.24×(1.50×2.70×1+1.00×2.70×1+1.802×4)$$
$$=0.24×19.71=4.73\text{m}^3$$

（3）墙体工程量

$$V=35.68-(4.73+1.83+0.82)=35.68-7.83=27.85\text{m}^3$$

定额项目为：A1-7 混水砖墙 1 砖 M5 混合砂浆

定额基价为：3254.83 元/10m³

（四）砖柱

砖柱要考虑以下几个因素：砂浆种类、截面形状（方柱或圆柱）、截面周长等。

壁柱不能套用砖柱定额，而应并入相应的砖墙体积中。

例 5.6 某工程有独立砖柱 4 根，柱身高度为 3.12m，砖柱断面为 365mm×365mm，M7.5 混合砂浆砌筑，柱面抹水刷石。试计算砖柱的工程量，并确定定额项目。

解

$$V=0.365^2×3.12×4=1.66\text{m}^3$$

该柱为混水方砖柱，柱周长 $l=0.365×4=1.46\text{m}$，即柱的断面周长在 1.8m 以内。

定额项目为：A1-25 混水方砖柱 周长 1.8m 以内 混合砂浆 M7.5

定额基价为：3938.85 元/10m³

（五）砖砌台阶

台阶面层（包括踏步及最上一层踏步沿 300mm）按水平投影面积计算。

例 5.7 某建筑物砖砌台阶采用 M5 水泥砂浆砌筑，见图 5-8。试计算其工程量并确定定额项目。

解

$$S=[(2.10+0.30×2×2)×(1.00+0.30×2)]-2.10×1.00$$
$$=3.30×1.60-2.10×1.00$$
$$=5.28-2.10=3.18\text{m}^2$$

定额项目为：A1-28　砖砌台阶 水泥砂浆 M5

定额基价为：778.47 元/10m²

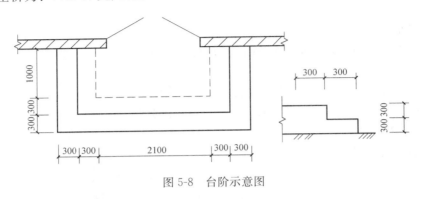

图 5-8　台阶示意图

5.4　混凝土及钢筋混凝土工程

5.4.1　定额说明

（一）本章定额适用于施工现场捣制、预制成品构件安装的混凝土及钢筋混凝土建筑物工程。

（二）本章编制了混凝土的四种施工方式：现场搅拌混凝土、商品混凝土、集中搅拌混凝土的浇捣和预制构件成品安装。

1. 商品混凝土的单价为"入模价"，包括商品混凝土的制作、运输、泵送。

2. 集中搅拌混凝土是按混凝土搅拌站、混凝土搅拌输送车及混凝土的泵送机械都是施工企业自备的情况下编制的，混凝土输送泵（固定泵）、混凝土输送泵车均未含管道费用，管道费用据实计算。本节不分构件名称和规格，集中搅拌的混凝土泵送分别套用混凝土输送泵车或混凝土输送泵子目。

3. 预制混凝土构件定额采用成品形式，成品构件按外购列入混凝土构件安装子目，定额含量包含了构件安装的损耗。成品构件的定额取定价包括混凝土构件制作及运输、钢筋制作及运输、预制混凝土模板五项内容。

（三）混凝土定额按自然养护制定，如发生蒸汽养护，可另增加蒸汽养护费。

（四）现浇混凝土

1. 除商品混凝土外，混凝土的工作内容包括筛砂子、筛洗石子、后台运输、搅拌、前台运输、清理、润湿模板、浇灌、捣固、养护。

2. 实际使用的混凝土的强度等级与定额子目设置的强度等级不同时，可以换算。

3. 毛石混凝土，定额按毛石占混凝土体积的20%计算的，如设计要求不同时，可以换算。

4. 杯口基础顶面低于自然地面，填土时的围笼处理按实结算。

5. 捣制基础圈梁，套用本节捣制圈梁的定额。箱式满堂基础拆开三个部分分别套用相应的满堂基础、墙、板定额。

6. 依附于梁、墙上的混凝土线条适用于展开宽度为 500mm 以内的线条。

7. 构造柱只适用先砌墙后浇柱的情况，如构造柱为先浇柱后砌墙者，不论断面大小，均按周长 1.20m 以内捣制矩形柱定额执行。墙心柱按构造柱定额及相应说明执行。

8. 捣制整体楼梯，如休息平台为预制构件，仍套用捣制整体楼梯，预制构件不另计算，阳台为预制空心板时，应计算空心板体积，套用空心板相应子目。

9. 凡以投影面积（平方米）或延长米计算的构件，如每平方米或每延长米混凝土用量（包括混凝土损耗率）大于或小于定额混凝土含量，在 ±10％ 以内时，不予调整；超过 10％ 时，则每增减 1m³ 混凝土（±10％ 以外部分），其工、料、机按下列规定另行计算：现场搅拌混凝土，人工 2.61 工日，混凝土 1m³，搅拌机 0.1 台班，电 0.8kWh；商品混凝土，人工 1.7 工日，混凝土 1m³。

10. 现浇混凝土构件中的零星构件项目，是指每件体积在 0.05m³ 以内的未列出定额项目的构件。小立柱是指周长在 48cm 内、高度在 1.50m 内的现浇独立柱。

11. 依附于柱上的悬挑梁为悬臂结构件，依附于柱上的牛腿可支承吊车梁或屋架等。

12. 阳台扶手带花台或花池，另行计算，捣制花台板套用零星构件，捣制花池套用池槽定额。

13. 阳台栏板如采用砖砌、混凝土漏花（包括小刀片）、金属构件等，均按相应定额分别计算。现浇阳台的沿口梁已包括在定额内。

14. 定额中不包括施工缝处理，根据工程的各种施工条件，如需留施工缝者，技术上的处理按施工验收规范，经济上按实际发生结算。

（五）预制混凝土构件成品安装

（1）本定额是按单机作业制定的。

（2）本定额是按机械起吊点中心回转半径 15m 以内的距离计算的。如超出 15m 时，应另按构件 1km 场内运输定额项目执行。

（3）预制混凝土构件安装高度是按 20m 考虑的，超过时另行计算。

（4）每一工作循环中，均包括机械的必要位移。

（5）定额是按履带式起重机、轮胎式起重机、塔式起重机分别编制的。如使用汽车式起重机时，按轮胎式起重机相应定额子目计算，起重机台班乘以系数 1.05，两者台班的价格差额按价差处理。

（6）定额不包括起重机械、运输机械行驶道路的修整、铺垫工作的人工、材料和机械，发生时另行计算。

（7）柱接柱定额未包括钢筋焊接，发生时另行计算。

（8）小型构件安装，是指单件体积小于 0.10m³ 的构件安装。

（9）升板预制柱加固，是指预制柱安装后，至楼板提升完成时间所需的加固搭设费。

（10）现场预制混凝土构件若采用砖模制作时，其安装定额中的人工、机械乘以系数 1.10。

（11）定额中的塔式起重机台班均已包括在垂直运输机械费中。

（12）预制混凝土构件必须在跨外安装时，按相应的构件安装定额的人工、机械台班乘以系数 1.18，用塔式起重机、卷扬机时，不乘此系数。

（13）区分长向空心板与空心板，按扣除空心板圆孔后每块体积以 0.3m³ 为界，

0.3m³ 以上为长向空心板，0.3m³ 以下为空心板。

（14）阳台板吊装，如整个构件在墙面以内的质量大于挑出墙外部分质量者，称为重心在内构件；如挑出墙外部分重大于墙面以内重量，称为重心在外构件。

（15）轻板框架的混凝土梅花柱按预制异形柱，叠合梁按预制异形梁，楼梯段和整间大楼板按相应预制构件定额，缓台套用预制平板项目。

（六）钢筋及铁件

1. 钢筋工程内容包括：制作、绑扎、安装以及浇灌混凝土时维护钢筋用工。

2. 现浇构件钢筋以手工绑扎取定，实际施工与定额不同时，不再换算。

3. 绑扎铁丝、成型点焊和接头焊接用的电焊条已综合在定额项目内。

4. 设计图纸（含标准图集）未注明的钢筋接头和施工损耗已综合在定额项目内。

5. 坡度大于等于 26°34′ 的斜板屋面，钢筋制安人工乘以系数 1.25。

6. 预应力构件中的非预应力钢筋按现浇钢筋相应项目计算。

7. 非预应力钢筋不包括冷加工，如设计要求冷加工时，应另行计算。

8. 预应力钢筋如设计要求人工时效处理时，应另行计算。

9. 后张法钢筋的锚固是按钢筋帮条焊、U 形插垫编制的。如采用其他方法锚固时，应另行计算。

10. 铁件分一般铁件和精加工铁件两种，凡设计要求刨光（或车丝或钻眼）者，均套用精加工铁件定额子目。

11. 本章定额钢筋机械连接是指直螺纹、锥螺纹和套筒冷压钢筋接头。

12. 植筋定额不包括钢筋主材费，钢筋另按设计长度计算，套用现浇构件钢筋定额。

13. 表 5-13 所列构件，其钢筋可按表列系数调整人工、机械用量。

钢筋人工、机械用量调整系数　　　　　　　　　　表 5-13

项目	现浇钢筋		构筑物			
系数范围	小型构件	小型池槽	烟囱	水塔	水塔贮仓	
					矩形	圆形
人工机械调整系数	2.00	2.52	1.70	1.70	1.25	1.50

（七）捣制建筑物混凝土构件碎（砾）石选用表（表 5-14）

捣制混凝土构件碎（砾）石选用表　　　　　　　　　表 5-14

工程项目	工程单位	混凝土强度等级	混凝土用量（m³）	石子最大粒径（mm）
毛石混凝土带形基础、挡土墙及地下室墙	m³	C10	0.863	40
毛石混凝土独立基础、设备基础	m³	C10	0.812	40
混凝土台阶	m³	C10	1.015	40
混凝土垫层	m³	C10	1.015	40
带形基础、独立基础、杯形基础、满堂基础桩承台、设备基础 挡土墙及地下室墙、大钢模板墙、圆弧形墙、建筑滑模工程、电梯井壁 矩形柱、圆形柱、构造柱、基础梁、单梁、连续梁、悬挑梁、异形梁、圈梁、过梁、弧形梁、拱形梁、门框、压顶	m³	C20	1.015	40

工程项目	工程单位	混凝土强度等级	混凝土用量(m³)	石子最大粒径(mm)
有梁板、无梁板、平板、拱板 暖气电缆沟、挑檐天沟、池槽、小立柱	m³	C20	1.015	20
雨篷	m³	C20	1.015	20
遮阳板	m³	C20	1.015	20
阳台	m³	C20	1.015	20
扶手	m	C20	0.0163	20
整体楼梯	m²	C20	0.243	40
栏板	m³	C20	1.015	20
零星构件	m³	C20	1.015	15

5.4.2 定额工程量计算规则

（一）现浇混凝土工程

混凝土工程量除另有规定者外，均按图示尺寸实体体积以体积计算。不扣除构件内的钢筋、预埋铁件及墙、板中 0.3m² 以内的孔洞所占体积。

1. 基础

按图示尺寸以体积计算。不扣除伸入承台基础的桩头所占体积

（1）混凝土基础与墙或柱的划分，均以基础扩大顶面为界。

（2）框架式设备基础应分别按基础、柱、梁、板相应定额计算。楼层上的设备基础按有梁板定额项目计算。

（3）设备基础定额中未包括地脚螺栓的价值。地脚螺栓一般应包括在成套设备价值内，如成套设备价值中未包括地脚螺栓的价值，地脚螺栓应按实际重量计算。

（4）同一横截面有一节使用了模板的带形基础，均按带形基础相应定额项目执行；未使用模板而沿槽浇灌的带形基础按本节混凝土基础垫层执行；使用了模板的混凝土垫层按本节相应定额执行。带形基础体积按带型基础长度乘以横截面积计算。带形基础长度：外墙按中心线，内墙按净长线计算。

（5）杯形基础的颈高大于 1.20m 时（基础扩大顶面至杯口底面），按柱的相应定额执行，其杯口部分和基础合并按杯形基础计算。

2. 柱

按图 5-9 所示断面尺寸乘以柱高以体积计算。柱高按下列规定确定：

（1）有梁板的柱高，应自柱基上表面（或楼板上表面）至楼板上表面计算。

（2）无梁板的柱高，应自柱基上表面（或楼板上表面）至柱帽下表面计算。

（3）框架柱的柱高，应自柱基上表面（或楼板上表面）至柱顶高度计算。

（4）构造柱按全高计算，与砖墙嵌接部分的体积并入柱身体积内计算。

（5）突出墙面的构造柱全部体积按捣制矩形柱定额执行。

（6）依附于柱上的牛腿的体积，并入柱身体积内计算；依附于柱上的悬臂梁，按单梁有关规定计算。

3. 梁

按图 5-9 所示断面尺寸乘以梁长以体积计算。梁长按下列规定确定：

（1）主、次梁与柱连接时，梁长算至柱侧面；次梁与柱或主梁连接时，次梁长度算至柱侧面或主梁侧面；伸入墙内的梁头、应计算在梁长度内，梁头设有捣制梁垫者，其体积并入梁内计算。梁的长度计算示意图见图5-9。

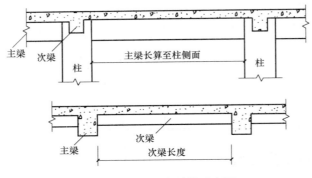

图5-9　梁的长度计算示意图

（2）圈梁与过梁连接时，分别套用圈梁、过梁定额，其过梁长度按门、窗洞口外围宽度两端共加500mm计算。

（3）悬臂梁与柱或圈梁连接时，按悬挑部分计算工程量；独立的悬臂梁按整个体积计算工程量。

4. 板

按图5-9面积乘以板厚以体积计算。应扣除单个面积0.3m² 以外孔洞所占体积。其中：

（1）有梁板是指梁（包括主、次梁）与板构成一体，其工程量应按梁、板体积的总和计算，与柱头重合部分体积应扣除。

（2）无梁板是指不带梁直接用柱头支承的板，其体积按板与柱帽体积之和计算。

（3）平板是指无柱、梁，直接用墙支承的板。

（4）有多种板连接时，以墙的中心线为界，伸入墙内的板头并入板内计算。

（5）挑檐天沟按图示尺寸以体积计算，捣制挑檐天沟与屋面板连接时，以外墙皮为分界线，与圈梁连接时，以圈梁外皮为分界线。分界线以外为挑檐天沟。挑檐板不能套用挑檐天沟的定额。挑檐板按挑出的水平投影面积计算，套用遮阳板子目。

（6）现浇框架梁和现浇板连接在一起时，按有梁板计算。

（7）石膏模盒现浇混凝土密肋复合楼板，按石膏模盒数量以块计算。在计算钢筋混凝土板工程量时，应扣除石膏模盒所占体积。

（8）阳台、雨篷、遮阳板均按伸出墙外的体积计算，伸出墙外的悬臂梁已包括在定额内，不另计算，但嵌入墙内的梁按相应定额另行计算。雨篷翻边突出板面高度在200mm以内时，并入雨篷内计算，翻边突出板面在600mm以内时，翻边按天沟计算，翻边突出板面在1200mm以内时，翻边按栏板计算；翻边突出板面高度超过1200mm时，翻边按墙计算。

（9）栏板按图5-9尺寸以体积计算，扶手以延长米计算，均包括伸入墙内部分。楼梯的栏板和扶手长度，如图集无规定时，按水平长度乘以系数1.15计算。栏板（含扶手）及翻沿净高按1.2m以内考虑，超过时套用墙相应定额。

5. 墙

按图 5-9 中心线长度乘以墙高及厚度以体积计算。应扣除门窗洞口及单个面积 0.3m² 以外孔洞所占的体积。

（1）剪力墙带明柱（一侧或两侧突出的柱）或暗柱一次浇捣成型时，当墙净长不大于 4 倍墙厚时，套住子目；当墙净长大于 4 倍墙厚时，按其形状套用相应墙子目。

（2）后浇墙带、后浇板带（包括主、次梁）混凝土按设计图示尺寸以体积计算。

（3）依附于梁（包括阳台梁、圈梁、过梁）、墙上的混凝土线条（包括弧形线条）按延长米计算（梁宽算至线条内侧）。

6. 楼梯

整体楼梯包括休息平台、平台梁、斜梁和楼梯的连接梁，按水平投影面积计算。楼梯踏步、踏步板、平台梁等侧面模板不另计算，伸入墙内部分也不增加。当楼梯与现浇楼板有梯梁连接时，楼梯应算至梯口梁外侧；无梯梁连接时，以楼梯最后一个踏步边缘加 300mm 计算。整体楼梯不扣除宽度小于 500mm 的梯井。

7. 其他构件

（1）现浇池槽按实际体积计算。

（2）台阶按水平投影面积计算，如台阶与平台连接时，其分界线应以最上层踏步外沿加 300mm 计算。架空式现浇室外台阶按整体楼梯计算。

（二）预制混凝土构件成品安装

（1）混凝土工程量除另有规定者外，均按图 5-9 尺寸实体体积计算，不扣除构件内钢筋、铁件及小于 300mm×300mm 以内孔洞的面积。定额已包含预制混凝土构件废品损耗率。

（2）预制钢筋混凝土工字形柱、矩形柱、空腹柱、双肢柱、空心柱、管道支架等安装，均按实体积以柱安装计算。预制柱上的钢牛腿按铁件计算。

（3）预制钢筋混凝土多层柱安装，首层柱以实体积按柱安装计算，二层及二层以上按每节柱实体积套用柱接柱子目。

（4）焊接形成的预制钢筋混凝土框架结构，其柱安装按框架柱体积计算，梁安装按框架梁体积计算。节点浇注成形的框架，按连体框架梁、柱体积之和计算。

（5）组合屋架安装，以混凝土部分实体体积计算，钢杆件部分不另行计算。

（6）漏花空格安装，执行小型构件安装定额，其体积按洞口面积乘以厚度以立方米计算，不扣除空花体积。

（7）窗台板、隔板、栏板的混凝土套用小型构件混凝土子目。

（三）预制混凝土构件接头灌缝

（1）钢筋混凝土构件接头灌缝，包括构件坐浆、灌缝、堵板孔、塞板缝、塞梁缝等。均按预制钢筋混凝土构件实体积计算。

（2）柱与柱基灌缝，按底层柱体积计算；底层以上柱灌缝按各层柱体积计算。

（3）预制钢筋混凝土框架柱现浇接头（包括梁接头），按现浇接头设计规定断面乘以长度以体积计算，按二次灌浆定额执行。

（4）空心板堵孔的人工、材料已包括在定额内。10m³ 空心板体积包括 0.23m³ 预制混凝土块、2.20 个工日。

（四）钢筋工程量

1. 钢筋工程量应区分不同钢种和规格按设计长度（指钢筋中心线）乘以单位质量以吨计算。

2. 计算钢筋工程量时，设计（含标准图集）已规定钢筋搭接长度的，按规定搭接长度计算；设计未规定搭接长度的，已包括在钢筋的损耗率之内，不另计算搭接长度。

3. 现浇构件其他钢筋

（1）GBF 高强薄壁管敷设按延长米计算，计算钢筋混凝土板工程量时，应扣除 GBF 管所占体积。

（2）CL 建筑体系网架板及网片安装，按设计图示尺寸以面积计算。

4. 桩基础钢筋按以下规定计算。

（1）灌注混凝土桩的钢筋笼制作及安装，按设计规定以吨计算。

（2）钻（冲）孔桩钢筋笼吊焊、接头，按钢筋笼重量以吨计算。

（3）锚杆制作、安装，按吨计算。

（4）地下连续墙钢筋笼制作、吊运就位，按重量以吨计算。

（5）钢筋笼 H 型钢的焊接，按 H 型钢的重量以吨计算。

5. 先张法预应力钢筋按构件外形尺寸计算长度。

6. 后张法预应力钢筋区别不同的锚具类型，以设计图规定的预应力钢筋预留孔道长度，分别按下列规定计算：

（1）低合金钢筋两端采用螺杆锚具时，预应力钢筋按预留孔道长度减 0.35m，螺杆另行计算。

（2）低合金钢筋一端采用镦头插片，另一端采用帮条锚具时，预应力钢筋增加 0.15m，两端采用帮条锚具时，预应力钢筋共增加 0.30m 计算。

（3）低合金钢筋一端采用镦头插片，另一端螺杆锚具时，预应力钢筋长度按预留孔道长度计算，螺杆另行计算。

（4）低合金钢筋采用后张混凝土自锚时，预应力钢筋长度增加 0.35m 计算。

（5）低合金钢筋或钢绞线采用 JM、XM、QM 型锚具，孔道长度在 20m 以内时，预应力钢筋长度增加 1m；孔道长度在 20m 以上时，预应力钢筋长度增加 1.8m 计算。

（6）碳素钢丝采用锥形锚具，孔道在 20m 以内时，预应力钢筋长度增加 1.8m 计算。

（7）碳素钢丝两端采用镦粗头时，预应力钢丝长度增加 0.35m 计算。

（8）后张法预应力钢筋项目内已包括孔道灌浆，实际孔道长度和直径与定额不同时，不作调整，按定额执行。

7. 钢筋混凝土构件预埋铁件按以下规定计算：

（1）铁件重量不论何种型钢，均按设计尺寸以吨计算，焊条重量不计算。

（2）精加工铁件重量按毛件重量计算，不扣除刨光、车丝、钻眼部分的重量，焊条重量不计算。

（3）固定预埋螺栓及铁件的支架，固定双层钢筋的铁马凳及垫铁件，按审定的施工组织设计规定计算，套用相应定额项目。

8. 钢筋机械连接、电渣压力焊接头，按个计算。

9. 植筋按根计算。

5.4.3 清单工程量计算规则

混凝土子钢筋混凝土工程的清单工程量计算规则见表 5-15～表 5-21 所示。

现浇混凝土基础　　　　　　　　　表 5-15

项目编码	项目名称	项目特征	计量单位	工程量计算规则	工作内容
010501001	垫层	1. 混凝土种类 2. 混凝土强度等级	m³	按设计图示尺寸以体积计算,不扣除伸入承台基础的桩头所占体积	1. 模板及支撑制作、安装、拆除、堆放、运输及清理模内杂物、刷隔离剂等 2. 混凝土制作、运输、浇筑、振捣、养护
010501002	带形基础				
010501003	独立基础				
010501004	满堂基础				
010501005	桩承台基础				
010501006	设备基础	1. 混凝土种类 2. 混凝土强度等级 3. 灌浆材料及其强度等级			

注：1. 有肋带形基础、无肋带形基础应按本表中相关项目列项，并注明肋高。
　　2. 箱式满堂基础中柱、梁、墙、板按相关项目分别编码列项；箱式满堂基础底板按本表的满堂基础项目列项。
　　3. 框架式设备基础中柱、梁、墙、板按相关项目编码列项；基础部分按本表相关项目编码列项。
　　4. 如为毛石混凝土基础，项目特征应描述毛石所占比例。

现浇混凝土柱　　　　　　　　　表 5-16

项目编码	项目名称	项目特征	计量单位	工程量计算规则	工作内容
010502001	矩形柱	1. 混凝土种类 2. 混凝土强度等级	m³	按设计图示尺寸以体积计算 柱高： 1. 有梁板的柱高,应自柱基上表面(或楼板上表面)至上一层楼板上表面之间的高度计算 2. 无梁板的柱高,应自柱基上表面(或楼板上表面)至柱帽下表面之间的高度计算 3. 框架柱的柱高：应自柱基上表面至柱顶高度计算 4. 构造柱按全高计算,嵌接墙体部分(马牙槎)并入柱身体积 5. 依附于柱上的牛腿和升板的柱帽,并入柱身体积计算	1. 模板及支架(撑)制作、安装、拆除、堆放、运输及清理模内杂物、刷隔离剂等 2. 混凝土制作、运输、浇筑、振捣、养护
010502002	构造柱				
010502003	异形柱	1. 柱形状 2. 混凝土种类 3. 混凝土强度等级			

注：混凝土种类：指清水混凝土、彩色混凝土等，如在同一地区既使用预拌（商品）混凝土，又允许现场搅拌混凝土时，也应注明（下同）。

现浇混凝土梁　　　　　　　　　表 5-17

项目编码	项目名称	项目特征	计量单位	工程量计算规则	工作内容
010503001	基础梁	1. 混凝土种类 2. 混凝土强度等级	m³	按设计图示尺寸以体积计算。伸入墙内的梁头、梁垫并入梁体积内 梁长： 1. 梁与柱连接时,梁长算至柱侧面 2. 主梁与次梁连接时,次梁长算至主梁侧面	1. 模板及支架(撑)制作、安装、拆除、堆放、运输及清理模内杂物、刷隔离剂等 2. 混凝土制作、运输、浇筑、振捣、养护
010503002	矩形梁				
010503003	异形梁				
010503004	圈梁				
010503005	过梁				
010503006	弧形、拱形梁				

项目编码	项目名称	项目特征	计量单位	工程量计算规则	工作内容
010504001	直形墙	1. 混凝土种类 2. 混凝土强度等级	m³	按设计图示尺寸以体积计算 扣除门窗洞口及单个面积>0.3m² 的孔洞所占体积,墙垛及突出墙面部分并入墙体体积内计算	1. 模板及支架(撑)制作、安装、拆除、堆放、运输及清理模内杂物、刷隔离剂等 2. 混凝土制作、运输、浇筑、振捣、养护
010504002	弧形墙				
010504003	短肢剪力墙				
010504004	挡土墙				

注：短肢剪力墙是指截面厚度不大于 300mm、各肢截面高度与厚度之比的最大值大于 4 但不大于 8 的剪力墙；各肢截面高度与厚度之比的最大值不大于 4 的剪力墙按柱项目编码列项。

项目编码	项目名称	项目特征	计量单位	工程量计算规则	工作内容
010505001	有梁板	1. 混凝土种类 2. 混凝土强度等级	m³	按设计图示尺寸以体积计算,不扣除单个面积≤0.3m² 的柱、垛以及孔洞所占体积 压型钢板混凝土楼板扣除构件内压型钢板所占体积 有梁板(包括主、次梁与板)按梁、板体积之和计算,无梁板按板和柱帽体积之和计算,各类板伸入墙内的板头并入板体积内,薄壳板的肋、基梁并入薄壳体积内计算	1. 模板及支架(撑)制作、安装、拆除、堆放、运输及清理模内杂物、刷隔离剂等 2. 混凝土制作、运输、浇筑、振捣、养护
010505002	无梁板				
010505003	平板				
010505004	拱板				
010505005	薄壳板				
010505006	栏板				
010505007	天沟(檐沟)、挑檐板			按设计图示尺寸以体积计算	
010505008	雨篷、悬挑板、阳台板			按设计图示尺寸以墙外部分体积计算。包括伸出墙外的牛腿和雨篷反挑檐的体积	
010505009	空心板			按设计图示尺寸以体积计算。空心板(GBF 高强薄壁蜂巢芯板等)应扣除空心部分体积	
010505010	其他板			按设计图示尺寸以体积计算	

注：现浇挑檐、天沟板、雨篷、阳台与板(包括屋面板、楼板)连接时,以外墙外边线为分界线；与圈梁(包括其他梁)连接时,以梁外边线为分界线。外边线以外为挑檐、天沟、雨篷或阳台。

项目编码	项目名称	项目特征	计量单位	工程量计算规则	工作内容
010506001	直形楼梯	1. 混凝土种类 2. 混凝土强度等级	1. m² 2. m³	1. 以平方米计量,按设计图示尺寸以水平投影面积计算。不扣除宽度≤500mm 的楼梯井,伸入墙内部分不计算 2. 以立方米计量,按设计图示尺寸以体积计算	1. 模板及支架(撑)制作、安装、拆除、堆放、运输及清理模内杂物、刷隔离剂等 2. 混凝土制作、运输、浇筑、振捣、养护
010506002	弧形楼梯				

注：整体楼梯(包括直形楼梯、弧形楼梯)水平投影面积包括休息平台、平台梁、斜梁和楼梯的连接梁。当整体楼梯与现浇楼板无梯梁连接时,以最后一个踏步外缘加 300mm 为界。

项目编码	项目名称	项目特征	计量单位	工程量计算规则	工作内容
010515001	现浇构件钢筋	钢筋种类、规格	t	按设计图示钢筋（网）长度（面积）乘单位理论质量计算	1. 钢筋制作、运输 2. 钢筋安装 3. 焊接（绑扎）
010515002	预制构件钢筋				
010515003	钢筋网片				1. 钢筋网制作、运输 2. 钢筋网安装 3. 焊接（绑扎）
010515004	钢筋笼				1. 钢筋笼制作、运输 2. 钢筋笼安装 3. 焊接（绑扎）
010515005	先张法预应力钢筋	1. 钢筋种类、规格 2. 锚具种类	t	按设计图示钢筋长度乘单位理论质量计算	1. 钢筋制作、运输 2. 钢筋张拉
010515006	后张法预应力钢筋	1. 钢筋种类、规格 2. 钢丝种类、规格 3. 钢绞线种类、规格 4. 锚具种类 5. 砂浆强度等级	t	按设计图示钢筋（丝束、绞线）长度乘以单位理论质量计算 1. 低合金钢筋两端均采用螺杆锚具时，钢筋长度按孔道长度减 0.35m 计算，螺杆另行计算 2. 低合金钢筋一端采用镦头插片，另一端采用螺杆锚具时，钢筋长度按孔道长度计算，螺杆另行计算 3. 低合金钢筋一端采用镦头插片，另一端采用帮条锚具时，钢筋增加 0.15m 计算；两端均采用帮条锚具时，钢筋长度按孔道长度增加 0.3m 计算 4. 低合金钢筋采用后张混凝土自锚时，钢筋长度按孔道长度增加 0.35m 计算 5. 低合金钢筋（钢绞线）采用 JM、XM、QM 型锚具，孔道长度≤20m 时，钢筋长度增加 1m 计算，孔道长度＞20m 时，钢筋长度增加 1.8m 计算 6. 碳素钢丝采用锥形锚具，孔道长度≤20m 时，钢丝束长度按孔道长度增加 1m 计算，孔道长度＞20m 时，钢丝束长度按孔道长度增加 1.8m 计算 7. 碳素钢丝束采用镦头锚具时，钢丝束长度按孔道长度增加 0.35m 计算	1. 钢筋、钢丝束、钢绞线制作、运输 2. 钢筋、钢丝束、钢绞线安装 3. 预埋管孔道铺设 4. 锚具安装 5. 砂浆制作、运输 6. 孔道压浆、养护
010515007	预应力钢丝				
010515008	预应力钢绞线				
010515009	支撑钢筋（铁马）	1. 钢筋种类 2. 规格		按钢筋长度乘以单位理论质量计算	钢筋制作、焊接、安装
010515010	声测管	1. 材质 2. 规格型号		按设计图示尺寸以质量计算	1. 检测管截断、封头 2. 套管制作、焊接 3. 定位、固定

注：1. 现浇构件中伸出构件的锚固钢筋应并入钢筋工程量内。除设计（包括规范规定）标明的搭接外，其他施工搭接不计算工程量，在综合单价中综合考虑。
2. 现浇构件中固定位置的支撑钢筋，双层钢筋用的"铁马"在编制工程量清单时，如果设计未明确，其工程数量可为暂估量，结算时按现场签证数量计算。

5.4.4 工程量计算方法

各种混凝土及钢筋混凝土现浇构件，预制构件以及预应力构件，都是将模板、混凝土、钢筋三部分内容分别列项计算的。工程量计算应按上述三部分内容分开计算。

（一）现浇构件混凝土工程量

混凝土的工程量不论是预制还是现浇，大多数构件是以 m³ 计算的，亦有某些构件是以 m² 或 m 计算的。

1. 混凝土垫层

例 5.8 根据例 4.6 中提供的资料，计算其混凝土垫层工程量，并确定定额项目。

解 混凝土垫层工程量按垫层层体积计算。

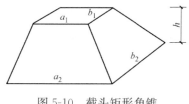

图 5-10　截头矩形角锥

$$L=(7.20+4.80)\times2+(4.80-0.80)\times1=28.00\text{m}$$
$$V=0.80\times0.20\times28.00=4.48\text{m}^3$$

定额项目为：A2-10　基础垫层 C10 现浇混凝土
定额基价为：3588.99 元/10m³

2. 杯形基础

在计算杯形基础的体积时，经常要用到截头矩形角锥（见图 5-10）体积计算公式：

$$V=\frac{h}{6}\left[a_1b_1+(a_1+a_2)(b_1+b_2)+a_2b_2\right]$$

式中　a_1、b_1——截头矩形角锥顶面的长度和宽度；

　　　a_2、b_2——截头矩形角锥底面的长度和宽度；

　　　h——截头矩形角锥的高度。

例 5.9 某厂房钢筋混凝土杯形基础见图 5-11，共 16 个，混凝土强度等级 C20，碎石 40mm，试求混凝土的工程量，并确定其定额项目。

解 杯形基础的体积，由杯口部分（V_1）、截头矩形角锥部分（V_2）、基底部分（V_3）、再扣除杯芯部分（V_4）组成。

$$V_1=1.70\times1.25\times0.40=0.850\text{m}^3$$

$$V_2=\frac{1}{6}\times0.40\times[1.70\times1.25+(1.70+4.20)\times(1.25+3.00)+4.20\times3.00)]=2.653\text{m}^3$$

$$V_3=4.20\times3.00\times0.40=5.040\text{m}^3$$

$$V_4=\frac{1}{6}\times0.95\times[0.90\times0.50+(0.90+0.95)\times(0.50+0.55)+0.95\times0.55]=0.462\text{m}^3$$

杯形基础的工程量为：

$$V=(0.850+2.653+5.040-0.462)\times16$$
$$=8.081\times16=129.30\text{m}^3$$

定额项目为：A2-6　杯形基础　现场搅拌混凝土 C20（碎石 40mm）
定额基价为：3750.85 元/10m³

3. 构造柱

构造柱工程量计算规则为：构造柱按全高计算，与砖墙嵌接部分的体积并入柱身体积内计算。

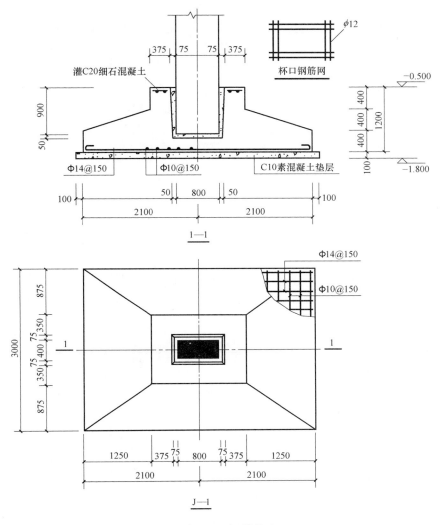

图 5-11　杯形基础

构造柱示意图见图 5-12。当墙厚为 240mm 时，构造柱的工程量计算公式为：

$$V = (0.24 \times 0.24 + 马牙槎宽度 \times 0.24 \times n) \cdot H$$

式中　n——构造柱马牙槎边数；

$\quad\quad H$——构造柱高度。

例 5.10　某建筑有 90°转角构造柱 4 根，柱高 12m，采用现场搅拌混凝土。试计算该建筑混凝土构造柱的工程量。

解　构造柱马牙槎边数 $n = 2$

$$V = (0.24 \times 0.24 + 0.03 \times 0.24 \times 2) \times 12.00 \times 4$$
$$= 0.0864 \times 12.00 \times 4 = 4.15 m^3$$

定额项目为：A2-20　构造柱　现场搅拌混凝土 C20（碎石 40mm）

定额项目为：4220.64 元/10m³

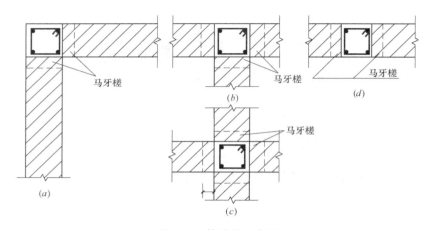

图 5-12　构造柱示意图

(a) 90°转角；(b) T形接头；(c) 十字形接头；(d) 一字形

4. 框架柱

例 5.11　某单层现浇框架结构房屋的屋顶结构平面见图 5-13。已知板顶标高为 4.50m，柱基顶面标高为 −0.60m，设计室外地坪标高为 −0.30m，板厚 100mm，构件断面尺寸见表 5-22。试计算框架柱的工程量并确定定额项目。

构件尺寸表　　　　　　　　　　　　表 5-22

构件名称	WKZ	WKL1	WKL2	WL1
构件尺寸(mm)	400×400	250×550(宽×高)	300×600(宽×高)	250×500(宽×高)

解　矩形柱混凝土工程量为混凝土实体体积。

$$V = 0.40^2 \times (4.50 + 0.60) \times 4 = 3.26 \text{m}^3$$

定额项目为：A2-17　矩形柱 C20 现浇混凝土

定额基价为：4055.21 元/10m³

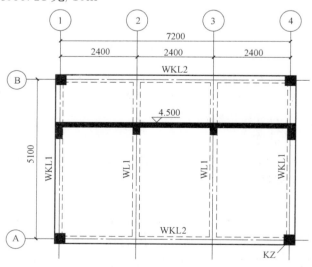

图 5-13　顶层结构平面图

5. 有梁板

例 5.12　根据例 5.11 中所提供的资料，试计算有梁板的工程量并确定定额项目。

解　有梁板混凝土工程量为梁与板的体积之和，包括 WKL$_1$（V_1）、WKL$_2$（V_2）、WL$_1$（V_3）、WL$_2$ 板（V_4）。

$$V_1=0.25\times0.55\times(5.10-0.20\times2)\times2=1.29\text{m}^3$$
$$V_2=0.30\times0.60\times(7.20-0.20\times2)\times2=2.45\text{m}^3$$
$$V_3=0.25\times0.50\times(5.10-0.10\times2)\times2=1.23\text{m}^3$$
$$V_4=[(5.10+0.20\times2)\times(7.20-0.20\times2)-0.40^2\times4$$
$$-0.25\times(5.10-0.20\times2)\times2-0.30\times(7.20-0.20\times2)\times2$$
$$-0.25\times(5.10-0.10\times2)\times2]\times0.10$$
$$=[41.80-0.64-2.35-4.08-2.45]\times0.10=32.28\times0.10$$
$$=3.23\text{m}^3$$
$$V=V_1+V_2+V_3+V_4=1.29+2.45+1.23+3.23=8.20\text{m}^3$$

定额项目为：A2-38　有梁板 C20 现浇混凝土

定额基价为：4117.23 元/10m^3

6. 整体楼梯

例 5.13　某双跑楼梯见图 5-14。楼梯平台梁宽 240mm，楼梯板厚 120mm，混凝土为 C20，墙体厚度均为 240mm。试计算楼梯现浇混凝土工程量，并确定定额项目。

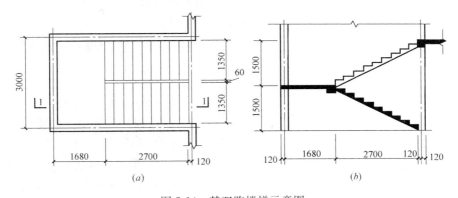

图 5-14　某双跑楼梯示意图
（a）楼梯平面图；（b）楼梯 1—1 剖面图

解　整体楼梯包括楼梯间两端的休息平台、梯井斜梁、楼梯板及支承梯井斜梁的梯口梁和平台梁，按水平投影面积计算。梯井宽度为 60mm，在 300mm 以内，所以不扣除梯井面积。

$$S=(3.00-0.24)\times(1.56+2.70+0.24)=2.76\times4.50=12.42\text{m}^2$$

定额项目为：A2-50　整体楼梯 C20 现浇混凝土

定额基价为：1131.67 元/10m^2

注意：基价应考虑换算。

（二）预制混凝土构件成品安装工程量

预制构件安装是指将构件从施工现场的存放点运到垂直运输机具旁，再由垂直运输机械吊到所需安装的部位所发生的费用。要考虑下列因素：①垂直运输机械；②连接方式。

例 5.14　某住宅预应力混凝土空心板，选用 03ZG401，YKB3652 共 816 块，YKB3653 共 220 块，YKB3662 共 428 块，YKB3663 共 154 块。施工现场采用轮胎式起重机进行吊装，板与板之间焊接，试计算预应力混凝土空心板的安装工程量，并确定定额项目。

解　空心板安装工程量为混凝土的实体体积。预应力空心板选用标准图 03ZG401：混凝土强度等级为 C30，板厚 120mm。预应力空心板材料用量见表 5-23。

预应力空心板材料用量表　　　　　　　　　　　　　　表 5-23

序号	板型	数量（块）	混凝土用量（m³/块）	预应力钢筋用量（kg/块）
1	YKB3652	816	0.131	5.575
2	YKB3653	220	0.131	7.247
3	YKB3662	428	0.156	6.690
4	YKB3663	154	0.156	8.362

$$V = 0.131 \times (816 + 220) + 0.156 \times (428 + 154)$$
$$= 226.508 = 226.51 \text{m}^3 \quad \text{（实体体积）}$$

定额项目为：A2-365　空心板焊接　每个构件体积 0.2m³ 以内　轮胎式起重机

定额基价为：3151.59 元/10m³

例 5.15　预制钢筋混凝土柱 40 根，混凝土强度等级 C20，见图 5-15。施工现场采用履带式起重机安装，试计算其安装工程量，并确定定额项目。

解　预制钢筋混凝土柱安装工程量为混凝土的实体体积

$$V = [0.40 \times 3.00 + 0.60 \times (5.70 + 0.50) + (0.25 + 0.50) \times (0.75 - 0.60)/2]$$
$$\times 0.40 \times 40$$
$$= 4.97625 \times 0.40 \times 40 = 1.9905 \times 40 = 79.62 \text{m}^3$$

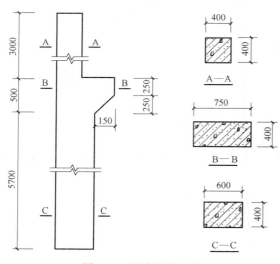

图 5-15　预制混凝土柱

定额项目为：A2-431　空心板接头灌缝

定额基价为：953.02 元/10m³

定额项目为：A2-132　每根构件体积 3.0m³ 以内　履带式起重机

定额基价为：2491.46 元/10m³

（三）预制构件接头灌缝工程量

接头灌缝是指构件的坐浆、空心板堵头以及构件之间的接缝处理等所需耗用的工料机等耗用量。它是与构件安装同时或随后进行的一道工序。

例 5.16　根据例 5.14 中所提供的资料，试计算预应力混凝土空心板的接头灌缝工程量，并确定定额项目。

解　空心板接头灌缝工程量为混凝土的实体体积，以 m³ 计算。

$$V = 226.51 \text{m}^3$$

（四）钢筋工程量的计算

计算钢筋工程量，必须读懂构件配筋详图。识读配筋详图的一般程序是：首先，识读构件的轮廓形状和外形尺寸；其次，识读钢筋的编号、形状、直径和配筋方式；最后，识读钢筋根数或根据分布间距求出根数。

对于标准预制构件可直接由标准图中查出单位用量；对于非标准预制或现浇构件，应根据结构施工图的配筋，逐个进行计算和汇总。

1. 混凝土保护层

混凝土保护层是指钢筋外表面到构件外表面之间的混凝土层厚度。混凝土保护层有三个作用：一是保护纵向钢筋不被锈蚀；二是在火灾等情况下，使钢筋的温度上升缓慢；三是使纵向钢筋与混凝土有较好的粘结。在确定混凝土保护层厚度时，需要综合考虑环境作用等级、设计使用年限、混凝土强度等级、最大水胶比等因素。

根据《混凝土结构耐久性设计规范》GB/T 50476—2008 规定，结构所处环境按其对钢筋和混凝土材料的腐蚀机理，可分为表 5-24 所示的五类。

环境类别　　　　　　　　　　　　　　　　　　表 5-24

环境类别	名称	腐蚀机理
Ⅰ	一般环境	保护层混凝土碳化引起钢筋锈蚀
Ⅱ	冻融环境	反复冻融导致混凝土损伤
Ⅲ	海洋氯化物环境	氯盐引起钢筋锈蚀
Ⅳ	除冰盐等其他氯化物环境	氯盐引起钢筋锈蚀
Ⅴ	化学腐蚀环境	硫酸盐等化学物质对混凝土的腐蚀

环境对配筋混凝土结构的作用程度如表 5-25 所示。

环境作用等级　　　　　　　　　　　　　　　　表 5-25

环境类别＼环境作用等级	A 轻微	B 轻度	C 中度	D 严重	E 非常严重	F 极端严重
一般环境	Ⅰ-A	Ⅰ-B	Ⅰ-C			
冻融环境			Ⅱ-C	Ⅱ-D	Ⅱ E	
海洋氯化物环境			Ⅲ-C	Ⅲ-D	Ⅲ-E	Ⅲ-F
除冰盐等其他氯化物环境			Ⅳ-C	Ⅳ-D	Ⅳ-E	
化学腐蚀环境			Ⅴ-C	Ⅴ-D	Ⅴ-E	

一般环境中混凝土材料与钢筋最小保护层厚度按表 5-26 取定。

使用表 5-26 中应注意以下几个问题：

① Ⅰ-A 环境中使用年限低于 100 年的板、墙，当混凝土骨料最大公称粒径不大于 15mm 时，保护层最小厚度可降为 15mm，但最大水胶比不应大于 0.55。

② 年平均气温大于 20℃且年平均湿度大于 75％的环境，除 Ⅰ-A 环境中的板、墙构件外，混凝土最低强度等级应比表中规定提高一级，或将保护层最小厚度增大 5mm。

③ 直接接触土体浇筑的构件，其混凝土保护层厚度不应小于 70mm；有混凝土垫层时，可按表中规定确定。

环境作用等级	设计使用年限	100 年			50 年			30 年		
		混凝土强度等级	最大水胶比	最小保护层厚度	混凝土强度等级	最大水胶比	最小保护层厚度	混凝土强度等级	最大水胶比	最小保护层厚度
板、墙等面形构件	Ⅰ-A	≥C30	0.55	20	≥C25	0.60	20	≥C25	0.60	20
	Ⅰ-B	C35 ≥C40	0.50 0.45	30 25	C30 ≥C35	0.55 0.50	25 20	C25 ≥C30	0.60 0.55	25 20
	Ⅰ-C	C40 C45 ≥C50	0.45 0.40 0.36	40 35 30	C35 C40 ≥C45	0.50 0.45 0.40	35 30 25	C30 C35 ≥C40	0.55 0.50 0.45	30 25 20
梁、柱等条形构件	Ⅰ-A	C30 ≥C35	0.55 0.50	25 20	C25 ≥C30	0.60 0.55	25 20	≥C25	0.60	20
	Ⅰ-B	C35 ≥C40	0.50 0.45	35 30	C30 ≥C35	0.55 0.50	30 25	C25 ≥C30	0.60 0.55	30 25
	Ⅰ-C	C40 C45 ≥C50	0.45 0.40 0.36	45 40 35	C35 C40 ≥C45	0.50 0.45 0.40	40 35 30	C30 C35 ≥C40	0.55 0.50 0.45	35 30 25

④ 处于流动水中或同时受水中泥沙冲刷的构件，其保护层厚度宜增加 10～20mm。

⑤ 预制构件的保护层厚度可比表中规定减少 5mm。

⑥ 当胶凝材料中粉煤灰和矿渣等掺量小于 20% 时，表中水胶比低于 0.45 的，可适当增加。

当结构构件受到多种环境类别共同作用时，应分别满足每种环境类别单独作用下的耐久性要求。

2. 钢筋弯钩增加长度

钢筋弯钩增加长度应根据钢筋类型和钢筋弯钩的形状来确定。其中：光圆钢筋弯钩长度可按表 5-27 确定。

光圆钢筋弯钩长度　　　　　　　　　　表 5-27

弯钩名称	弯钩形式	弯钩增加长度
180°弯钩		6.25d
135°弯钩		4.90d
90°弯钩		3.50d

3. 弯起钢筋增加长度

弯起钢筋增加长度，应根据弯起的角度和弯起的高度计算求出。弯起钢筋主要设置在梁和板中，其弯起角度由设计确定。常用的弯起角度有 30°、45°、60°三种。当设计无明确规定时，弯起角度 α 按以下值计算：当梁高大于 800mm 时，取 60°；当梁高在 800mm 以内时，取 45°；板取 30°。

由图 5-16 可见，弯起角度越小，斜长 s 与水平长 l 之差就越小，弯起钢筋增加长度就越小。弯起钢筋增加长度 Δl 为

$$\Delta l = s - l$$

式中　s——弯起钢筋斜长；

　　　　l——弯起钢筋水平长。

弯起钢筋增加长度 Δl 可按表 5-28 确定。表中：h_1 为钢筋弯起高度，$h_1 = h - 2c$，即等于构件断面高度减去上、下保护层厚度。

弯起钢筋增加长度　　　　　　　　　　　表 5-28

弯起角度 α	30°	45°	60°
斜长 s	$2.000h_1$	$1.414h_1$	$1.15h_1$
水平长 l	$1.732h_1$	$1.000h_1$	$0.577h_1$
增加长度 $\Delta l = s - l$	$0.268h_1$	$0.414h_1$	$0.573h_1$

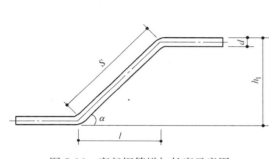

图 5-16　弯起钢筋增加长度示意图

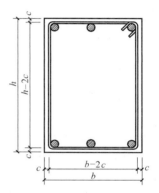

图 5-17　封闭双肢箍示意图

4. 箍筋长度

箍筋长度等于单箍长度乘以箍筋根数。

（1）单箍长度

单箍长度与箍筋的设置形式有关。对于最常用矩形封闭双肢箍筋（见图 5-17），可采用以下简易方法计算其单箍的长度 l。

$$l = 2(b + h) - 8c + 4d + 2k$$

式中　b——构件断面宽度；

　　　　h——构件断面高度；

　　　　c——混凝土保护层厚度；

　　　　d——箍筋直径；

　　　　k——箍筋钩长，箍筋两个弯钩增加长度的经验参考值见表 5-29。

箍筋两个弯钩增加长度经验参考值表　　　　　　表 5-29

箍筋直径(mm)			
$\phi 4 \sim \phi 5$	$\phi 6$	$\phi 8$	$\phi 10 \sim \phi 12$
80	100	120	$150 \sim 170$

（2）箍筋根数

箍筋的根数应根据不同配筋间距，分段计算。

$$n = \mathrm{ceil}\ \frac{l}{s} + 1$$

式中 n——每段箍筋根数；

l——该段的配筋范围长度；

s——箍筋间距。

5. 钢筋锚固长度 l_a

钢筋的锚固长度，是指不同构件交接处彼此的钢筋应相互锚入的长度，用 l_a 表示。见图 5-18。

当计算中充分利用纵向受拉钢筋强度时，其锚固长度不应小于表 5-30 规定的数值。

普通纵向受拉钢筋的最小锚固长度 表 5-30

钢筋类型	混凝土强度等级					
	C15	C20	C25	C30	C35	$\geqslant$C40
HPB235	36.9d	30.5d	26.5d	23.5d	21.4d	19.6d
HRB335	46.2d	38.2d	33.1d	29.4d	26.8d	24.6d
HRB400、RRB400	55.4d	45.8d	39.7d	35.2d	32.1d	29.5d

当符合下列条件时，表 5-30 所列的锚固长度应进行修正：

① 当 HRB335、HRB400 和 RRB400 级钢筋的直径大于 25mm 时，其锚固长度应乘以修正系数 1.10；

② HRB335、HRB400 和 RRB400 级的环氧树脂涂层钢筋，其锚固长度应乘以修正系数 1.25；

③ 当钢筋在混凝土施工过程中易受扰动（如滑模施工）时，其锚固长度应乘以修正系数 1.10；

④ 当 HRB335、HRB400 和 RRB400 级钢筋在锚固区的混凝土保护层厚度大于钢筋直径的 3 倍且配有箍筋时，其锚固长度可乘以修正系数 0.80；

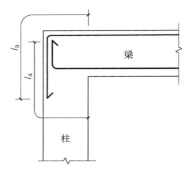

图 5-18 钢筋锚固示意图

⑤ 除构造需要的锚固长度外，当纵向受力钢筋的实际配筋面积大于其设计计算面积时，如有充分依据和可靠措施，其锚固长度可乘以设计计算面积与实际配筋面积的比值。但对有抗震设防要求及直接承受动力荷载的结构构件，不得采用此项修正。

⑥ 经上述修正后的锚固长度不应小于表 5-30 所列的锚固长度的 0.70 倍，且不应小于 250mm。

钢筋的断点位置及锚固长度应符合设计要求。当设计图要求不明确时，可参考下列节点构造的要求计算钢筋用量：

① 钢筋混凝土简支梁和连续梁简支端的下部纵向受力钢筋，其伸入梁支座范围内的锚固长度 l_{as}（见图 5-19）应符合下列规定：

当 $V \leqslant 0.7 f_t b h_0$ 时，$l_{as} \geqslant 5d$；

当 $V > 0.7 f_t b h_0$ 时，光面钢筋 $l_{as} \geqslant 15d$，带肋钢筋 $l_{as} \geqslant 12d$。

此处，d 为纵向受力钢筋的直径；V 为剪力设计值；f_t 为混凝土轴心抗拉强度设计值。

如纵向受力钢筋伸入梁支座范围内的锚固长度不符合上述要求时，应采取在钢筋上加焊锚固钢板或将钢筋端部焊接在梁端预埋件上等有效锚固措施。

图 5-19 所示为支承在砌体结构上的钢筋混凝土独立梁，在纵向受力钢筋的锚固长度 l_{as} 范围内应配置不少于两个箍筋，其直径不宜小于纵向受力钢筋最大直径的 0.25 倍，间距不宜大于纵向受力钢筋最小

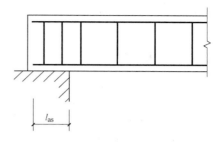

图 5-19　纵向受力钢筋伸入梁简支支座的锚固

直径的 10 倍；当采取机械锚固措施时，箍筋间距尚不宜大于纵向受力钢筋最小直径的 5 倍。

② 在钢筋混凝土悬臂梁中，应有不少于两根上部钢筋伸至悬臂梁外端，并向下弯折不小于 $12d$；其余钢筋不应在梁的上部截断，而应按规范的规定进行弯折和锚固。

③ 框架梁上部纵向钢筋伸入中间层端节点的锚固长度：当采用直线锚固形式时，不应小于 l_a，且伸过柱中心线不小于 $5d$；当柱截面尺寸不足时，梁上部纵向钢筋应伸至节点对边向下弯折，其包含弯弧段在内的水平投影长度不应小于 $0.4l_a$，包含弯弧段在内的竖直投影长度应取为 $15d$，见图 5-20。

④ 框架梁或连续梁下部纵向钢筋在节点或支座处的锚固长度：应按规范的规定进行计算。其中：梁下部纵向钢筋在中间节点或中间支座范围的锚固与搭接见图 5-21。

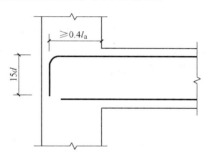

图 5-20　梁上部纵向钢筋在框架中间层节点内的锚固

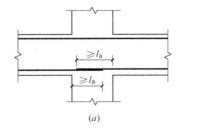

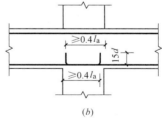

(a)　　　　　　　　　　　(b)

图 5-21　梁下部纵向钢筋在中间节点或中间支座范围的锚固
(a) 节点中的直线锚固；(b) 节点中的弯折锚固

6. 钢筋搭接长度

对于钢筋搭接长度，《混凝土结构工程施工质量及验收规范》GB 50204—2015 作了下列规定：

当纵向受拉钢筋的绑扎搭接接头面积百分率不大于 25% 时，其最小搭接长度应符合表 5-31 规定（纵向受拉钢筋的绑扎搭接接头面积百分率，梁、板、墙类构件，不宜大于

25％；柱类构件不宜大于50％），在任何情况下，受拉钢筋的搭接长度不应小于300mm。

纵向受拉钢筋的最小搭接长度　　　　　表5-31

钢筋类型		混凝土强度等级			
		C15	C20～C25	C30～C35	C40
光圆钢筋	HPB235	45d	35d	30d	25d
	HRB335	55d	45d	35d	30d
带肋钢筋	HRB400、RRB400	—	55d	40d	35d

注：1. 两根直径不同钢筋的搭接长度，以较细钢筋的直径计算。
　　2. 当纵向受拉钢筋搭接接头面积百分率大于25％，但不大于50％时，其最小搭接长度应按表6-25中的数值乘以系数1.2取用；当接头面积百分率大于50％时，应按表5-31中的数值乘以系数1.35取用。
　　3. 当符合下列条件时，纵向受拉钢筋的最小搭接长度应根据表5.31及附注①、②确定后，按下列规定进行修正：当带肋钢筋的直径大于25mm时，其最小搭接长度应按相应数值乘以系数1.1取用；对环氧树脂涂层的带肋钢筋，其最小搭接长度应按相应数值乘以系数1.25取用；当混凝土凝固过程中受力钢筋易受扰动时（如滑模施工），其最小搭接长度应按相应数值乘以系数1.1取用；对末端采用机械锚固措施的带肋钢筋，其最小搭接长度可按相应数值乘以系数0.7取用；当带肋钢筋的混凝土保护层厚度大于搭接钢筋直径的3倍且配有箍筋时，其最小搭接长度可按相应数值乘以系数0.8取用；对有抗震设防要求的结构构件，其受力钢筋的最小搭接长度对一、二级抗震等级应按相应数值乘以系数1.15采用，对三级抗震等级应按相应数值乘以系数1.05采用。

纵向受压钢筋搭接时，其最小搭接长度应根据表5.31及附注的规定确定相应数值后，乘以系数0.7取用。在任何情况下，受压钢筋的搭接长度不应小于200mm。

7. 钢筋质量的计算

钢筋的单位质量见表5-32。

钢筋的截面面积及理论质量表　　　　　表5-32

公称直径 (mm)	截面面积 (mm²)	理论质量 (kg/m)	公称直径 (mm)	截面面积 (mm²)	理论质量 (kg/m)	公称直径 (mm)	截面面积 (mm²)	理论质量 (kg/m)
3	7.07	0.055	9	63.62	0.499	30	706.86	5.549
4	12.57	0.099	10	78.54	0.617	32	804.25	6.313
5	19.63	0.154	12	113.10	0.888	34	907.92	7.127
5.5	23.76	0.187	14	153.94	1.208	36	1017.88	7.990
6	28.27	0.222	16	201.06	1.578	38	1134.11	8.903
6.5	33.18	0.260	18	254.47	1.998	40	1256.64	9.865
7	38.48	0.302	20	314.16	2.466	42	1385.44	10.876
7.5	44.18	0.347	22	380.13	2.984	45	1590.43	12.485
8	50.27	0.395	25	490.87	3.853	48	1809.56	14.205
8.2	52.81	0.415	28	615.75	4.834	50	1963.50	15.413

钢筋工程量计算步骤：

（1）将不同规格的钢筋长度汇总，求出不同规格钢筋的总长度；

（2）将不同规格钢筋的总长度分别乘以相应的单位质量，求出各种规格钢筋的质量。

（3）将不同规格钢筋的质量分别乘以相应的损耗率，求出各种规格钢筋的工程量。其中：现浇构件钢筋的损耗率已包括在定额含量内，不再另行计算；预制构件制钢筋的损耗率为1.5%。

例5.17 某非抗震结构的现浇钢筋混凝土简支梁见图5-22，共10根，环境作用等级为Ⅰ-A，设计使用年限为50年，混凝土为C25；②、③号筋的弯起角度为45°，箍筋弯钩角度为135°。试计算该梁的钢筋工程量，并确定定额项目。

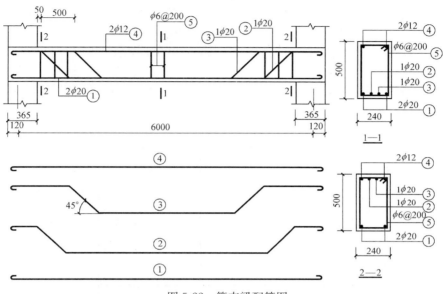

图5-22 简支梁配筋图

解 查表5-26，保护层厚度$c=25$mm

① 号筋 2ϕ20 （受力筋）
$$l=L_g-2c+12.5d=6240-2\times25+12.5\times20=6440\text{mm}$$
$$L=6.440\times2\times10=128.80\text{m}$$
$$l_{as}=365-25=340\text{mm}>15d=300\text{m} \quad（满足锚固要求）$$

②号筋 1ϕ20 （弯起筋）
$$l=6240-2\times25+12.5\times20+2\times0.414\times(500-25\times2)=6813\text{mm}$$
$$L=6.813\times1\times10=68.13\text{m}$$

③号筋 1ϕ20 （弯起筋）
$$L=6.813\times1\times10=68.13\text{m} \quad（长度与②号筋相同）$$

因①、②、③号筋的直径相同，故汇总计算其质量：
$$W=2.466\times(128.80+68.13\times2)=2.466\times265.06=653.64\text{kg}=0.654\text{t}$$

定额项目为：A2-447 现浇构件圆钢筋 直径20mm以内

定额基价为：4676.62元/t

④ 号筋 2ϕ12 （架立筋）
$$l=6240-2\times25+12.5\times12=6340\text{mm}$$
$$L=6.340\times2\times10=126.80\text{m}$$
$$W=0.888\times126.80=112.60\text{kg}=0.113\text{t}$$

定额项目为：A2-443 现浇构件圆钢筋 直径12mm以内

定额基价为：5070.58 元/t

⑤ 号筋 φ6@200　（箍筋）

$$l=2(b+h)+\Delta l=2\times(240+500)-126=1354mm$$

$$n=(6240-365\times2-50\times2)/200+1+2\times2=33根$$

$$L=1.354\times33\times10=446.82m$$

$$W=0.222\times446.82=99.19kg=0.099t$$

定额项目为：A2-440　现浇构件圆钢筋 直径 6.5mm 以内

定额基价为：5789.15 元/t

例 5.18 现浇 C20 混凝土双向平板见图 5-23，墙厚为 240mm，均设置圈梁，板厚为 120mm。试计算该板的钢筋工程量，并确定定额项目。

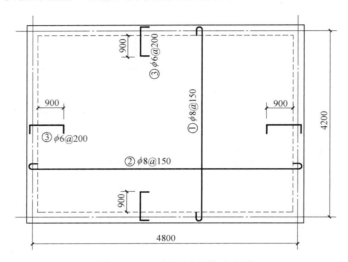

图 5-23　双向平板配筋示意图

解　查表 5-26，保护层厚度取 $c=20mm$。

① 号筋 φ8@150

$$l=4200+240-20\times2+12.5\times8=4500mm$$

$$n=(4800-120\times2-50\times2)/150+1=31根$$

$$L=4500\times31=139500mm=139.50m$$

② 号筋 φ8@150

$$l=4800+240-20\times2+12.5\times8=5100mm$$

$$n=(4200-120\times2-50\times2)/150+1=27根$$

$$L=5100\times27=137700mm=137.70m$$

因①、②号筋均为 φ8，故将其汇总求其质量：

$$W=0.395\times(139.50+137.70)=0.395\times277.20=109.49kg=0.109t$$

定额项目为：A2-441　现浇构件圆钢筋 直径 8mm 以内

定额基价为：5184.40 元/t

③ 号筋 φ6@200

$$l=900-240-20+(120-20-2.29\times6)\times2=1120+86\times2=1292\text{mm}$$

$$n=[(4800-120\times2-50\times2)/200+1+$$
$$(4200-120\times2-50\times2)/200+1]\times2=[24+21]\times2=90\text{根}$$

$$L=1292\times90=116280\text{mm}=116.28\text{m}$$

$$W=0.222\times116.28=25.81\text{kg}=0.026\text{t}$$

定额项目为：A2-440　现浇构件圆钢筋　直径 6.5mm 以内

定额基价为：5789.15 元/t

负弯矩筋下的分布筋计算从略。

例 5.19　根据例 5.14 中所提供的资料，试计算预应力混凝土空心板的钢筋工程量，并确定其定额项目。

解

$$W=5.575\times816+7.247\times220+6.690\times428+8.362\times154=10294.61\text{kg}$$

定额项目为：A2-493　先张法预应力钢筋 φ5 以内

定额基价为：6277.97 元/t

8. 平法钢筋工程量的计算

平法是混凝土结构施工图平面整体表示方法的简称。平法自 1996 年推出以来，历经十多年的不断创新与改进，现已形成国家建筑标准设计图集中的 G101 系列。

建筑结构施工图平面整体表示方法对我国目前混凝土结构施工图的设计表示方法作了重大改革。平法的表达形式，简而言之，就是把结构构件的尺寸和配筋等，按照平面整体表示方法制图规则，整体直接表达在各类构件的结构平面布置图上，再与标准构造图相配合，即构成一套新型完整的结构设计。改变了传统的那种将构件从结构平面布置图中索引出来，再逐个绘制配筋详图的繁琐方法，大大简化了绘图过程，并节省图纸量约 1/3。可以这样说，现在越来越多的结构施工图采用平法表示，如果不懂平法，看不懂平法所表达的意思，则无法顺利完成钢筋工程量的计算。

2011 年 9 月 1 日，中华人民共和国住房和城乡建设部批准由中国建筑标准设计研究所修订和编制的《混凝土结构施工图平面整体表示方法制图规则和构造详图（现浇混凝土框架、剪力墙、梁、板）》11G101-1，《混凝土结构施工图平面整体表示方法制图规则和构造详图（现浇混凝土板式楼梯）》11G101-2，《混凝土结构施工图平面整体表示方法制图规则和构造详图（独立基础、条形基础、筏形基础及桩基承台）》11G101-3 等图集，替代原 03G101-1、04G101-4、03G101-2、04G101-3、08G101-5、06G101-6 等图集，作为新的国家建筑标准设计图集在全国使用。学习平法及其钢筋计算，关键是掌握平法的整体表示方法与标准构造，并与传统的配筋图法建立联系，举一反三，多看多练。平法钢筋计算方法与前面所介绍的非平法有很大的差别，读者需要改变观念。由于受到篇幅的限制，本书仅以框架梁为例进行介绍，建议读者进一步学习平法系列图集。

平法图集中的受拉钢筋抗震锚固长度取值见表 5-33。

框架中间层端节点钢筋排布构造详图见图 5-24。图中所示的是梁纵筋在支座处弯锚且弯折段未重叠时的排布构造。

受拉钢筋抗震锚固长度（l_{aE}）

<table>
<tr><th rowspan="3">钢筋种类与直径</th><th colspan="10">混凝土强度等级与抗震等级</th></tr>
<tr><th colspan="2">C20</th><th colspan="2">C25</th><th colspan="2">C30</th><th colspan="2">C35</th><th colspan="2">≥C40</th></tr>
<tr><th>一、二级</th><th>三级</th><th>一、二级</th><th>三级</th><th>一、二级</th><th>三级</th><th>一、二级</th><th>三级</th><th>一、二级</th><th>三级</th></tr>
<tr><td>HPB235　普通钢筋</td><td>36d</td><td>33d</td><td>31d</td><td>28d</td><td>27d</td><td>25d</td><td>25d</td><td>23d</td><td>23d</td><td>21d</td></tr>
<tr><td>HRB335　普通钢筋　d≤25</td><td>44d</td><td>41d</td><td>38d</td><td>35d</td><td>34d</td><td>31d</td><td>31d</td><td>29d</td><td>29d</td><td>26d</td></tr>
<tr><td>　　　　　　　　　　d>25</td><td>49d</td><td>45d</td><td>42d</td><td>39d</td><td>38d</td><td>34d</td><td>34d</td><td>31d</td><td>32d</td><td>29d</td></tr>
</table>

注：表中 d 为钢筋直径；在任何情况下，锚固长度不得小于 250mm；表中未列内容详见平法图集。

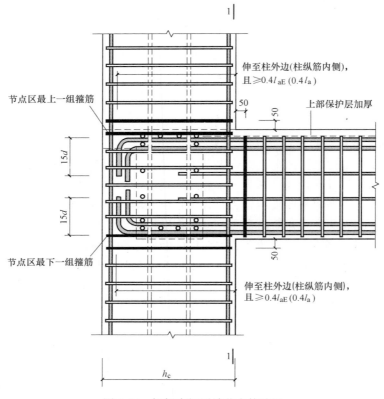

图 5-24　框架中间层端节点构造图

下面举例说明平法的钢筋工程量的计算方法。

例 5.20　某框架结构房屋，抗震等级为三级，其框架梁的配筋见图 5-25。已知梁混凝土的强度等级为 C35，柱的断面尺寸为 700mm×600mm，板厚 120mm，环境作用等级为 I-A，设计使用年限为 50 年，试计算 KL2 的钢筋工程量。

解　图 5-25 所示是梁配筋的平法表示。它的含义是：

Ⓐ轴处的"KL2（1）300×550"表示 KL2 为一跨，截面宽度为 300mm，截面高度为 550mm；"2Φ22"表示梁的上部通长筋为 2 根 Φ22；"7Φ22　2/5"表示梁的下部通长筋为 7 根 Φ22，分两排布置，第一排 2 根、第二排 5 根；"φ10@100/200（2）"表示箍筋直径为 φ10，加密区间距为 100mm，非加密区间距为 200mm，采用两肢箍。

146

左、右支座处的"8Φ22　4/4"，表示支座处的负弯矩筋为 8 根 Φ22，分两排布置，第一排 4Φ22、第二排 4Φ22，去掉上部通长筋 2Φ22，剩下第一排支座负筋为 2Φ22。

以上各位置钢筋的放置情况见图 5-26。

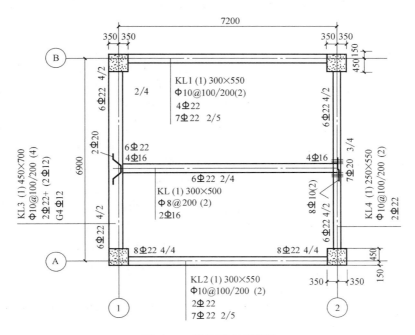

图 5-25　梁的平法配筋图

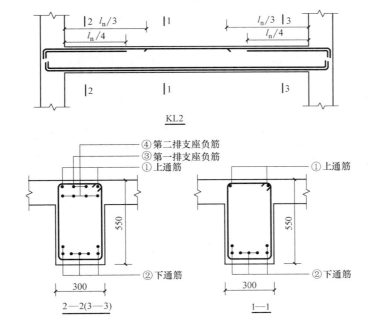

图 5-26　KL₂ 配筋图

（1）上部通长筋 2Φ22

上部通长筋长度＝净跨长度＋左锚固长度＋右锚固长度

上部通长筋在支座处的锚固分为直锚和弯锚两种形式，当直锚长度$\geq l_{aE}$且$\geq 0.5h_c$＋$5d$时，可进行直锚而不需弯锚。其中：h_c为柱截面长边尺寸。一至四级抗震等级纵筋在端支座的直锚构造见图 5-27。

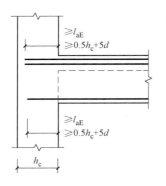

图 5-27　一至四级抗震等级纵筋在端支座的直锚构造

$$l_{aE}＝29d＝29\times22＝638mm$$
$$0.5h_c＋5d＝0.5\times700＋5\times22＝460mm$$
$$l_z＝\max(l_{aE}, 0.5h_c＋5d)＝\max(638, 460)＝638mm$$

KL2 的锚固判断：因为 $l_{aE}＝638mm<700－25＝675mm$，所以可进行直锚。
$$l＝7776mm$$
$$L＝7.776\times2＝15.55m\quad（上部通长筋总长度）$$

（2）下部通长筋 7Φ22

此例的下部通长筋的计算方法与上部通长筋相同。即
$$l＝7776mm$$
$$L＝7.776\times7＝54.43m\quad（下部通长筋总长度）$$

（3）支座负筋 4Φ22

本例中左、右支座负筋的配置相同，分为两排，第一排为 2Φ22，第二排为 4Φ22。

左、右支座处第一排负筋的单根长度
$$l＝l_n/3＋l_{aE}＝7200/3＋638＝2400＋638＝3038mm$$

左、右支座处第二排负筋的单根长度
$$l＝l_n/4＋l_{aE}＝7200/4＋638＝1800＋638＝2438mm$$

支座负筋总长度
$$L＝(3.038\times2＋2.438\times4)\times2＝31.66m$$

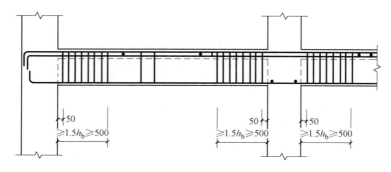

图 5-28　二至四级抗震等级楼层框架梁 KL、WKL 配筋示意图

（4）箍筋 φ10

每根箍筋长度＝梁周长＋调整值
$$l＝2(b＋h)＋\Delta l＝2\times(300＋550)＋24＝1724mm$$

由图 5-28 可知：对于三级抗震等级楼层框架梁，其箍筋加密区长度应大于或等于

148

$1.5h_b$ 且大于或等于 500mm。其中：h_b 为梁截面高度。因 $1.5h_b = 1.5 \times 550 = 825mm>$ 500mm，故其箍筋加密区长度 $=825$mm。

箍筋个数 n：

$$n = \text{ceil}[(825-50)/100] \times 2 + \text{ceil}[(7200-350 \times 2 - 825 \times 2)/200] + 1$$
$$= 8 \times 2 + 25 + 1 = 42 \text{ 根}$$
$$L = 1.724 \times 42 = 74.41\text{m} \quad \text{（箍筋总长度）}$$

（5）侧面构造钢筋

按照构造要求，当梁腹板高 $h_w \geqslant 450$mm 时，在梁的两侧应沿高度配置纵向构造钢筋（见图 5-29），其间距 $a \leqslant 200$mm；当梁宽 $\leqslant 350$mm 时，拉筋直径为 6mm；当梁宽 >350mm 时，拉筋直径为 8mm。拉筋间距为非加密区箍筋间距的两倍，当设有多排拉筋时，上下排拉筋竖向错开设置。

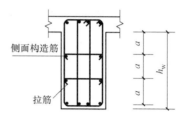

图 5-29 梁侧面纵向构造筋和拉筋

本例中，因梁腹板高为 $h_w = 550 - 120 = 430$mm$<$ 450mm，故 KL$_2$ 可不设置侧面构造钢筋。

（6）钢筋工程量

① ϕ10 钢筋

$$W = 0.617 \times 74.41 = 44.68\text{kg} = 0.045\text{t}$$

定额项目为：A2-442　现浇构件圆钢筋　直径 10mm 以内

定额基价为：4861.43 元/t

② Φ22 钢筋

$$W = 2.984 \times (15.55 + 54.43 + 31.66) = 2.984 \times 101.64 = 303.29\text{kg} = 0.303\text{t}$$

定额项目为：A2-459　现浇构件螺纹钢筋　直径 22mm 以内

定额基价为：4843.12 元/t

5.5　木结构工程

5.5.1　定额说明

1. 本定额是按机械和手工操作综合编制的，不论采取何种操作方法均按定额执行。
2. 本定额木材木种分类见表 5-34。

建筑用木材分类表

表 5-34

类别	木 材 名 称
一类	红松、水桐木、樟子松。
二类	白松(方杉、冷杉)、杉木、杨木、柳木、椴木。
三类	青松、黄花松、秋子木、马尾松、东北榆木、柏木、苦楝木、梓木、黄波萝、椿木、楠木、柚木、樟木。
四类	柞木、檀木、色木、槐木、荔木、麻栗木、桦木、荷木、水曲柳、华北榆木。

3. 本节木枋木种均以一、二类木种为准，如采用三、四类木种时，按相应项目人工和机械乘以系数1.35。

4. 定额中木材以自然干燥条件下含水率为准编制，需人工干燥时，其费用可列入木材价格内。

5. 定额中所注明的木材断面或厚度均以毛料为准。如设计图纸注明的断面或厚度为净料时，应增加刨光损耗（不含梁、柱）。板、枋材一面刨光增加3mm，两面刨光增加5mm；圆木每立方米材积增加0.05m³。

6. 定额板枋材规格分类见表5-35。

板枋材规格分类表 表5-35

项目	按宽厚尺寸比例分类	按板材厚度、枋材宽厚乘积分类			
板材	宽≥3×厚	名称	薄板	中板	厚板	特厚板
		厚度(mm)	≤18	19～35	36～65	≥66
枋材	宽<3×厚	名称	小枋	中枋	大枋	特大枋
		宽×厚(cm²)	≤54	55～100	101～225	≥226

7. 木结构有防火、防虫等要求时，按装饰装修工程消耗量定额中的相关规定计列。

5.5.2 定额工程量计算规则

1. 木屋架的制作安装工作量，按以下规定计算：

(1) 木屋架制作安装均按设计断面竣工木料（毛料）以体积计算，其后备长度及配制损耗均不另行计算。

(2) 方木屋架一面刨光时增加3mm，两面刨光增加5mm，圆木屋架按屋架刨光时木材体积每立方米增加0.05m³计算。附属于屋架的夹板、垫木、钢杆、铁件、螺栓等已并入相应的屋架制作项目中，均不另行计算；与屋架连接的挑檐木、支撑等，其工程量并入屋架竣工木料体积内计算。

(3) 屋架的制作安装应区分不同跨度，其跨度应以屋架上下弦杆的中心线交点之间的长度为准。带气楼的屋架并入所依附屋架的体积内计算。

(4) 屋架的马尾、折角和正交部分半屋架，应并入相连的屋架的体积内计算。

(5) 钢木屋架按竣工木料以体积计算。

2. 圆木屋架连接的挑檐木、支撑等，如为方木时，其方木部分应乘以系数1.70，折合成圆木并入屋架竣工木料内，单独的方木挑檐（适用山墙承重方案），按矩形檩木计算。

3. 屋面木基层的制作安装工程量，按以下规定计算：

(1) 檩木按毛料尺寸以体积计算，简支檩长度按设计规定计算。如设计无规定，按屋架或山墙中距增加200mm计算；如两端出山墙，檩条长度算至博风板；连续檩条的长度按设计长度计算，其接头长度按全部连续檩木总体积的5％计算。檩条托木已计入相应的檩木制作安装项目中，不另计算。

(2) 屋面木基层按屋面的斜面积计算，天窗挑檐重叠部分按设计规定计算，屋面烟囱及斜沟部分所占面积不扣除。

4. 封檐板按图示檐口外围长度计算，博风板按斜长度计算，每个大刀头增加长度500mm。

5.5.3 清单工程量计算规则

木结构工程的清单工程量计算规则见表 5-36～表 5-38 所示。

木屋架　　　　　　　　　　　　　　　　表 5-36

项目编码	项目名称	项目特征	计量单位	工程量计算规则	工作内容
010701001	木屋架	1. 跨度 2. 材料品种、规格 3. 刨光要求 4. 拉杆及夹板种类 5. 防护材料种类	1. 榀 2. m³	1. 以榀计量，按设计图示数量计算 2. 以立方米计量，按设计图示的规格尺寸以体积计算	1. 制作 2. 运输 3. 安装 4. 刷防护材料
010701002	钢木屋架	1. 跨度 2. 木材品种、规格 3. 刨光要求 4. 钢材品种、规格 5. 防护材料种类	榀	以榀计量，按设计图示数量计算	

注：1. 屋架的跨度应以上、下弦中心线两交点之间的距离计算。
　　2. 带气楼的屋架和马尾、折角以及正交部分的半屋架，按相关屋架项目编码列项。
　　3. 以榀计量，按标准图设计的应注明标准图代号，按非标准图设计的项目特征必须按本表要求予以描述。

木构件　　　　　　　　　　　　　　　　表 5-37

项目编码	项目名称	项目特征	计量单位	工程量计算规则	工作内容
010702001	木柱	1. 构件规格尺寸 2. 木材种类 3. 刨光要求 4. 防护材料种类	m³	按设计图示尺寸以体积计算	1. 制作 2. 运输 3. 安装 4. 刷防护材料
010702002	木梁		1. m³ 2. m	1. 以立方米计量，按设计图示尺寸以体积计算 2. 以米计量，按设计图示尺寸以长度计算	
010702003	木檩				
010702004	木楼梯	1. 楼梯形式 2. 木材种类 3. 刨光要求 4. 防护材料种类	m²	按设计图示尺寸以水平投影面积计算。不扣除宽度≤300mm 的楼梯井，伸入墙内部分不计算	1. 制作 2. 运输 3. 安装 4. 刷防护材料
010702005	其他木构件	1. 构件名称 2. 构件规格尺寸 3. 木材种类 4. 刨光要求 5. 防护材料种类	1. m³ 2. m	1. 以立方米计量，按设计图示尺寸以体积计算 2. 以米计量，按设计图示尺寸以长度计算	

注：1. 木楼梯的栏杆（栏板）、扶手，应按"其他装饰工程"中的相关项目编码列项。
　　2. 以米计量，项目特征必须描述构件规格尺寸。

5.5.4 工程量计算方法

木屋架材积计算至关重要的一环是各杆件长度尺寸的确定。但在实际工作中，往往遇到设计图未注明各杆件的长度，而仅标注出屋架的跨度、高度、腹杆形式和断面面积，需要根据几何公式，计算每一根杆件长度，给工程量的计算带来困难。为了简化屋架中腹杆

151

长度的计算工作，可参照屋架杆件长度系数表（见表5-39）中有关数据计算。不同类型屋架杆件编号见图5-30。下面举例说明方木屋架工程量的计算方法。

屋面木基层 表5-38

项目编码	项目名称	项目特征	计量单位	工程量计算规则	工作内容
010703001	屋面木基层	1. 椽子断面尺寸及椽距 2. 望板材料种类、厚度 3. 防护材料种类	m²	按设计图示尺寸以斜面积计算 不扣除房上烟囱、风帽底座、风道、小气窗、斜沟等所占面积。小气窗的出檐部分不增加面积	1. 椽子制作、安装 2. 望板制作、安装 3. 顺水条和挂瓦条制作、安装 4. 刷防护材料

屋架杆件长度系数表 表5-39

杆件编号	屋架夹角 α							
	26°34′				30°			
	屋架类型							
	A	B	C	D	A	B	C	D
1	1.000	1.000	1.000	1.000	1.000	1.000	1.000	1.000
2	0.559	0.559	0.559	0.559	0.557	0.557	0.557	0.557
3	0.250	0.250	0.250	0.250	0.289	0.289	0.289	0.289
4	0.280	0.236	0.225	0.224	0.289	0.254	0.250	0.252
5	0.125	0.167	0.188	0.200	0.144	0.193	0.216	0.231
6		0.186	0.177	0.180		0.193	0.191	0.200
7		0.083	0.125	0.150		0.096	0.145	0.168
8			0.140	0.141			0.143	0.153
9			0.063	0.100			0.078	0.116
10				0.112				0.116
11				0.050				0.058

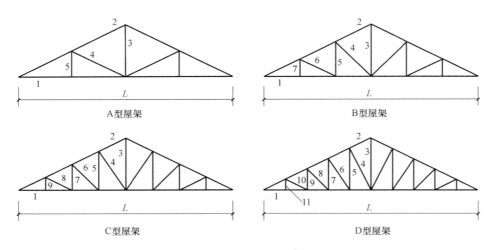

图 5-30　屋架杆件编号图

例 5.21　某不刨光方木屋架见图5-31，计算跨度为 $L=9.00\text{m}$。试计算其制作工程量，并确定定额项目。

152

解 方木屋架工程量以屋架竣工木料体积计算，挑檐木并入屋架之中。

图 5.30 所示屋架为 B 型，其坡度为 1：2，即：$\alpha=26°34'$，各杆件长度系数可由表 6.30 查得。因不刨光，所以不考虑刨光损耗。

$V_1=(9.00+0.40\times2)\times1.000\times0.12\times0.18\times1=0.212m^3$ （下弦杆 1）

$V_2=9.00\times0.559\times0.12\times0.18\times2=0.217m^3$ （上弦杆 2）

$V_3=9.00\times0.236\times0.10^2\times2=0.042m^3$ （斜杆 4）

$V_4=9.00\times0.186\times0.10^2\times2=0.033m^3$ （斜杆 6）

$V_5=0.50\times0.12\times0.15\times1=0.009m^3$ （托木）

$V_6=1.20\times0.12\times0.10\times2=0.029m^3$ （挑檐木）

$V=0.212+0.217+0.042+0.033+0.009+0.029=0.542m^3$

定额项目为：A3-3 方木屋架 跨度 10m 以内

定额基价为：5777.22 元/m^3

说明：方木屋架中的木夹板、钢拉杆等已包括在定额含量中，不另计算。

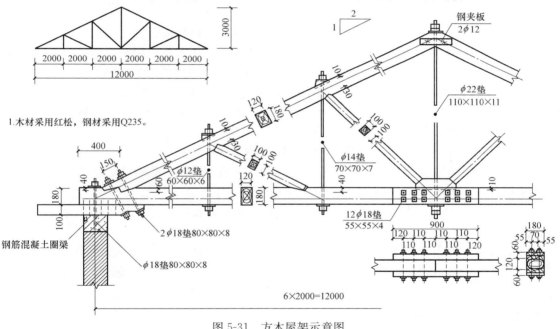

图 5-31 方木屋架示意图

5.6 金属结构工程

5.6.1 定额说明

（一）金属构件成品安装

1. 本节定额仅设置金属构件安装子目，未设置金属构件制作、金属构件运输子目。金属构件安装均按工厂加工的成品列入定额，定额取定的金属构件成品价包含金属构件制作和场外运输费用。金属结构油漆，按安装工程第十二册相应定额子目执行。

2. 本节定额安装是按单机作业编制的。除注明外，均按安装高度在 20m 以内考虑。安装高度在 20m 以上时，应根据专项施工方案另行计算。

3. 构件安装施工机械按履带式起重机、汽车式起重机、塔式起重机分别编制。其中塔式起重机子目中未含塔式起重机的机械台班含量，其台班含量已考虑在垂直运输中。履带式起重机未含机械安拆及进出场费，其费用另行计算。

4. 构件安装定额中不包括起重机和运输机械行驶道路修整、铺垫工作的人工、材料、机械，发生时另行计算。

5. 本节定额中按重量划分的子目，均指深化设计规定的单件构件重量。

6. 钢柱、钢（轻钢）屋架、钢桁架、钢天窗架安装定额中，不包括拼装工序。如需拼装时，按拼装定额项目计算。

7. 钢柱（仅指钢柱第一节）安装在混凝土构件上，其人工、机械乘以系数 1.43。

8. 轻钢屋架是指单榀重量在 1t 以内，且用角钢或钢筋、管材作为支撑拉杆的钢屋架。

9. 钢系杆、钢筋混凝土组合屋架钢拉杆按钢支撑子目套用。

10. 对于加工小型型钢（角钢、槽钢等）构件、铁栏杆等不适用本定额。与混凝土结构相连接的小型零星铁件，套用混凝土及钢筋混凝土工程中的铁件定额项目。

11. 零星钢构件是指定额未列项目且单件重量在 50kg 以内小型构件。

12. 钢结构构件必须在跨外安装时，按相应的构件安装定额的人工、机械台班乘以系数 1.18。用塔式起重机、卷扬机时，不乘此系数。

13. 构件安装定额中，不包括安装后需焊接的无损检测费。

14. 钢构件安装定额中，不包括专门为钢构件安装所搭设的临时性脚手架、安全维护和特殊措施的费用，发生时另按有关规定计算。

15. 钢构件的安装螺栓均为普通螺栓，如使用其他螺栓（如高强螺栓）时，应相应调整。

16. 劲性混凝土钢结构中不含栓钉费用，发生时另行计算。

（二）金属构件拼装台搭拆

金属结构构件现场拼装定额子目中未含现场拼装平台或胎架的搭拆，现场拼装台搭拆套用相关子目，现场拼装胎架费用另行计算。

5.6.2 定额工程量计算规则

（一）金属构件成品安装

1. 金属构件成品安装按设计图示尺寸以质量计算，不扣除孔眼的质量，焊条、铆钉、螺栓等不另增加质量。

2. 依附于钢柱上的牛腿及悬臂梁等并入钢柱工程量内。钢管柱上的节点板、加强环、内衬管、牛腿等并入钢管柱工程量内。

3. 制动梁、制动板、制动桁架、车挡并入钢吊车梁工程量内。

4. 墙架的安装工程量包括墙架柱、墙架梁及连系拉杆重量。

5. 依附钢煤斗的型钢并入煤斗工程量内。

（二）金属构件拼装台搭拆

金属构件拼装台搭拆工程量同金属构件成品安装工程量。

5.6.3 清单工程量计算规则

金属结构工程的清单工程量计算规则见表 5-40～表 5-44 所示。

钢网架 表 5-40

项目编码	项目名称	项目特征	计量单位	工程量计算规则	工作内容
010601001	钢网架	1. 钢材品种、规格 2. 网架节点形式、连接方式 3. 网架跨度、安装高度 4. 探伤要求 5. 防火要求	t	按设计图示尺寸以质量计算。不扣除孔眼的质量，焊条、铆钉等不另增加质量	1. 拼装 2. 安装 3. 探伤 4. 补刷油漆

钢屋架、钢托架、钢桁架、钢架桥 表 5-41

项目编码	项目名称	项目特征	计量单位	工程量计算规则	工作内容
010602001	钢屋架	1. 钢材品种、规格 2. 单榀质量 3. 屋架跨度、安装高度 4. 螺栓种类 5. 探伤要求 6. 防火要求	1. 榀 2. t	1. 以榀计量，按设计图示数量计算 2. 以吨计量，按设计图示尺寸以质量计算。不扣除孔眼的质量，焊条、铆钉、螺栓等不另增加质量	1. 拼装 2. 安装 3. 探伤 4. 补刷油漆
010602002	钢托架	1. 钢材品种、规格 2. 单榀质量 3. 安装高度 4. 螺栓种类 5. 探伤要求 6. 防火要求	t	按设计图示尺寸以质量计算。不扣除孔眼的质量，焊条、铆钉、螺栓等不另增加质量	
010602003	钢桁架		t		
010602004	钢架桥	1. 桥类型 2. 钢材品种、规格 3. 单榀质量 4. 安装高度 5. 螺栓种类 6. 探伤要求	t	按设计图示尺寸以质量计算。不扣除孔眼的质量，焊条、铆钉、螺栓等不另增加质量	1. 拼装 2. 安装 3. 探伤 4. 补刷油漆

注：以榀计量，按标准图设计的应注明标准图代号，按非标准图设计的项目特征必须描述单榀屋架的质量。

钢柱 表 5-42

项目编码	项目名称	项目特征	计量单位	工程量计算规则	工作内容
010603001	实腹钢柱	1. 柱类型 2. 钢材品种、规格 3. 单根柱质量	t	按设计图示尺寸以质量计算。不扣除孔眼的质量，焊条、铆钉、螺栓等不另增加质量，依附在钢柱上的牛腿及悬臂梁等并入钢柱工程量内	1. 拼装 2. 安装 3. 探伤 4. 补刷油漆
010603002	空腹钢柱	4. 螺栓种类 5. 探伤要求 6. 防火要求			

项目编码	项目名称	项目特征	计量单位	工程量计算规则	工作内容
010603003	钢管柱	1. 钢材品种、规格 2. 单根柱质量 3. 螺栓种类 4. 探伤要求 5. 防火要求	t	按设计图示尺寸以质量计算。不扣除孔眼的质量,焊条、铆钉、螺栓等不另增加质量,钢管柱上的节点板、加强环、内衬管、牛腿等并入钢管柱工程量内	1. 拼装 2. 安装 3. 探伤 4. 补刷油漆

注:1. 实腹钢柱类型指十字、T、L、H形等。
2. 空腹钢柱类型指箱型、格构等。
3. 型钢混凝土柱浇筑钢筋混凝土,其混凝土和钢筋应按"混凝土及钢筋混凝土工程"中相关项目编码列项。

钢梁　　　　　　　　　　　　　　　　　　　　　　　　　表 5-43

项目编码	项目名称	项目特征	计量单位	工程量计算规则	工作内容
010604001	钢梁	1. 梁类型 2. 钢材品种、规格 3. 单根质量 4. 螺栓种类 5. 安装高度 6. 探伤要求 7. 防火要求	t	按设计图示尺寸以质量计算。不扣除孔眼的质量,焊条、铆钉、螺栓等不另增加质量,制动梁、制动板、制动桁架、车挡并入钢吊车梁工程量内	1. 拼装 2. 安装 3. 探伤 4. 补刷油漆
010604002	钢吊车梁	1. 钢材品种、规格 2. 单根质量 3. 螺栓种类 4. 安装高度 5. 探伤要求 6. 防火要求			

注:1. 梁类型指 T、L、H 形、箱形、格构式等。
2. 型钢混凝土梁浇筑钢筋混凝土,其混凝土和钢筋应按"混凝土及钢筋混凝土工程"中相关项目编码列项。

钢板楼板、墙板　　　　　　　　　　　　　　　　　　　　表 5-44

项目编码	项目名称	项目特征	计量单位	工程量计算规则	工作内容
010605001	钢板楼板	1. 钢材品种、规格 2. 钢板厚度 3. 螺栓种类 4. 防火要求	m²	按设计图示尺寸以铺设水平投影面积计算。不扣除单个面积≤0.3m²柱、垛及孔洞所占面积	1. 拼装 2. 安装 3. 探伤 4. 补刷油漆
010605002	钢板墙板	1. 钢材品种、规格 2. 钢板厚度、复合板厚度 3. 螺栓种类 4. 复合板夹芯材料种类、层数、型号、规格 5. 防火要求		按设计图示尺寸以铺挂展开面积计算。不扣除单个面积≤0.3m²的梁、孔洞所占面积,包角、包边、窗台泛水等不另加面积	

注:1. 钢板楼板上浇筑钢筋混凝土,其混凝土和钢筋应按"混凝土及钢筋混凝土工程"中相关项目编码列项。
2. 压型钢楼板按本表中钢板楼板项目编码列项。

5.6.4　工程量计算方法

金属结构常用型钢制作而成。角钢、槽型钢和工字钢的理论质量分别见表 5-45～表 5-48。

常用热轧等边角钢规格表

表 5-45

角钢号数	尺寸(mm)			截面面积(cm²)	理论质量(kg/m)	截面形状
	边宽(b)	边厚(d)	内圆弧半径(r)			
5	50	3	5.5	2.971	2.332	
		4	5.5	3.897	3.059	
		5	5.5	4.803	3.770	
		6	5.5	5.688	4.465	
6.3	63	4	7.0	4.978	3.907	
		5	7.0	6.143	4.822	
		6	7.0	7.288	5.721	
		8	7.0	9.515	7.469	
		10	7.0	11.657	9.151	
7	70	4	8.0	5.570	4.372	
		5	8.0	6.875	5.397	
		6	8.0	8.160	6.406	
		7	8.0	9.424	7.398	
		8	8.0	10.667	8.373	
7.5	75	5	9.0	7.367	5.818	
		6	9.0	8.797	6.905	
		7	9.0	10.160	7.976	
		8	9.0	11.503	9.030	
		10	9.0	14.126	11.089	
8	80	5	9.0	7.912	6.211	
		6	9.0	9.397	7.376	
		7	9.0	10.860	8.525	
		8	9.0	12.303	9.658	
		10	9.0	15.126	11.874	
9	90	6	10.0	10.637	8.350	
		7	10.0	12.301	9.656	
		8	10.0	13.944	10.946	
		10	10.0	17.167	13.476	
		12	10.0	20.306	15.940	
10	100	6	12.0	11.932	9.366	
		7	12.0	13.796	10.830	
		8	12.0	15.638	12.276	
		10	12.0	19.261	15.120	
		12	12.0	22.800	17.898	
		14	12.0	26.256	20.611	
		16	12.0	29.627	23.257	
12.5	125	8	14.0	19.750	15.504	
		10	14.0	24.373	19.133	
		12	14.0	28.912	22.696	
		14	14.0	33.367	26.193	
14	140	10	14.0	27.373	21.488	
		12	14.0	32.512	25.522	
		14	14.0	37.567	29.490	
		16	14.0	42.539	33.393	

157

常用热轧不等边角钢规格表

表 5-46

角钢号数	尺寸（mm）				截面面积（cm²）	理论质量（kg/m）	截面形状
	长边宽度（B）	短边宽度（b）	边厚（d）	内圆弧半径（r）			
5/3.2	50	32	3	5.5	2.431	1.908	
			4	5.5	3.177	2.494	
5.6/3.6	56	36	3	6.0	2.743	2.153	
			4	6.0	3.590	2.818	
			5	6.0	4.415	3.466	
9/5.6	90	56	5	9.0	7.212	5.661	
			6	9.0	8.557	6.717	
			7	9.0	9.880	7.756	
			8	9.0	11.183	8.779	
10/8	100	80	6	10.0	10.637	8.350	
			7	10.0	12.301	9.656	
			8	10.0	13.944	10.946	
			10	10.0	17.167	13.476	
14/9	140	90	8	12.0	18.038	14.160	
			10	12.0	22.261	17.475	
			12	12.0	26.400	20.724	
			14	12.0	30.456	23.908	
16/10	160	100	10	13.0	25.315	19.872	
			12	13.0	30.054	23.592	
			14	13.0	34.709	27.247	
			16	13.0	39.281	30.835	

常用热轧槽型钢规格表

表 5-47

型号	尺寸（mm）				截面面积（cm²）	理论质量（kg/m）	截面形状
	高度（h）	腿宽（b）	腰厚（d）	内圆弧半径（r）			
20a	200	73	7.0	11.0	28.83	22.63	
20	200	73	9.0	11.0	32.83	25.77	
22a	220	77	7.0	11.5	31.84	24.99	
22	220	79	9.0	11.5	36.24	28.45	
25a	250	78	7.0	12.0	34.91	27.47	
25b	250	80	9.0	12.0	39.91	31.39	
25c	250	82	11.0	12.0	44.91	35.32	
28a	280	82	7.5	12.5	40.04	31.42	
28b	280	84	9.5	12.5	45.62	35.81	
28c	280	86	11.5	12.5	51.22	40.21	
32a	320	88	8.0	14.0	48.70	38.22	
32b	320	90	10.0	14.0	55.10	43.25	
32c	320	92	12.0	14.0	61.50	48.28	
36a	360	96	9.0	16.0	60.89	47.80	
36b	360	98	11.0	16.0	68.09	53.45	
36c	360	100	13.0	16.0	75.29	50.10	
40a	400	100	10.5	18.0	75.05	58.91	
40b	400	102	12.5	18.0	83.05	65.19	
40c	400	104	14.5	18l.0	91.05	71.47	

型号	尺寸(mm)				截面面积 (cm²)	理论质量 (kg/m)	截面形状
	高度(h)	腿宽(b)	腰厚(d)	内圆弧半径 (r)			
20a	200	100	7.0	9.0	35.50	27.90	
20b	200	102	9.0	9.0	39.50	31.10	
22a	220	110	7.5	9.5	42.00	33.00	
22b	220	112	9.5	9.5	46.40	36.40	
25a	250	116	8.0	10.0	48.50	38.10	
25b	250	118	10.0	10.0	53.50	42.00	
28a	280	122	8.5	10.5	55.45	43.40	
28b	280	124	10.5	10.5	61.05	47.90	
32a	320	130	9.5	11.5	67.05	52.70	
32b	320	132	11.5	11.5	73.45	57.70	
32c	320	134	13.5	11.5	79.95	62.80	
36a	360	136	10.0	12.0	76.30	59.90	
36b	360	138	12.0	12.0	83.50	65.60	
36c	360	140	14.0	12.0	90.70	71.20	
40a	400	142	10.5	12.5	86.10	67.60	
40b	400	144	12.5	12.5	94.10	73.80	
40c	400	146	14.5	12.5	102.00	80.10	

例 5.22 某装饰大棚型钢檩条，尺寸见图 5-32，共 124 根，采用轮胎式起重机吊装。试计算其成品安装工程量，并确定定额项目。

解 型钢檩条由角钢组成。型钢单位质量由型钢表 5-46 查得，其理论质量为 2.494kg/m。

单根重量：

$$W_1 = 2.494 \times 3.9 \times 2 = 19.453\text{kg} = 0.0195\text{t}$$

$$W = 2.494 \times 3.90 \times 2 \times 124 = 2412.20\text{kg} = 2.412\text{t} \quad (\llcorner 50 \times 32 \times 4 角钢)$$

定额项目为：A4—107 钢檩条 每根构件重量 0.3t 以内 汽车吊

定额基价为：7848.22 元/t

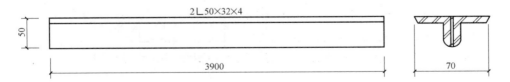

图 5-32 型钢檩条

例 5.23 钢屋架竖向支撑见图 5-33，采用履带式起重机吊装，共 40 个。试计算其成品安装工程量，并确定定额项目。

解　屋架竖向支撑由上弦、下弦、立杆、斜撑和连接板组成。各部分的质量计算见表5-49。

屋架竖向支撑质量计算表　　　　　表 5-49

杆件编号	断面	长度（mm）	数量	单位质量（kg/m）	质量（kg）
1	∟70×5	5060	4	5.397	109.24
2	∟50×5	3955	4	3.770	59.64
3	∟63×5	3200	2	4.822	30.86
4	—215×8	245	2	13.502	6.62
5	—195×8	250	2	12.246	6.12
6	—245×8	360	1	15.385	5.54
7	—250×8	320	1	15.700	5.02
8	—60×8	90	16	3.768	5.43
9	—80×8	80	2	5.024	0.40
合计					228.87

屋架竖向支撑的工程量为：

$$W = 228.87 \times 40 = 915.48 \text{kg} = 0.915 \text{t}$$

定额项目为：A4-82　钢屋架支撑　垂直支撑　履带吊

定额基价为：8136.98 元/t

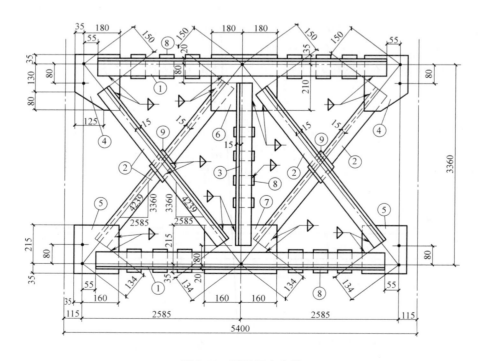

图 5-33　屋架竖向支撑

5.7 屋面及防水工程

5.7.1 定额说明

（一）瓦屋面

黏土瓦、小青瓦、石棉瓦、西班牙瓦、水泥瓦规格与定额不同时，瓦材数量可以调整，其他不变。

（二）屋面（地面、墙面）防水、排水

1. 防水工程适用于楼地面、墙基、墙身、室内厕所、浴室及构筑物、水池等防水，建筑物±0.00以下的防水、防潮工程按墙、地面防水工程相应项目计算。

2. 防水卷材的附加层、接缝、收头、找平层嵌缝、冷底子油等人工、材料均已计入定额内，不另计算。

3. 为便于中南标11ZJ001屋面、地下室防水设计做法与定额项目的表现形式相衔接，有关说明如下：

（1）改性沥青防水卷材（SBS、APP等）定额取定卷材厚度3mm，氯化聚乙烯橡胶共混防水卷材定额取定卷材厚度1.2mm，卷材的层数定额均按一层编制。设计卷材层数为两层时（如两层3mm厚SBS或APP改性沥青防水卷材），主材按相应定额子目乘以系数2.0，人工、辅材乘以系数1.8。

（2）聚氨酯属厚质涂料，能一次结成较厚图层。定额中聚氨酯涂膜区分双组分和单组分，涂膜厚度有2mm和1.5mm。当设计厚度与定额不同时，材料按厚度比例调整，人工不变。

（3）乳化沥青聚酯布（又称氯丁沥青）二布三涂总厚度约1.2mm，乳化沥青聚酯布每增加一涂厚度约0.4mm。

（三）变形缝

变形缝嵌（填）缝、变形缝盖板、止水带如设计断面与定额取定不同时，材料可以调整，人工不变。

（四）变形缝

刚性屋面、屋面砂浆找平层、水泥砂浆或细石混凝土保护层均按装饰装修楼地面工程中相应子目执行。

5.7.2 定额工程量计算规则

（一）瓦屋面

瓦屋面、彩钢板（包括挑檐部分）均按屋面的水平投影面积乘以屋面坡度系数以面积计算。不扣除房上烟囱、风帽底座、风道、屋面小气窗、斜沟及0.3m² 以内孔洞等所占面积，屋面小气窗的出檐部分亦不增加。屋面挑出墙外的尺寸，按设计规定计算，如设计无规定时，彩色水泥瓦按水平尺寸加70mm计算。

（二）彩钢夹心板屋面按实铺面积计算，支架、铝槽、角铝等等均已包含在定额内。

（三）屋面防水

1. 卷材屋面按设计图示尺寸的水平投影面积乘以规定的坡度系数计算。但不扣除房上烟囱、风帽底座、风道、屋面小气窗和斜沟所占的面积，屋面的女儿墙、伸缩缝和天窗等处的弯起部分，按设计图示尺寸并入屋面工程量计算，如图纸无规定时，伸缩缝、女儿墙的弯起部分可按 250mm 计算，天窗弯起部分可按 500mm 计算。坡度示意图见图5-34，坡度系数见表5-50。

坡度系数：即延尺系数，指斜面与水平面的关系系数。延尺系数的计算有两种方法：一是查表法；二是计算法。为了方便快捷计算屋面工程量，可按如下坡度系数表计算。

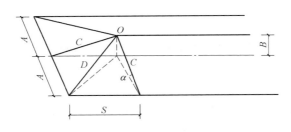

图 5-34　屋面坡度示意图

屋面坡度系数表　　　　　　　　　　　　　　　　　　表 5-50

坡度 $B(A=1)$	坡度 $B/2A$	坡度 角度(α)	延尺系数 C ($A=1$)	隅延尺系数 D ($S=A=1$)
1.000	1/2	45°	1.4142	1.7321
0.750		36°52′	1.2500	1.6008
0.700		35°	1.2207	1.5779
0.666	1/3	33°40′	1.2015	1.5620
0.650		33°01′	1.1926	1.5635
0.557		30°	1.1547	1.5270
0.550		28°49′	1.1413	1.5174
0.500	1/4	26°34′	1.1180	1.5000
0.450		24°14′	1.0966	1.4839
0.400	1/5	21°48′	1.0770	1.4697
0.350		19°17′	1.0594	1.4569
0.300		16°42′	1.0440	1.4457
0.250		14°02′	1.0308	1.4362
0.200	1/10	11°19′	1.0198	1.4283
0.150		8°32′	1.0112	1.4221
0.100	1/20	5°42′	1.0050	1.4177
0.083		4°45′	1.0035	1.4166
0.066	1/30	3°49′	1.0022	1.4157

注：1. 两坡水、四坡水屋面面积均为其水平投影面积乘以延尺系数 C。

2. 四坡排水屋面斜脊长度 $=A\times D$（当 $S=A$ 时）。

3. 沿山墙泛水长度 $=A\times C$。

2. 涂膜屋面的工程量计算规则同卷材屋面。

（四）地面、墙面防水（潮）

1. 建筑物地面防水、防潮层，按主墙间净空面积计算，扣除凸出地面构筑物、设备基础等所占的面积，不扣除柱、垛、间壁墙、烟囱及 0.3m² 以内孔洞所占面积。与墙面连接处高度在 500mm 以内者按展开面积计算，并入平面工程量内；超过 500mm 时，按立面防水层计算。

2. 建筑物墙基防水、防潮层，外墙长度按中心线，内墙按净长，分别乘以宽度以面积计算。

3. 构筑物防水层及建筑物地下室防水层，按实铺面积计算，但不扣除 0.3m² 以内的孔洞面积。平面与立面交接处的防水层，其上卷高度超过 500mm 时，按立面防水层计算。

（五）屋面排水

1. 铸铁、玻璃钢落水管区别不同直径按图示尺寸以延长米计算，雨水口、水斗、弯头、短管以个计算。

2. 彩板屋脊、天沟、泛水、包角、山头按设计长度以延长米计算，堵头已包括在定额内。

3. 阳台 PVC 落水管按组计算。

4. PVC 阳台落水管以组计算。

（六）变形缝

1. 变形缝嵌（填）缝、变形缝盖板、止水带均按延长米计算。

2. 屋面检修孔以块计算。

5.7.3 清单工程量计算规则

屋面及防水工程的清单工程量计算规则见表 5-51～表 5-54 所示。

瓦、型材及其他屋面 　　　　　　　　　　　　　　表 5-51

项目编码	项目名称	项目特征	计量单位	工程量计算规则	工作内容
010901001	瓦屋面	1. 瓦品种、规格 2. 粘贴层砂浆的配合比	m²	按设计图示尺寸以斜面积计算 不扣除房上烟囱、风帽底座、风道、小气窗、斜沟等所占面积。小气窗的出檐部分不增加面积	1. 砂浆制作、运输、摊铺、养护 2. 安挂、作瓦脊
010901002	型材屋面	1. 型材品种、规格 2. 金属檩条材料品种、规格 3. 接缝、嵌缝材料种类			1. 檩条制作、运输、安装 2. 屋面型材安装 3. 接缝、嵌缝
010901003	阳光板屋面	1. 阳光板品种、规格 2. 骨架材料品种、规格 3. 接缝、嵌缝材料种类 4. 油漆品种、刷漆遍数	m²	按设计图示尺寸以斜面积计算 不扣除屋面面积≤0.3m²孔洞所占面积	1. 骨架制作、运输、安装、刷防护材料、油漆 2. 阳光板安装 3. 接缝、嵌缝
010901004	玻璃钢屋面	1. 玻璃钢品种、规格 2. 骨架材料品种、规格 3. 玻璃钢固定方式 4. 接缝、嵌缝材料种类 5. 油漆品种、刷漆遍数	m²	按设计图示尺寸以斜面积计算 不扣除屋面面积≤0.3m²孔洞所占面积	1. 骨架制作、运输、安装、刷防护材料、油漆 2. 玻璃钢制作、安装 3. 接缝、嵌缝

项目编码	项目名称	项目特征	计量单位	工程量计算规则	工作内容
010901005	膜结构屋面	1. 膜布品种、规格 2. 支柱（网架）钢材品种、规格 3. 钢丝绳品种、规格 4. 锚固基座做法 5. 油漆品种、刷漆遍数	m²	按设计图示尺寸以需要覆盖的水平投影面积计算	1. 膜布热压胶接 2. 支柱（网架）制作、安装 3. 膜布安装 4. 穿钢丝绳、锚头锚固 5. 锚固基座、挖土、回填 6. 刷防护材料、油漆

注：1. 瓦屋面若是在木基层上铺瓦，项目特征不必描述粘结层砂浆的配合比，瓦屋面铺防水层，按屋面防水及其他中相关项目编码列项。

2. 型材屋面、阳光板屋面、玻璃钢屋面的柱、梁、屋架，按"金属结构工程"、"木结构工程"中相关项目编码列项。

屋面防水及其他 表 5-52

项目编码	项目名称	项目特征	计量单位	工程量计算规则	工作内容
010902001	屋面卷材防水	1. 卷次品种、规格、厚度 2. 防水层数 3. 防水层做法	m²	按设计图示尺寸以面积计算 1. 斜屋顶（不包括平屋顶找坡）按斜面积计算，平屋顶按水平投影面积计算 2. 不扣除房上烟囱、风帽底座、风道、屋面小气窗和斜沟所占面积 3. 屋面的女儿墙、伸缩缝和天窗等处的弯起部分，并入屋面工程量内	1. 基层处理 2. 刷底油 3. 铺油毡卷材、接缝
010902002	屋面涂膜防水	1. 防水膜品种 2. 涂膜厚度、遍数 3. 增强材料种类			1. 基层处理 2. 刷基层处理剂 3. 铺布、喷涂防水层
010902003	屋面刚性层	1. 刚性层厚度 2. 混凝土种类 3. 混凝土强度等级 4. 嵌缝材料种类 5. 钢筋型号、规格		按设计图示尺寸以面积计算。不扣除房上烟囱、风帽底座、风道等所占面积	1. 基层处理 2. 混凝土制作、运输、铺筑、养护 3. 钢筋制安
010902004	屋面排水管	1. 排水管品种、规格 2. 雨水斗、山墙出水口品种、规格 3. 接缝、嵌缝材料种类 4. 油漆品种、刷漆遍数	m	按设计图示尺寸以长度计算。如设计未标注尺寸，以檐口至设计室外散水上表面垂直距离计算	1. 排水管及配件安装、固定 2. 雨水斗、山墙出水口、雨水篦子安装 3. 接缝、嵌缝 4. 刷漆
010902005	屋面排（透）气管	1. 排（透）气管品种、规格 2. 接缝、嵌缝材料种类 3. 油漆品种、刷漆遍数	m	按设计图示尺寸以长度计算	1. 排（透）气管及配件安装、固定 2. 铁件制作、安装 3. 接缝、嵌缝 4. 刷漆

项目编码	项目名称	项目特征	计量单位	工程量计算规则	工作内容
010902006	屋面(廊、阳台)泄(吐)水管	1. 吐水管品种、规格 2. 接缝、嵌缝材料种类 3. 吐水管长度 4. 油漆品种、刷漆遍数	根(个)	按设计图示数量计算	1. 水管及配件安装、固定 2. 接缝、嵌缝 3. 刷漆
010902007	屋面天沟、檐沟	1. 材料品种、规格 2. 接缝、嵌缝材料种类	m²	按设计图示尺寸以展开面积计算	1. 天沟材料铺设 2. 天沟配件安装 3. 接缝、嵌缝 4. 刷防护材料
010902008	屋面变形缝	1. 嵌缝材料种类 2. 止水带材料种类 3. 盖缝材料 4. 防护材料种类	m	按设计图示以长度计算	1. 清缝 2. 填塞防水材料 3. 止水带安装 4. 盖缝制作、安装 5. 刷防护材料

注：1. 屋面刚性层无钢筋，其钢筋项目特征不必描述。
 2. 屋面找平层按楼地面装饰工程"平面砂浆找平层"项目编码列项。
 3. 屋面防水搭接及附加层用量不另计算，在综合单价中考虑。
 4. 屋面保温找坡层按保温、隔热、防腐工程"保温隔热屋面"项目编码列项。

墙面防水、防潮　　　　　　　　　　　　　　表 5-53

项目编码	项目名称	项目特征	计量单位	工程量计算规则	工作内容
010903001	墙面卷材防水	1. 卷材品种、规格、厚度 2. 防水层数 3. 防水层做法	m²	按设计图示尺寸以面积计算	1. 基层处理 2. 刷粘结剂 3. 铺防水卷材 4. 接缝、嵌缝
010903002	墙面涂膜防水	1. 防水膜品种 2. 涂膜厚度、遍数 3. 增强材料种类			1. 基层处理 2. 刷基层处理剂 3. 铺布、喷涂防水层
010903003	墙面砂浆防水(防潮)	1. 防水层做法 2. 砂浆厚度、配合比 3. 钢丝网规格			1. 基层处理 2. 挂钢丝网片 3. 设置分隔缝 4. 砂浆制作、运输、摊铺、养护
010903004	墙面变形缝	1. 嵌缝材料种类 2. 止水带材料种类 3. 盖缝材料 4. 防护材料种类	m	按设计图示以长度计算	1. 清缝 2. 填塞防水材料 3. 止水带安装 4. 盖缝制作、安装 5. 刷防护材料

注：1. 墙面防水搭接及附加层用量不另计算，在综合单价中考虑。
 2. 墙面变形缝，若做双面，工程量乘系数 2。
 3. 墙面找平层按墙、柱面装饰与隔断、幕墙工程"立面砂浆找平层"项目编码列项。

5.7.4　工程量计算方法

(一)瓦屋面

例5.24　黏土瓦四坡屋面($\alpha=30°$)见图 5-35。试计算工程量，并确定其定额项目。

项目编码	项目名称	项目特征	计量单位	工程量计算规则	工作内容
010904001	楼(地)面卷材防水	1. 卷材品种、规格、厚度 2. 防水层数 3. 防水层做法 4. 反边高度	m²	按设计图示尺寸以面积计算 1. 楼(地)面防水：按主墙间净空面积计算，扣除凸出地面的构筑物、设备基础等所占面积，不扣除间壁墙及单个面积≤0.3m² 柱、垛、烟囱和孔洞所占面积 2. 楼(地)面防水反边高度≤300mm 算作地面防水，反边高度＞300mm 按墙面防水计算	1. 基层处理 2. 刷粘结剂 3. 铺防水卷材 4. 接缝、嵌缝
010904002	楼(地)面涂膜防水	1. 防水膜品种 2. 涂膜厚度、遍数 3. 增强材料种类 4. 反边高度			1. 基层处理 2. 刷基层处理剂 3. 铺布、喷涂防水层
010904003	楼(地)面砂浆防水(防潮)	1. 防水层做法 2. 砂浆厚度、配合比 3. 反边高度			1. 基层处理 2. 砂浆制作、运输、摊铺、养护
010904004	楼(地)面变形缝	1. 嵌缝材料种类 2. 止水带材料种类 3. 盖缝材料 4. 防护材料种类	m	按设计图示以长度计算	1. 清缝 2. 填塞防水材料 3. 止水带安装 4. 盖缝制作、安装 5. 刷防护材料

注：1. 楼（地）面防水找平层按楼地面装饰工程"平面砂浆找平层"项目编码列项。

2. 楼（地）面防水搭接及附加层用量不另计算，在综合单价中考虑。

解　瓦屋面（包括挑檐部分）按屋面的水平投影面积乘以屋面坡度系数以面积计算。查表 5-50，延尺系数 $C=1.1547$。

$$S=(18.24+0.50\times2)\times(8.24+0.50\times2)\times1.1547=205.28\text{m}^2$$

定额项目为：A5-1　黏土瓦铺设　屋面板上或椽子挂瓦条上

定额基价为：1808.81 元/100m²

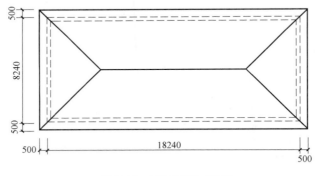

图 5-35　四坡屋面示意图

例 5.25　某小高层住宅，楼顶别墅屋顶外檐尺寸见图 5-36，屋面板上铺西班牙瓦。试计算工程量，并确定定额项目。

解

（1）屋面工程量

屋面工程量按屋面的水平投影面积乘以延尺系数 $C=1.1180$（见表 6.37）计算。

$$S=10.38\times6.48\times1.1180=75.20\text{m}^2$$

166

定额项目为：A5-13　西班牙瓦　瓦屋面

定额基价为：9666.92 元/100m²

（2）屋脊工程量

正脊按其长度计算；斜脊按其水平投影长度乘以隅延尺系数 $D=1.5000$（见表 6.37）计算。

$$S=10.38-6.48+6.48\times1.5000\times2=23.34m^2$$

定额项目为：A6-30　西班牙瓦屋面　屋脊

定额基价为：5907.45 元/100m

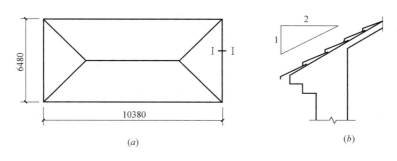

图 5-36　四坡屋顶示意图

（a）屋顶平面图；（b）1-1 剖面图

（二）卷材防水层

卷材屋面防水层的工程量按屋面水平投影面积以 m² 计算，宽与长应算至檐口或檐沟边。不扣除上人孔、房上烟囱、通风道等所占的面积，以上弯起部分的面积亦不增加。但因女儿墙、山墙、天沟、檐沟及天窗而引起的弯起部分及弯起部分的附加层与增宽搭接层，可按图示尺寸并入屋面工程量中计算。

例 5.26　保温平屋面尺寸见图 5-37，做法如下：空心板上 1：3 水泥砂浆找平层 20 厚，沥青隔气层一遍，1：12 现浇水泥珍珠岩最薄处 60 厚，1：3 水泥砂浆找平层 20 厚，三元乙丙橡胶卷材屋面（冷贴满铺）防水。试计算卷材屋面工程量并确定定额项目。

解

$$S=(48.00+0.24+0.60\times2)\times(15.00+0.24+0.60\times2)=870.19m^2$$

定额项目为：A5-42　三元乙丙橡胶卷材屋面　冷贴满铺

定额基价为：6042.08 元/100m²

说明：其他项目另按相应定额项目计算。

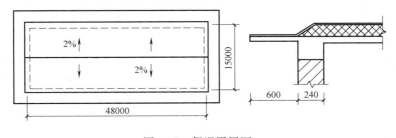

图 5-37　保温平屋面

（三）屋面排水

屋面排水工程量，可根据单体零件的个数和长度计算。对于铁皮排水，还应折算成展开面积以 m^2 计算。

例 5.27 某屋面为女儿墙檐口，设计有铸铁雨水口 4 个，铸铁水斗 4 个，配套的铸铁落水管直径 100mm，每根长度 15.60m。试计算其工程量，并确定定额项目。

解 落水管工程量按长度计算，水斗及雨水口工程量按个计算。

（1）落水管工程量

$$L=15.60\times4=62.40m$$

定额项目为：A5-62 铸铁落水管 直径 100mm

定额基价为：671.91 元/10m

（2）水斗工程量

$$N=4个$$

定额项目为：A5-66 铸铁水斗（接水口）直径 100mm

定额基价为：571.45 元/10 个

（3）雨水口工程量

$$N=4个$$

定额项目为：A5-68 弯管式铸铁雨水口 含箅子板

定额基价为：1050.23 元/10 个

（四）基础防潮层

常见的防潮层做法有三种：①油毡；②防水砂浆；③细石混凝土配筋 3Φ6。

例 5.28 根据例 4.6 中提供的相关资料，计算其防潮层的工程量，并确定定额项目。防潮层为 20mm 厚 1：2 水泥砂浆加 5％防水粉。

解 防潮层工程量按面积计算。

$$L=(7.20+4.80)\times2+(4.80-0.24)\times1=28.56m$$

$$S=28.56\times0.24=6.85m^2$$

定额项目为：A5-138 防水砂浆 平面

定额基价为：1606.91 元/100m^2

5.8 保温、隔热、防腐工程

5.8.1 定额说明

（一）保温隔热

1. 本定额适用于中温、低温及恒温的工业厂（库）房隔热工程，以及一般保温工程。

2. 本定额只包括保温隔热材料的铺贴，不包括隔气防潮、保护层或衬墙等。

3. 隔热层铺贴，除松散稻壳、玻璃棉、矿渣棉为散装外，其他保温材料均以石油沥青（30#）作胶结材料。

4. 玻璃棉、矿渣棉包装材料和人工均已包括在定额内。

5. 墙体铺贴块体材料，包括基层涂沥青一遍。

6. 保温屋排气管按ϕ50UPVC管及综合管件编制，排气孔ϕ50UPVC管按180°单出口考虑（2个90°弯头组成），双出口时应增加三通1个；ϕ50钢管、不锈钢管按180°撅弯考虑，当采用管件拼接时，另增加弯头2个，管件用量乘以系数0.70。管材、管件的规格、材质不同时，单价换算，其余不变。

7. 外墙保温均包括界面剂、保温层、抗裂砂浆三部分，如设计与定额不同时，材料含量可以调整、人工不变。

8. 外墙外保温定额均考虑一层耐碱玻璃纤维网格布或热镀锌钢丝网，设计为双层时，另套用每增一层网格布或钢丝网定额子目。

9. 墙、柱面保温系统中，耐碱玻璃纤维网格布、热镀锌钢丝网安装塑料膨胀锚栓固定件的数量，定额按楼层综合取定，实际数量不同时不再调整。

10. 各类保温隔热涂料，如实际与定额取定厚度不同时，材料含量可以调整，人工不变。

（二）耐酸防腐

1. 整体面层、隔离层适用于平面、立面的防腐耐酸工程，包括沟、坑、槽。

2. 块料面层以平面砌为准，砌立面者按平面砌相应项目，人工乘以系数1.38，贴踢脚板人工乘以系数1.56，其他不变。

3. 各种砂浆、胶泥、混凝土材料的种类，配合比及各种整体面层的厚度，如设计与定额不同时，可以换算，但各种块料面层的结合层砂浆或胶泥厚度不变。

4. 本节中的各种面层，除软聚氯乙烯塑料地面外，均不包括踢脚板。

5. 花岗岩板以六面剁斧的板材为准。如底面为毛面者，水玻璃砂浆增加0.38m³，沥青砂浆增加0.44m³。

5.8.2 定额工程量计算规则

（一）绝热工程量

1. 保温隔热层应区分不同保温隔热材料，除另有规定者外，均按设计实铺厚度以体积计算。

2. 保温隔热层的厚度按隔热材料（不包括胶结材料）净厚度计算。

3. 屋面、地面隔热层按围护结构墙体间净面积乘以设计厚度以体积计算，不扣除柱、垛所占的体积。

4. 天棚混凝土板下铺贴保温材料时，按设计实铺厚度以体积计算。天棚板面上铺放保温材料时，按设计实铺面积计算。

5. 墙体隔热层，内墙按隔热层净长乘以图示尺寸的高度及厚度以立方米计算，应扣除冷藏门洞口和管道穿墙洞口所占的体积。外墙外保温按实际展开面积计算。

6. 柱包隔热层，按图示柱的隔热层中心线的展开长度乘以图示尺寸高度及厚度以体积计算。

7. 其他保温隔热

（1）池槽隔热层按图示池槽保温隔热层的长、宽及其厚度以体积计算。其中池壁按墙面计算，池底按地面计算。

（2）门洞口侧壁周围的隔热部分，按图示隔热层尺寸以体积计算，并入墙面的保温隔热工程量内。

（3）柱帽保温隔热层，按图示保温隔热层体积并入天棚保温隔热层工程量内。

（4）烟囱内壁表面隔热层，按筒身内壁面积计算，应扣除各种孔洞所占的面积。

（5）保温层排气管按图示尺寸以延长米计算，不扣除管件所占长度。保温层排气孔按不同材料以个计算。

（二）防腐工程量

1．防腐工程项目应区分不同防腐材料种类及其厚度，按设计实铺面积计算。应扣除凸出地面的构筑物、设备基础等所占的面积，砖垛等突出墙面部分按展开面积计算并入墙面防腐工程量之内。

2．踢脚板按实铺长度乘以高度以面积计算，应扣除门洞所占面积，并相应增加侧壁展开面积。

3．平面砌筑双层耐酸块料时，按单层面积乘以系数 2.00 计算。

4．防腐卷材接缝、附加层、收头等人工、材料，已计入定额中，不再另行计算。

5．硫磺砂浆二次灌缝按实体体积计算。

5.8.3 清单工程量计算规则

保温、隔热、防腐工程的清单工程量计算规则见表 5-55 所示。

保温、隔热   表 5-55

项目编码	项目名称	项目特征	计量单位	工程量计算规则	工作内容
011001001	保温隔热屋面	1. 保温隔热材料品种、规格、厚度 2. 隔气层材料品种、厚度 3. 粘结材料种类、做法 4. 防护材料种类、做法	m²	按设计图示尺寸以面积计算。扣除面积＞0.3m²孔洞及占位面积	1. 基层清理 2. 刷粘结材料 3. 铺贴保温层 4. 铺、刷（喷）防护材料
011001002	保温隔热天棚	1. 保温隔热面层材料品种、规格、性能 2. 保温隔热材料品种、规格、厚度 3. 粘结材料种类、做法 4. 防护材料种类、做法		按设计图示尺寸以面积计算。扣除面积＞0.3m²柱、垛、孔洞所占面积，与天棚相连的梁按展开面积，计算并入天棚工程量内	
011001003	保温隔热墙面	1. 保温隔热部位 2. 保温隔热方式 3. 踢脚线、勒脚线保温做法 4. 龙骨材料品种、规格 5. 保温隔热面层材料品种、规格、性能 6. 保温隔热材料品种、规格、厚度 7. 增强网及抗裂防水砂浆种类 8. 粘结材料种类、做法 9. 防护材料种类、做法		按设计图示尺寸以面积计算。扣除门窗洞口以及面积＞0.3m²梁、孔洞所占面积；门窗洞口侧壁以及与墙相连的柱，并入保温墙体工程量内	1. 基层清理 2. 刷界面剂 3. 安装龙骨 4. 填贴保温材料 5. 保温板安装 6. 粘贴面层 7. 铺设增强格网，抹抗裂防水砂浆面层 8. 嵌缝 9. 铺、刷（喷）防护材料
011001004	保温隔热柱、梁			按设计图示尺寸以面积计算 1. 柱按设计图示柱断面保温层中心线展开长度乘保温层高度以面积计算，扣除面积＞0.3m²梁所占面积 2. 梁按设计图示梁断面保温层中心线展开长度乘保温层长度以面积计算	

项目编码	项目名称	项目特征	计量单位	工程量计算规则	工作内容
011001005	保温隔热楼地面	1. 保温隔热部位 2. 保温隔热材料品种、规格、厚度 3. 隔气层材料品种、厚度 4. 粘结材料种类、做法 5. 防护材料种类、做法	m²	按设计图示尺寸以面积计算。扣除面积＞0.3m²柱、垛、孔洞等所占面积。门洞、空圈、暖气包槽、壁龛的开口部分不增加面积	1. 基层清理 2. 刷粘结材料 3. 铺贴保温层 4. 铺、刷(喷)防护材料
011001006	其他保温隔热	1. 保温隔热部位 2. 保温隔热方式 3. 隔气层材料品种、厚度 4. 保温隔热面层材料品种、规格、性能 5. 保温隔热材料品种、规格、厚度 6. 粘结材料种类、做法 7. 增强网及抗裂防水砂浆种类 8. 防护材料种类、做法		按设计图示尺寸以展开面积计算。扣除面积＞0.3m²孔洞及占位面积	1. 基层清理 2. 刷界面剂 3. 安装龙骨 4. 填贴保温材料 5. 保温板安装 6. 粘贴面层 7. 铺设增强格网、抹抗裂防水砂浆面层 8. 嵌缝 9. 铺、刷(喷)防护材料

注: 1. 柱帽保温隔热应并入天棚保温隔热工程量内。

2. 保温隔热方式: 指内保温、外保温、夹心保温。

3. 保温柱、梁适用于不与墙、天棚相连的独立柱、梁。

5.8.4 工程量计算方法

计算屋面保温层工程量前，应先确定保温层的平均厚度（如果设计图上已注明保温层平均厚度，则不再另行计算）。屋面保温找坡层的坡度设计为3%，则找坡层（见图5-38）平均厚度按下式确定：

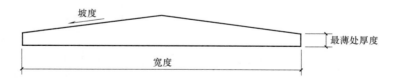

图 5-38 屋面找坡层平均厚度

屋面找坡层平均厚度＝最薄处厚度＋找坡层宽度×坡度/4

例 5.29 根据例5.26中所提供的资料，试计算其保温层工程量，并确定定额项目。

解

屋面保温层平均厚度：

$$t=60+15240×2\%/4=136mm$$

保温层工程量：

$$V=0.136×(48.00+0.24)×(15.00+0.24)=0.136×735.18=99.98m^3$$

定额项目为：A6-6 屋面保温 现浇水泥珍珠岩

定额基价为：5258.47 元/10m³

说明：其他项目另按相应定额项目计算。

例 5.30 某冷藏仓库见图 5-39，墙体厚度均为 240mm。室内（包括柱）均用石油沥青粘贴 100mm 厚的聚苯乙烯泡沫塑料板，先铺顶棚、地面，后铺墙、柱面。保温门洞口尺寸为 900mm×2100mm，保温门居内安装，洞口周围不需另铺保温材料。试计算工程量，并确定定额项目。

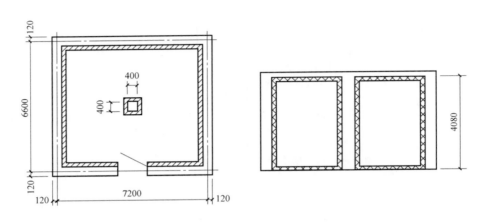

图 5-39 冷藏室示意图

解 保温隔热层均按设计实铺厚度以体积计算。

（1）地面隔热层工程量

$$V=(7.20-0.24)\times(6.60-0.24)\times0.10=4.43m^3$$

定额项目为：A6-92 楼地面隔热 聚苯乙烯泡沫塑料板

定额基价为：17182.40 元/10m³

（2）墙柱面工程量

$$V_1=[(7.20-0.24-0.10+6.60-0.24-0.10)\times2\times(4.08-0.10\times2)$$
$$-0.90\times2.10]\times0.10$$
$$=[26.24\times3.88-1.89]\times0.10=99.92\times0.10=9.99m^3$$
$$V_2=(0.40+0.10)\times4\times(4.08-0.10\times2)\times0.10=2.00\times3.88\times0.10=0.78m^3$$
$$V=V_1+V_2=9.99+0.78=10.77m^3$$

定额项目为：A6-50 墙体保温 聚苯乙烯泡沫板 附墙铺贴

定额基价为：16067.77 元/10m³

（3）顶棚保温工程量

$$V=(7.20-0.24)\times(6.60-0.24)\times0.10=4.43m^3$$

定额项目为：A6-29 顶棚保温（带木龙骨）混凝土板下铺贴 聚苯乙烯塑料板

定额基价为：18222.82 元/10m³

例 5.31 某仓库防腐地面、踢脚板抹钢屑砂浆，厚度 20mm，见图 5-40。M-1 洞口宽度为 900mm，居内安装，洞口部分铺设其他材料。试计算工程量，并确定定额项目。

解 防腐工程按设计实铺面积以 m² 计算。

（1）地面工程量

$$S=(9.00-0.24)\times(4.80-0.24)-0.24\times0.125\times4=39.83m^2$$

定额项目为：A6-118　钢屑砂浆　厚度 20mm

定额基价为：6318.20 元/100m²

（2）踢脚板工程量

$$S=[(9.00-0.24+0.24\times4+4.80-0.24)\times2-0.90]\times0.20$$
$$=26.74\times0.20=5.35m^2$$

定额项目为：A6-118　钢屑砂浆　厚度 20mm

定额基价为：6318.20 元/100m²

说明：定额未设置钢屑砂浆踢脚板项目，故套用地面项目。亦可编制钢屑砂浆踢脚板的补充定额。

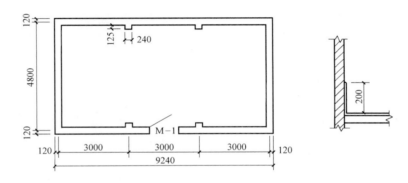

图 5-40　某仓库地面示意图

思考题

1. 怎样计算打预制混凝土桩的工程量？

2. 怎样计算灌注桩工程量？

3. 计算砖墙应扣除哪些体积？

4. 计算砖墙哪些体积可以不扣除？

5. 如何计算女儿墙工程量？

6. 砖基础与墙身如何划分？

7. 如何确定砖基础长？

8. 如何确定基础垫层长？它与砖基础同长吗？为什么？

9. 如何计算基础放脚部分的体积？

10. 如何确定内墙墙身高度？

11. 如何计算砖砌化粪池工程量？

12. 如何计算砌体内钢筋加固工程量？

13. 钢筋的混凝土保护层厚度如何确定？

14. 有弯钩钢筋的弯钩增加长度如何计算？

15. 如何计算弯起钢筋的增加长度？

16. 怎样计算箍筋弯钩的增加长度？

17. 如何确定纵向受拉钢筋的搭接长度？

18. 如何确定钢筋的锚固长度？

19. 怎样计算预埋铁件工程量？

20. 怎样计算混凝土带形基础工程量？

21. 怎样计算混凝土满堂基础工程量？

22. 怎样计算混凝土独立基础工程量？

23. 怎样计算混凝土杯形基础工程量？

24. 怎样计算框架柱、构造柱、框架梁工程量？

25. 怎样计算有梁板工程量？

26. 怎样计算现浇雨篷工程量？

27. 怎样计算预应力空心板工程量？

28. 怎样计算预制天沟工程量？

29. 怎样计算预制工字形柱工程量？

30. 如何计算木屋架工程量？

31. 如何计算檩木工程量？

32. 如何计算封檐板工程量？

33. 如何计算木楼梯工程量？

34. 屋面坡度系数是如何确定的？

35. 怎样利用坡度系数 C 计算屋面工程量？

36. 怎样计算卷材屋面工程量？

37. 怎样确定屋面找坡层的平均厚度？

38. 怎样计算变形缝工程量？

39. 怎样计算保温隔热层工程量？

40. 叙述金属构件制作工程量计算的一般规则。

41. 如何计算钢柱工程量？

42. 如何计算钢栏杆工程量？

43. 如何计算钢支撑工程量？

44. 如何计算预制构件制作、运输、安装工程量？

45. 夯扩成孔灌注混凝土桩见图 5-41。已知共 24 根，设计桩长为 9m，直径为 500mm。试计算其工程量，并确定其定额项目。

46. 某工程为人工挖孔混凝土灌注桩，见图 5-42。已知桩身直径为 2000mm，护壁厚 200mm，C25 混凝土，桩芯 C20 混凝土，桩数量共 16 根，最下面截锥体 $d=2200$mm，$D=2500$mm，$h_2=1300$mm；上面截锥体 $d=2200$mm，$D=2400$mm，$h_1=1000$mm；底

段圆柱体 h_3＝400mm，球缺 h_4＝200mm。试求夯扩成孔灌注混凝土桩的相关工程量，并确定定额项目。

47．根据例 5.2 中所提供的相关资料，试计算场外运输的工程量，并确定定额项目。

48．根据例 5.11 中所提供的相关资料，计算钢筋混凝土构件的支撑工程量，并确定定额项目。

49．某建筑标准层框架梁配筋见图 5-43。已知该建筑的抗震等级为二级，梁的混凝土的强度等级为 C30，框架柱的断面尺寸为 450mm×450mm，板厚 100mm，其配筋为12Φ20，在正常室内环境下使用。试计算梁内的钢筋工程量。

50．某厂房上柱间支撑见图 5-44，共 20 组，钢材采用 Q235B，电焊条为 T42。支撑采用角钢∟ 75×6；节点板采用厚度 δ＝8mm 的钢板，其面密度为 62.800kg/m²。运输距离为 10km，履带式起重机安装。试计算柱间支撑工程量，并确定定额项目。

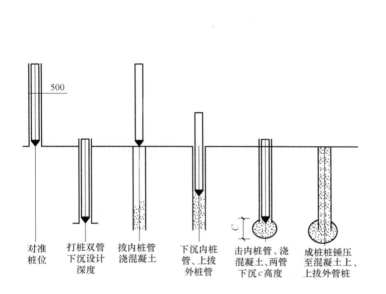

图 5-41　夯扩成孔灌注混凝土桩

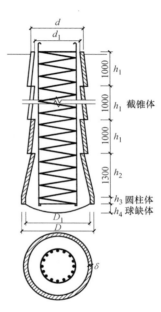

图 5-42　人工挖孔混凝土灌注桩

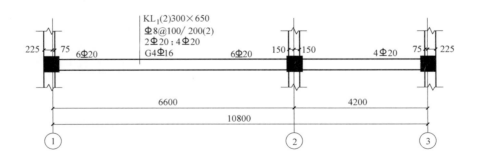

图 5-43　某标准层框架梁配筋图

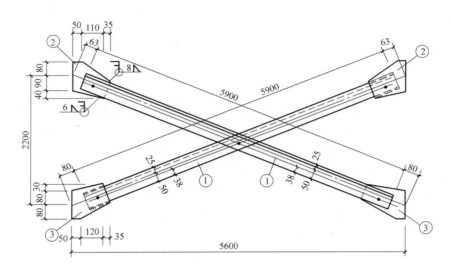

图 5-44 某厂房上柱间支撑

第6章 装饰工程计量

本章以湖北省的相关规定为依据，介绍装饰装修工程定额、清单计价工程量计算。本章内容包括：楼地面工程、墙柱面工程、幕墙工程、天棚工程、门窗工程、油漆、涂料及裱糊工程、其他工程、脚手架工程、垂直运输工程、成品保护工程。本章中例题均用定额计价模式计算工程量，相对应的清单工程量则作为学员的作业进行相应练习。

定额总说明

1. 2013年《湖北省房屋建筑与装饰工程消耗量定额及基价表（装饰·装修）》（以下简称本定额）是按照国家标准《建设工程工程量清单计价规范》GB 50500—2013 的有关要求，在《湖北省建筑工程消耗量定额及统一基价表》（2008年）的基础上，结合本省实际情况进行修编的。

2. 本定额适用于湖北省境内工业与民用建筑的新建、扩建、改建工程。

3. 本定额既是实行工程量清单计价时配套的消耗量定额，也是实行定额计价时的全省基价表。本定额是编制招标控制价、施工图预算、工程竣工结算、设计概算及投资估算的依据；是企业投标报价、内部管理和核算的重要参考。

4. 本定额是依据现行有关国家产品标准、设计规范和施工验收规范、质量评定标准、安全操作规程编制的，并参考了行业、地方标准以及有代表性的工程设计、施工资料和其他资料。

5. 本定额消耗量是完成规定计量单位的合格产品所需的人工、材料、机械台班的数量标准。是按照正常的施工条件，机械装备程度，合理的施工工期、施工工艺、劳动组织为基础编制的，反映了社会平均消耗量水平。

6. 本定额的工作内容中，已说明了主要施工工序，次要工序虽未说明，均已包含在消耗量内。

7. 本定额中消耗量和价格的确定：

（1）人工工日。人工工日消耗量不分工种，按普工、技工高级技工分为三个技术等级。内容包括基本用工、辅助用工、超级距用工和人工幅度差。

人工工日单价取定：普工 60.00/工日；技工 92.00/工日；高级技工 138.00/工日。

（2）材料。材料消耗量包括施工中所需的主要材料、辅助材料和其他材料。凡能计量的材料、成品、半成品均按品种、规格逐一列出数量，并计入了相应损耗，其内容包括：从工地仓库、现场集中堆放地点（或现场加工地点）至操作（或安装）地点的施工现场堆放损耗、运输损耗、施工操作损耗。

定额列出的材料价格是从材料来源地（或交货地）至工地仓库（或存放地）后的出库价格，包括材料原价（或供应价）、运杂费、运输损耗费、采购及保管费。

定额中不便计量、用量少、价值小的材料合并为其他材料费。

（3）施工机械台班。定额中的机械类型、规格采用我省常用机械，按正常合理的机械配备综合取定。机械台班消耗量中已包含机械幅度差。

机械台班单价按《湖北省施工机械台班费用定额（2013年）》取定。

机械价值在2000元以内、不属于固定资产的低值易耗的小型机械，未列入定额，作为工具用具在建筑安装工程费用定额中考虑。

定额中的机械是按施工企业自有方式考虑的。实际工程中，大型机械采用租赁方式的（需承发包双方约定），租赁的大型机械费用按价差处理。计算公式：

机械费差价＝（甲乙双方商定的租赁价格或租赁机械市场信息价—定额中施工机械台班价）×定额中大型机械总台班数×租赁机械调整系数

其中：租赁机械调整系数综合取定为0.43。

8. 本定额中人工、材料、机械台班价格的管理，按《湖北省建筑安装工程费用定额（2013年）》规定执行。

9. 本定额的其他规定：

（1）本定额的木材分类如下：

一类：红松、水桐木、樟子松、三夹板、五夹板。

二类：白松（方杉、冷杉）、杉木、杨木、柳木、椴木、枫木、九层～十一层夹板、木芯板。

三类：青松、黄花松、秋子木、马尾松、东北榆木、柏木、苦楝木、梓木、黄菠萝、椿木、楠木、榉木、柚木、樟木、密度板、十二层以上夹板。

四类：柞木、檀木、色木、槐木、荔木、麻栗木、桦木、荷木、水曲柳、华北榆木。

（2）定额中的木材按自然干燥制定。如采用其他方法干燥时，其费用另行计算。

10. 执行定额时的有关规定：

（1）本定额中，除规定允许调整、换算外，一般不得因具体工程的人工、材料、机械消耗与定额规定不同而改变消耗量。

（2）定额的各章说明、工程量计算规则、附注等条文中，凡注明允许定额的人工、材料、机械换算的，均应按本定额所列单价计算基价。

（3）定额中的人工工日数量、单价及人工拆分比例，各地不得自行调整。

（4）定额中机械的类别、名称、规格型号为统一划分，实际采用机械与定额不同，且定额配置机械能够完成定额子目的工作内容时，不允许换算。

11. 本定额未列的项目，由各地建设工程造价管理机构按照本定额编制原则和方法收集补充，并报省建设工程标准定额管理总站备案。

12. 本定额是我省建设工程计价的规范性文件，各地区、各部门不得另行编制、修改的翻印。

13. 本定额中注有"××以内"或"××以下"的，均包括"××"本身。"××以外"或"××以上"的，则不包括"××"本身。

6.1 楼地面工程

6.1.1 定额说明

1. 本章水泥砂浆、水泥石子浆、混凝土等配合比，如设计规定与定额不同时，可以换算。

2. 找平层

楼梯找平层按水平投影面积乘以系数 1.365，台阶找平层乘以系数 1.48。

3. 整体面层

(1) 整体面层中的水磨石粘贴砂浆厚度与定额厚度不同时，按找平层中每增减子目进行调整。

(2) 现浇水磨石定额项目已包括酸洗打蜡工料，其余项目均不包括酸洗打蜡。

(3) 楼梯整体面层不包括踢脚线、侧面、底面的抹灰。

(4) 台阶整体面层不包括牵边、侧面装饰。

(5) 台阶包括水泥砂浆防滑条，其他材料做防滑条时，则应另行计算防滑条。

4. 块料面层

(1) 块料面层粘贴砂浆厚度见下表，如设计粘贴砂浆厚度与定额厚度不同时，按找平层每增减子目进行调整。

项目名称	砂浆种类	厚度(mm)	项目名称	砂浆种类	厚度(mm)
石材	水泥砂浆 1:4	30	预制水磨石	水泥砂浆 1:4	25
陶瓷锦砖	水泥砂浆 1:4	20	水泥花砖	水泥砂浆 1:4	20
陶瓷地砖	水泥砂浆 1:4	20			

(2) 零星项目面层适用于楼梯侧面、台阶的牵边、小便池、蹲台、池槽，以及面积在 0.5m² 以内且定额未列的项目。

6.1.2 定额工程量计算规则

1. 地面垫层

按室内主墙间净空面积乘以设计厚度以体积计算。应扣除凸出地面的构筑物、设备基础、室内铁道、地沟等所占的面积，不扣除间壁墙和面积在 0.3m² 以内的柱、垛、附墙烟囱及孔洞所占面积。

2. 整体面层、找平层

(1) 楼地面按室内主墙间净空尺寸以面积计算。应扣除凸出地面构筑物、设备基础、室内铁道、地沟等所占面积，不扣除间壁墙和 0.3m² 以内的柱、垛、附墙烟囱及孔洞所占面积。门洞、空圈、暖气包槽、壁龛的开口部分亦不增加面积。

(2) 楼梯面积按设计图示尺寸以楼梯（包括踏步、休息平台及 500mm 以内的楼梯井）水平投影面积计算。楼梯与楼地面相连时，算至梯口梁内侧边沿；无梯口梁者算至最上一层踏步边沿加 300mm。

（3）台阶面层按设计图示尺寸以台阶（包括踏步及最上一层踏步边沿加 300mm）水平投影面积计算。

（4）防滑条如无设计要求时，按楼梯、台阶踏步两端距离减 300mm 以延长米计算。

（5）水泥砂浆、水磨石踢脚线按长度乘以高度以面积计算，洞口、空圈长度不予扣除，洞口、空圈、垛、附墙烟囱等侧壁长度亦不增加。

3. 块料面层

（1）楼地面块料面层按实铺面积计算。不扣除单个 $0.1m^2$ 以内的柱、垛、附墙烟囱及孔洞所占面积。

（2）楼梯、台阶块料面层工程量计算规则与整体面层相同。

（3）拼花部分按实铺面积计算。

（4）点缀按个计算，计算主体铺贴地面面积时，不扣除点缀所占面积。

（5）块料面层踢脚线按实贴长度乘以高度以面积计算；成品木踢脚线按实铺长度计算；楼梯踢脚线按相应定额乘以系数 1.15。

（6）零星项目按实铺面积计算。

（7）石材底面刷养护液按底面面积加 4 个侧面面积计算。

4. 块料面层计算规则适用于塑料橡胶面层、地毯、地板及其他面层。

例 6.1 某单层建筑平面图见图 6-1。墙宽均为 240mm，门洞宽度：M-1 为 1000mm，M-2 为 1200mm，M-3 为 900mm，M-4 为 1000mm。水磨石地面的做法为：素土夯实、80mm 厚 C15 混凝土、素水泥浆结合层一遍、18mm 厚 1:3 水泥砂浆找平层、素水泥浆结合层一遍、12mm 厚 1:2 水泥石磨光（面层采用 3mm 玻璃条分成 1000mm×1000mm 的方格）。试计算其垫层工程量，并确定定额项目。

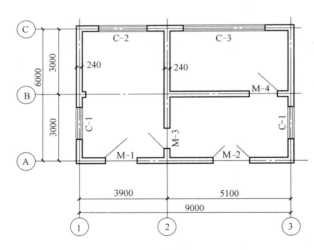

图 6-1 某建筑平面图

解 地面垫层按室内主墙间净空面积乘以设计厚度以 m^3 计算。应扣除凸出地面的构筑物、设备基础、室内管道、地沟等所占体积，不扣除柱、垛、间壁墙、附墙烟囱及面积在 $0.3m^2$ 以内孔洞所占体积。

$$V = \{9.24 \times 6.24 - [(9.00 + 6.00) \times 2 + (6.00 - 0.24) + (5.10 - 0.24)] \times 0.24\} \times 0.08$$
$$= \{57.66 - 40.62 \times 0.24\} \times 0.08$$
$$= 47.91 \times 0.08 = 3.83m^3$$

定额项目为：A13-17 地坪 C15 混凝土垫层

定额基价为：3390.26 元/10m³

6.1.3 清单工程量计算规则

1. 整体面层及找平层

整体面层及找平层工程量清单项目的设置、项目特征描述的内容、计量单位及工程量计算规则应按表 6-1 的规定执行。

整体面层及找平层（编码：011101） 表 6-1

项目编码	项目名称	项目特征	计量单位	工程量计算规则	工作内容
011101001	水泥砂浆楼地面	1. 找平层厚度、砂浆配合比 2. 素水泥浆遍数 3. 面层厚度、砂浆配合比 4. 面层做法要求	m²	按设计图示尺寸以面积计算。扣除凸出地面构筑物、设备基础、室内铁道、地沟等所占面积，不扣除间壁墙及≤0.3m² 柱、垛、附墙烟囱及孔洞所占面积。门洞、空圈、暖气包槽、壁龛的开口部分不增加面积	1. 基层清理 2. 抹找平层 3. 抹面层 4. 材料运输
011101002	现浇水磨石楼地面	1. 找平层厚度、砂浆配合比 2. 面层厚度、水泥石子浆配合比 3. 嵌条材料种类、规格 4. 石子种类、规格、颜色 5. 颜料种类、颜色 6. 图案要求 7. 磨光、酸洗、打蜡要求			1. 基层清理 2. 抹找平层 3. 面层铺设 4. 嵌缝条安装 5. 磨光、酸洗打蜡 6. 材料运输
011101003	细石混凝土楼地面	1. 找平层厚度、砂浆配合比 2. 面层厚度、混凝土强度等级			1. 基层清理 2. 抹找平层 3. 面层铺设 4. 材料运输
011101004	菱苦土楼地面	1. 找平层厚度、砂浆配合比 2. 面层厚度 3. 打蜡要求			1. 基层清理 2. 抹找平层 3. 面层铺设 4. 打蜡 5. 材料运输
011101005	自流坪楼地面	1. 找平层砂浆配合比、厚度 2. 界面剂材料种类 3. 中层漆材料种类、厚度 4. 面漆材料种类、厚度 5. 面层材料种类			1. 基层清理 2. 抹找平层 3. 涂界面剂 4. 涂刷中层漆 5. 打磨、吸尘 6. 镘自流平面漆(浆) 7. 拌合自流平浆料 8. 铺面层
011101006	平面砂浆找平层	1. 找平层厚度、砂浆配合比		按设计图示尺寸以面积计算	1. 基层处理 2. 抹找平层 3. 材料运输

注：1. 水泥砂浆面层处理是拉毛还是提浆压光应在面层做法要求中描述。
　　2. 平面砂浆找平层只适用于仅做找平层的平面抹灰。
　　3. 间壁墙指墙厚≤120mm 的墙。
　　4. 楼地面混凝土垫层另按现浇混凝土基础（010501）垫层项目编码列项，除混凝土外的其他材料垫层按垫层（010404）项目编码列项。

2. 块料面层

块料面层工程量清单项目的设置、项目特征描述的内容、计量单位及工程量计算规则应按表 6-2 的规定执行。

块料面层（编码：011102） 表 6-2

项目编码	项目名称	项目特征	计量单位	工程量计算规则	工作内容
011102001	石材楼地面	1. 找平层厚度、砂浆配合比 2. 结合层厚度、砂浆配合比 3. 面层材料品种、规格、颜色 4. 嵌缝材料种类 5. 防护层材料种类 6. 酸洗、打蜡要求	m^2	按设计图示尺寸以面积计算。门洞、空圈、暖气包槽、壁龛的开口部分并入相应的工程量内	1. 基层清理 2. 抹找平层 3. 面层铺设、磨边 4. 嵌缝 5. 刷防护材料 6. 酸洗、打蜡 7. 材料运输
011102002	碎石材楼地面				
011102003	块料楼地面				

注：1. 在描述碎石材项目的面层材料特征时可不用描述规格、颜色。
　　2. 石材、块料与粘合材料的结合面刷防渗材料的种类在防护层材料种类中描述。
　　3. 本表工作内容中的磨边指施工现场磨边，后面章节工作内容中涉及的磨边含义同。

3. 橡塑面层

橡塑面层工程量清单项目的设置、项目特征描述的内容、计量单位及工程量计算规则应按表 6-3 的规定执行。

橡塑面层（编码：011103） 表 6-3

项目编码	项目名称	项目特征	计量单位	工程量计算规则	工作内容
011103001	橡胶板楼地面	1. 粘结层厚度、材料种类 2. 面层材料品种、规格、颜色 3. 压线条种类	m^2	按设计图示尺寸以面积计算。门洞、空圈、暖气包槽、壁龛的开口部分并入相应的工程量内	1. 基层清理 2. 面层铺贴 3. 压缝条装钉 4. 材料运输
011103002	橡胶板卷材楼地面				
011103003	塑料板楼地面				
011103004	塑料卷材楼地面				

注：本表项目中如涉及找平层，另按本附录表 6-1 找平层项目编码列项。

4. 其他材料面层

其他材料面层工程量清单项目的设置、项目特征描述的内容、计量单位及工程量计算规则应按表 6-4 的规定执行。

其他材料面层（编码：011104） 表 6-4

项目编码	项目名称	项目特征	计量单位	工程量计算规则	工作内容
011104001	地毯楼地面	1. 面层材料品种、规格、颜色 2. 防护材料种类 3. 粘结材料种类 4. 压线条种类	m^2	按设计图示尺寸以面积计算。门洞、空圈、暖气包槽、壁龛的开口部分并入相应的工程量内	1. 基层清理 2. 铺贴面层 3. 刷防护材料 4. 装钉压条 5. 材料运输
011104002	竹、木（复合）地板	1. 龙骨材料种类、规格、铺设间距 2. 基层材料种类、规格 3. 面层材料品种、规格、颜色 4. 防护材料种类			1. 基层清理 2. 龙骨铺设 3. 基层铺设 4. 面层铺贴 5. 刷防护材料 6. 材料运输
011104003	金属复合地板				
011104004	防静电活动地板	1. 支架高度、材料种类 2. 面层材料品种、规格、颜色 3. 防护材料种类			1. 基层清理 2. 固定支架安装 3. 活动面层安装 4. 刷防护材料 5. 材料运输

5. 踢脚线

踢脚线工程量清单项目的设置、项目特征描述的内容、计量单位及工程量计算规则应按表 6-5 的规定执行。

踢脚线（编码：011105） 表 6-5

项目编码	项目名称	项目特征	计量单位	工程量计算规则	工作内容
011105001	水泥砂浆踢脚线	1. 踢脚线高度 2. 底层厚度、砂浆配合比 3. 面层厚度、砂浆配合比	1. m² 2. m	1. 以平方米面积计量，按设计图示长度乘以高度以面积计算 2. 以米计量，按延长米计算	1. 基层清理 2. 底层和面层抹灰 3. 材料运输
011105002	石材踢脚线	1. 踢脚线高度 2. 粘贴层厚度、材料种类 3. 面层材料品种、规格、颜色 4. 防护材料种类			1. 基层清理 2. 底层抹灰 3. 面层铺贴、磨边 4. 擦缝 5. 磨光、酸洗、打蜡 6. 刷防护材料 7. 材料运输
011105003	块料踢脚线				
011105004	塑料板踢脚线	1. 踢脚线高度 2. 粘结层厚度、材料种类 3. 面层材料种类、规格、颜色			
011105005	木质踢脚线	1. 踢脚线高度 2. 基层材料种类、规格 3. 面层材料品种、规格、颜色			1. 基层清理 2. 基层铺贴 3. 面层铺贴 4. 材料运输
011105006	金属踢脚线				
011105007	防静电踢脚线				

注：石材、块料与粘结材料的结合面刷防渗材料的种类在防护材料种类中描述。

6. 楼梯面层

楼梯面层工程量清单项目的设置、项目特征描述的内容、计量单位及工程量计算规则应按表 6-6 的规定执行。

楼梯面层（编码：011106） 表 6-6

项目编码	项目名称	项目特征	计量单位	工程量计算规则	工作内容
011106001	石材楼梯面层	1. 找平层厚度、砂浆配合比 2. 粘结层厚度、材料种类 3. 面层材料品种、规格、颜色 4. 防滑条材料种类、规格 5. 勾缝材料种类 6. 防护材料种类 7. 酸洗、打蜡要求	m²	按设计图示尺寸以楼梯（包括踏步、休息平台及≤500mm 的楼梯井）水平投影面积计算。楼梯与楼地面相连时，算至梯口梁内侧边沿；无梯口梁者，算至最上一层踏步边沿加 300mm	1. 基层清理 2. 找抹平层 3. 面层铺贴、磨边 4. 贴嵌防滑条 5. 勾缝 6. 刷防护材料 7. 酸洗、打蜡 8. 材料运输
011106002	块料楼梯面层				
011106003	拼碎块料面层				
011106004	水泥砂浆楼梯面层	1. 找平层厚度、砂浆配合比 2. 面层厚度、砂浆配合比 3. 防滑条材料种类、规格			1. 基层清理 2. 找抹平层 3. 抹面层 4. 抹防滑条 5. 材料运输

项目编码	项目名称	项目特征	计量单位	工程量计算规则	工作内容
011106005	现浇水磨石楼梯面层	1. 找平层厚度、砂浆配合比 2. 面层厚度、水泥石子浆配合比 3. 防滑条材料种类、规格 4. 石子种类、规格、颜色 5. 颜料种类、颜色 6. 磨光、酸洗打蜡要求	m²	按设计图示尺寸以楼梯(包括踏步、休息平台及≤500mm的楼梯井)水平投影面积计算。楼梯与楼地面相连时,算至梯口梁内侧边沿;无梯口梁者,算至最上一层踏步边沿加300mm	1. 基层清理 2. 找抹平层 3. 抹面层 4. 贴嵌防滑条 5. 磨光、酸洗、打蜡 6. 材料运输
011106006	地毯楼梯面层	1. 基层种类 2. 面层材料品种、规格、颜色 3. 防护材料种类 4. 粘结材料种类 5. 固定配件材料种类、规格			1. 基层清理 2. 铺贴面层 3. 固定配件安装 4. 刷防护材料 5. 材料运输
011106007	木板楼梯面层	1. 基层材料种类、规格 2. 面层材料品种、规格、颜色 3. 粘结材料种类 4. 防护材料种类			1. 基层清理 2. 基层铺贴 3. 面层铺贴 4. 刷防护材料 5. 材料运输
011106008	橡胶板楼梯面层	1. 粘结层厚度、材料种类 2. 面层材料品种、规格、颜色 3. 压线条种类			1. 基层清理 2. 面层铺贴 3. 压缝条装钉 4. 材料运输
011106009	塑料板楼梯面层				

注:1. 在描述碎石材项目的面层材料特征时可不用描述规格、颜色。
2. 石材、块料与粘结材料的结合面刷防渗材料的种类在防护材料种类中描述。

7. 台阶装饰

台阶装饰工程量清单项目的设置、项目特征描述的内容、计量单位及工程量计算规则应按表 6-7 的规定执行。

台阶装饰(编码:011107) 表 6-7

项目编码	项目名称	项目特征	计量单位	工程量计算规则	工作内容
011107001	石材台阶面	1. 找平层厚度、砂浆配合比 2. 粘结材料种类 3. 面层材料品种、规格、颜色 4. 勾缝材料种类 5. 防滑条材料种类、规格 6. 防护材料种类	m²	按设计图示尺寸以台阶(包括最上层踏步边沿加300mm)水平投影面积计算	1. 基层清理 2. 找抹平层 3. 面层铺贴 4. 贴嵌防滑条 5. 勾缝 6. 刷防护材料 7. 材料运输
011107002	块料台阶面				
011107003	拼碎块料台阶面				
011107004	水泥砂浆台阶面	1. 找平层厚度、砂浆配合比 2. 面层厚度、砂浆配合比 3. 防滑条材料种类			1. 基层清理 2. 找抹平层 3. 抹面层 4. 抹防滑条 5. 材料运输
011107005	现浇水磨石台阶面	1. 找平层厚度、砂浆配合比 2. 面层厚度、水泥石子浆配合比 3. 防滑条材料种类、规格 4. 石子种类、规格、颜色 5. 颜料种类、颜色 6. 磨光、酸洗打蜡要求			1. 基层清理 2. 找抹平层 3. 抹面层 4. 贴嵌防滑条 5. 打磨、酸洗、打蜡 6. 材料运输

项目编码	项目名称	项目特征	计量单位	工程量计算规则	工作内容
011107006	剁假石台阶面	1. 找平层厚度、砂浆配合比 2. 面层厚度、砂浆配合比 3. 剁假石要求	m²	按设计图示尺寸以台阶（包括最上层踏步边沿加300mm）水平投影面积计算	1. 基层清理 2. 抹找平层 3. 抹面层 4. 剁假石 5. 材料运输

注：1. 在描述碎石材项目的面层材料特征时可不用描述规格、颜色。
　　2. 石材、块料与粘结材料的结合面刷防渗材料的种类在防护材料种类中描述。

8. 零星装饰项目

零星装饰项目工程量清单项目的设置、项目特征描述的内容、计量单位及工程量计算规则应按表6-8的规定执行。

零星装饰项目（编码：011108）　　　　　　表6-8

项目编码	项目名称	项目特征	计量单位	工程量计算规则	工作内容
011108001	石材零星项目	1. 工程部位 2. 找平层厚度、砂浆配合比 3. 贴结合层厚度、材料种类 4. 面层材料品种、规格、颜色 5. 勾缝材料种类 6. 防护材料种类 7. 酸洗、打蜡要求	m²	按设计图示尺寸以面积计算	1. 清理基层 2. 抹找平层 3. 面层铺贴、磨边 4. 勾缝 5. 刷防护材料 6. 酸洗、打蜡 7. 材料运输
011108002	拼碎石材零星项目				
011108003	块料零星项目				
011108004	水泥砂浆零星项目	1. 工程部位 2. 找平层厚度、砂浆配合比 3. 面层厚度、砂浆厚度			1. 清理基层 2. 抹找平层 3. 抹面层 4. 材料运输

注：1. 楼梯、台阶牵边和侧面镶贴块料面层，不大于0.5m²的少量分散的楼地面镶贴块料面层，应按本表执行。
　　2. 石材、块料与粘结材料的结合面刷防渗材料的种类在防护材料种类中描述。

6.2　墙、柱面工程

6.2.1　定额说明

1. 本章定额凡注明砂浆种类、配合比、饰面材料（含型材）型号规格的，如与设计规定不同时，可按设计定额调整，但人工、机械消耗量不变。

2. 抹灰厚度：如设计与定额取定不同时，除定额有注明厚度的项目可以调整外，其他不作调整。

3. 墙面抹石灰砂浆分两遍、三遍、四遍，其标准如下：

两遍：一遍底层，一遍面层；

三遍：一遍底层，一遍中层，一遍面层；

四遍：一遍底层，一遍中层，两遍面层。

4. 抹灰等级与抹灰遍数、工序、外观质量的对应关系如下。

名称	普通抹灰	中级抹灰	高级抹灰
遍数	两遍	三遍	四遍
主要工序	分层找平、修整、表面压光	阳角找方、设置标筋、分层找平、修整、表面压光	阳角找方、设置标筋、分层找平、修整、表面压光
外观质量	表面光滑、洁净、接搓平整	表面光滑、洁净、接搓平整、清晰顺直	表面光滑、洁净、颜色均与、无抹纹压线、平直方正、清晰美观

5. 墙柱面抹灰、镶贴块料面层。

(1) 镶贴块料面层（含石材、块料）定额项目内，均未包括打底抹灰按如下方法套用定额：

按打底抹灰砂浆的种类，套用一般抹灰相应子目，再套用 A14—71 光面变麻面子目（扣减表面压光费用）。抹灰厚度不同时，按一般抹灰砂浆厚度每增减子目进行调整。

(2) 墙面一般抹灰、镶贴块料（不含石材），当外墙施工且工作面高度在 3.6m 以上时，按以上相应项目人工乘以系数 1.25。

(3) 两面或三面凸出墙面的柱、圆弧形、锯齿形墙面等不规则墙面抹灰、镶贴块料面层按相应项目人工乘以系数 1.15，材料乘以系数 1.05。

(4) 一般抹灰、装饰抹灰和镶贴块料的"零星项目"适用于壁柜、暖气壁龛、池槽、花台、挑檐、天沟、遮阳板、腰线、窗台线、门窗套、栏板、栏杆、压顶、扶手、雨篷周边以及 0.5m² 以内的抹灰或镶贴。

(5) 镶贴面砖定额按墙面考虑。面砖按缝宽 5mm、10mm 和 20mm 列项，如灰缝不同或灰缝超过 20mm 以上者，其块料及灰缝材料（水泥砂浆 1∶1）用量允许调整，其他不变。

(6) 镶贴面砖定额是按墙面考虑的，独立柱镶贴面砖按墙面相应项目人工乘以系数 1.15；零星项目镶贴面砖按墙面相应项目人工乘以系数 1.11，材料乘以系数 1.14。

(7) 单梁单独抹灰、镶贴、饰面，可按独立柱相应定额项目和说明执行。

6. 墙柱面装饰

(1) 墙柱饰面层、隔墙（间壁）、隔断（护壁）定额项目内，除注明外均未包括压条、收边、装饰线（板）。如设计要求时，应另套用其他工程章节相应字母。

(2) 隔墙（间壁）、隔断（护壁）等定额项目中，龙骨间距、规格如与设计不同时，定额用量可以调整。

(3) 墙柱龙骨、基层、面层未包括刷防火涂料，如设计要求时，应另套用油漆、涂料章节相应子目。

6.2.2 定额工程量计算规则

1. 一般抹灰工程量按以下规定计算。

(1) 内墙抹灰

内墙抹灰面积按设计图示尺寸以面积计算。应扣除墙裙、门窗洞口、空圈及单个 0.3m² 以外的孔洞面积，不扣除踢脚线、挂镜线和墙与构件交接处的面积，门窗洞口和孔洞的侧壁及顶面不增加面积。附墙柱、梁、垛、烟囱侧壁并入相应的墙面面积内。

1) 内墙面抹灰的长度，以主墙间的图示净长尺寸计算，其高度确定如下：

① 无墙裙的，其高度按室内地面或楼面至天棚底面之间距离计算。

② 有墙裙的，其高度按墙裙顶至天棚底面之间距离计算。

③ 钉板天棚的内墙面抹灰，其高度按室内地面或楼面至天棚底面另加 100mm 计算。

2）内墙裙抹灰面按内墙净长乘以高度计算。

（2）外墙抹灰

外墙抹灰面积按外墙面的垂直投影面积计算。应扣除门窗洞口、外墙裙和单个 $0.3m^2$ 以外的孔洞面积，门窗洞口和孔洞的侧壁及顶面不增加面积。附墙柱、梁、垛、烟囱侧壁并入外墙面抹灰面积内。栏板、栏杆、扶手、压顶、窗台线、门窗套、挑檐、遮阳板、突出墙外的腰线等，另按相应规定计算。

1）外墙裙抹灰面积按其长度乘以高度计算。

2）飘窗凸出外墙面（指飘窗侧板）增加的抹灰并入外墙工程量内。

3）窗台线、门窗套、挑檐、遮阳板、腰线等展开宽度在 300mm 以内者，按装饰线以延长米计算，如展开宽度超过 300mm 以外时，按图示尺寸以展开面积计算，套零星抹灰定额项目。

4）栏板、栏杆（包括立柱、扶手或压顶等）抹灰按中心线的立面垂直投影面积乘以系数 2.20 计算，套用零星项目；外侧与内侧抹灰砂浆不同时，各按系数 1.10 计算。

5）墙面勾缝按墙面垂直投影面积计算，不扣除门窗洞口、门窗套、腰线等零星抹灰所占的面积，附墙柱和门窗洞口侧面的勾缝面积亦不增加。独立柱、房上烟囱勾缝，按图示尺寸以面积计算。

2. 装饰抹灰工程量按以下规定计算。

（1）外墙面装饰抹灰按垂直投影面积计算，扣除门窗洞口和单个 $0.3m^2$ 以外的孔洞所占的面积，门窗洞口和孔洞的侧壁及顶面亦不增加面积。附墙柱侧面积抹灰面积并入外墙抹灰工程量内。

（2）女儿墙（包括泛水、挑砖）、阳台栏板（不扣除花格所占孔洞面积）内侧抹灰按垂直投影面积乘以系数 1.10，带压顶者乘系数 1.30 按墙面定额执行。

（3）零星项目按设计图示尺寸以展开面积计算。

（4）装饰抹灰玻璃嵌缝、分格按装饰抹灰面面积计算。

3. 块料面层工程量按以下规定计算。

（1）墙面镶贴块料面层，按实贴面积计算。

（2）墙面镶贴块料，饰面高度在 300mm 以内者，按踢脚线定额执行。

4. 墙面装饰工程量按以下规定计算。

（1）隔断、隔墙按净长乘以净高计算，扣除门窗洞口及单个 $0.3m^2$ 以外的孔洞所占面积。

（2）全玻隔断的不锈钢边框工程量按边框展开面积计算；全玻隔断工程量按其展开面积计算。

5. 柱工程量按以下规定计算。

（1）柱一般抹灰、装饰抹灰按结构断面周长乘以高度计算。

（2）柱镶贴块料按外围饰面尺寸乘以高度计算。

（3）大理石（花岗岩）柱墩、柱帽、腰线、阴角线按最大外径周长计算。

（4）除定额已列有柱帽、柱墩的项目外，其他项目的柱帽、柱墩工程量按设计图示尺寸以展开面积计算，并入相应柱面积内，每个柱帽或柱墩另增人工：抹灰 0.25 工日、块料 0.38 工日、饰面 0.5 工日。

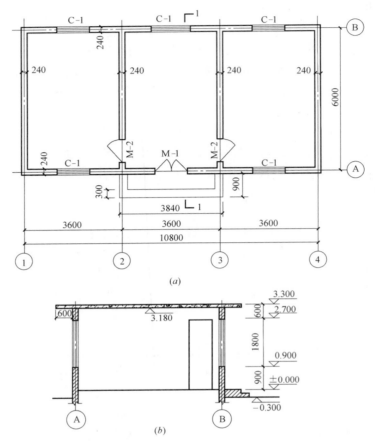

图 6-2　某建筑平面图及 1-1 剖面图

（a）平面图；（b）1-1 剖面图

例 6.2　某建筑平面及 1-1 剖面图见图 6-2。门窗洞口尺寸（宽×高）：M-1 为 1200mm×2700mm，M-2 为 900mm×2700mm，C-1 为 1500mm×1800mm。石灰砂浆内墙面做法为：18mm 厚 1∶3 石灰砂浆；2mm 厚石灰纸筋浆。试计算内墙面的工程量，并确定定额项目。

解

内墙面长度为各房间内墙长之和。

$$L = (3.60 - 0.24 + 6.00 - 0.24) \times 2 \times 3$$
$$= 9.12 \times 6 = 54.72 \text{m}$$

内墙面高度为设计室内地面至板底之间的距离。则内墙面总面积为

$$S_1 = 54.72 \times 3.18 = 174.01 \text{m}^2$$

内墙面门窗洞口面积应予扣除。则

$$S_2 = 1.20 \times 2.70 \times 1 + 0.90 \times 2.70 \times 2 \times 2 + 1.50 \times 1.80 \times 5 = 26.46 \text{m}^2$$

内墙面工程量为内墙面总面积减去内墙面门窗洞口面积。则

$$S=S_1-S_2=174.01-26.46=147.55\text{m}^2$$

定额项目为：A14-1 墙面墙裙 石灰砂浆二遍 18mm＋2mm 砖墙

定额基价为：1461.63 元/100m²

6.2.3 清单工程量计算规则

墙、柱面装饰与隔断、幕墙工程

1. 墙面抹灰

墙面抹灰工程量清单项目的设置、项目特征描述的内容、计量单位及工程量计算规则应按表 6-9 的规定执行。

墙面抹灰（编码：011201）　　　　　　　表 6-9

项目编码	项目名称	项目特征	计量单位	工程量计算规则	工作内容
011201001	墙面一般抹灰	1. 墙体类型 2. 底层厚度、砂浆配合比 3. 面层厚度、砂浆配合比 4. 装饰面材料种类 5. 分格缝宽度、材料种类	m²	按设计图示尺寸以面积计算。扣除墙裙、门窗洞口及单个＞0.3m²的孔洞面积，不扣除踢脚线、挂镜线和墙与构件交接处的面积，门窗洞口和孔洞的侧壁及顶面不增加面积。附墙柱、梁、垛、烟囱侧壁并入相应的墙面面积内	1. 基层清理 2. 砂浆制作、运输 3. 底层抹灰 4. 抹面层 5. 抹装饰面 6. 勾分格缝
011201002	墙面装饰抹灰				
011201003	墙面勾缝	1. 勾缝类型 2. 勾缝材料种类		1. 外墙抹灰面积按外墙垂直投影面积计算 2. 外墙裙抹灰面积按其长度乘以高度计算 3. 内墙抹灰面积按主墙间的净长乘以高度计算 　(1)无墙裙的，高度按室内楼地面至天棚底面计算 　(2)有墙裙的，高度按墙裙至天棚底面计算 　(3)有吊顶天棚抹灰，高度算至天棚底 4. 内墙裙抹灰面按内墙净长乘以高度计算	1. 基层清理 2. 砂浆制作、运输 3. 勾缝
011201004	立面砂浆找平层	1. 基层类型 2. 找平层砂浆厚度、配合比			1. 基层清理 2. 砂浆制作、运输 3. 抹灰找平

注：1. 立面砂浆找平项目适用于仅做找平层的立面抹灰。

2. 墙面抹灰石灰砂浆、水泥砂浆、混合砂浆、聚合物水泥砂浆、磨刀石灰浆、石膏灰浆等按本表中墙面一般抹灰列项；墙面水刷石、斩假石、干粘石、假面砖等按本表中墙面装饰抹灰列项。

3. 飘窗凸出外墙面增加的抹灰并入外墙工程量内。

4. 有吊顶顶棚的内墙面抹灰，抹至吊顶以上部分在综合单价中考虑。

2. 柱（梁）面抹灰

柱（梁）面抹灰工程量清单项目的设置、项目特征描述的内容、计量单位及工程量计算规则应按表 6-10 的规定执行。

柱（梁）面抹灰（编码：011202）

表 6-10

项目编码	项目名称	项目特征	计量单位	工程量计算规则	工作内容
011202001	柱、梁面一般抹灰	1. 柱(梁)体类型 2. 底层厚度、砂浆配合比 3. 面层厚度、砂浆配合比 4. 装饰面材料种类 5. 分隔缝宽度、材料种类	m²	1. 柱面抹灰，按设计图示柱断面周长乘高度以面积计算 2. 梁面抹灰：按设计图示梁断面周长乘长度以面积计算	1. 基层清理 2. 砂浆制作、运输 3. 底层抹灰 4. 抹面层 5. 勾分格缝
011202002	柱、梁面装饰抹灰				
011202003	柱、梁面砂浆找平	1. 柱(梁)体类型 2. 找平的砂浆厚度、配合比			1. 基层清理 2. 砂浆制作、运输 3. 抹灰找平
011202004	柱面勾缝	1. 勾缝类型 2. 勾缝材料种类		按设计图示柱断面周长乘高度以面积计算	1. 基层清理 2. 砂浆制作、运输 3. 勾缝

注：1. 砂浆找平项目适用于仅做找平层的柱（梁）面抹灰。
　　2. 柱（梁）面抹石灰砂浆、水泥砂浆、混合砂浆、聚合物水泥砂浆、麻刀石灰浆、石膏灰浆等按本表中柱（梁）面一般抹灰编码列项；柱（梁）面水刷石、斩假石、干粘石、假面砖等按本表中柱（梁）面装饰抹灰项目编码列项。

3. 零星抹灰

零星抹灰工程量清单项目的设置、项目特征描述的内容、计量单位及工程量计算规则应按表 6-11 的规定执行。

零星抹灰（编码：011203）

表 6-11

项目编码	项目名称	项目特征	计量单位	工程量计算规则	工作内容
011203001	零星项目一般抹灰	1. 基层类型、部位 2. 底层厚度、砂浆配合比 3. 面层厚度、砂浆配合比 4. 装饰面材料种类 5. 分隔缝宽度、材料种类	m²	按设计图示尺寸以面积计算	1. 基层清理 2. 砂浆制作、运输 3. 底层抹灰 4. 抹面层 5. 抹装饰面 6. 勾分格缝
011203002	零星项目装饰抹灰				
011203003	零星项目砂浆找平	1. 基层类型、部位 2. 找平的砂浆厚度、配合比			1. 基层清理 2. 砂浆制作、运输 3. 抹灰找平

注：1. 零星项目抹石灰砂浆、水泥砂浆、混合砂浆、聚合物水泥砂浆、麻刀石灰浆、石膏灰浆等按本表中零星项目一般抹灰编码列项，水刷石、斩假石、干粘石、假面砖等按本表中零星项目装饰抹灰编码列项。
　　2. 墙、柱（梁）面≤0.5m² 的少量分散的抹灰按本表中零星抹灰项目编码列项。

4. 墙面块料面层

墙面块料面层工程量清单项目的设置、项目特征描述的内容、计量单位及工程量计算规则应按表 6-12 的规定执行。

5. 柱（梁）面镶贴块料

柱（梁）面镶贴块料工程量清单项目的设置、项目特征描述的内容、计量单位及工程量计算规则应按表 6-13 的规定执行。

墙面块料面层（编码：011204） 表 6-12

项目编码	项目名称	项目特征	计量单位	工程量计算规则	工作内容
011204001	石材墙面	1. 墙体类型 2. 安装方式 3. 面层材料品种、规格、颜色 4. 缝宽、嵌缝材料种类 5. 防护材料种类 6. 磨光、酸洗、打蜡要求	m²	按镶贴表面积计算	1. 基层清理 2. 砂浆制作、运输 3. 粘结层铺贴 4. 面层安装 5. 嵌缝 6. 刷防护材料 7. 磨光、酸洗、打蜡
011204002	拼碎石材墙面				
011204003	块料墙面	1. 柱(梁)体类型 2. 找平的砂浆厚度、配合比			
011204004	干挂石材钢骨架	1. 骨架种类、规格 2. 防锈漆品种遍数	t	按设计图示以质量计算	1. 骨架制作、运输、安装 2. 刷漆

注：1. 在描述碎块项目的面层材料特征时可不用描述规格、颜色。

2. 石材、块料与粘结材料的结合面刷防渗料的种类在防护层材料种类中描述。

3. 安装方式可描述为砂浆或粘结剂粘贴、挂贴、干挂等，不论哪种安装方式，都要详细描述与组价相关的内容。

柱（梁）面镶贴块料（编码：011205） 表 6-13

项目编码	项目名称	项目特征	计量单位	工程量计算规则	工作内容
011205001	石材柱面	1. 柱截面类型、尺寸 2. 安装方式 3. 面层材料品种、规格、颜色 4. 缝宽、嵌缝材料种类 5. 防护材料种类 6. 磨光、酸洗、打蜡要求	m²	按镶贴表面积计算	1. 基层清理 2. 砂浆制作、运输 3. 粘结层铺贴 4. 面层安装 5. 嵌缝 6. 刷防护材料 7. 磨光、酸洗、打蜡
011205002	块料柱面				
011205003	拼碎块柱面				
011205004	石材梁面	1. 安装方式 2. 面层材料品种、规格、颜色 3. 缝宽、嵌缝材料种类 4. 防护材料种类 5. 磨光、酸洗、打蜡要求			
011205005	块料梁面				

注：1. 在描述碎块项目的面层材料特征时可不用描述规格、颜色。

2. 石材、块料与粘结材料的结合面刷防渗料的种类在防护层材料种类中描述。

3. 柱梁面干挂石材的钢骨架按表 6-12 相应项目编码列项。

6. 镶贴零星块料

镶贴零星块料工程量清单项目的设置、项目特征描述的内容、计量单位及工程量计算规则应按表 6-14 的规定执行。

镶贴零星块料（编码：011206） 表 6-14

项目编码	项目名称	项目特征	计量单位	工程量计算规则	工作内容
011206001	石材零星项目	1. 基层类型、部位 2. 安装方式 3. 面层材料品种、规格、颜色 4. 缝宽、嵌缝材料种类 5. 防护材料种类 6. 磨光、酸洗、打蜡要求	m²	按镶贴表面积计算	1. 基层清理 2. 砂浆制作、运输 3. 面层安装 4. 嵌缝 5. 刷防护材料 6. 磨光、酸洗、打蜡
011206002	块料零星项目				
011206003	拼碎块零星项目				

注：1. 在描述碎块项目的面层材料特征时可不用描述规格、颜色。

2. 石材、块料与粘结材料的结合面刷防渗料的种类在防护层材料种类中描述。

3. 墙柱面≤0.5m² 的少量分散的镶贴块料面层按本表中零星项目执行。

7. 墙饰面

墙饰面工程量清单项目的设置、项目特征描述的内容、计量单位及工程量计算规则应按表 6-15 的规定执行。

墙饰面（编码：011207） 表 6-15

项目编码	项目名称	项目特征	计量单位	工程量计算规则	工作内容
011207001	墙面装饰板	1. 龙骨材料种类、规格、中距 2. 隔离层材料种类、规格 3. 基层材料种类、规格 4. 面层材料种类、规格、颜色 5. 压条材料种类、规格	m^2	按设计图示墙净长乘净高以面积计算。扣除门窗洞口及单个＞0.3m^2 的孔洞所占面积	1. 基层清理 2. 龙骨制作、运输、安装 3. 钉隔离层 4. 基层铺钉 5. 面层铺贴
011207002	墙面装饰浮雕	1. 基层类型 2. 浮雕材料种类 3. 浮雕样式		按设计图示尺寸以面积计算	1. 基层清理 2. 材料制作、运输 3. 安装成型

注：1. 在描述碎块项目的面层材料特征时可不用描述规格、颜色。
　　2. 石材、块料与粘结材料的结合面刷防渗材料的种类在防护层材料种类中描述。
　　3. 安装方式可描述为砂浆或粘结剂粘贴、挂贴、干挂等，不论哪种安装方式，都要详细描述与组价相关的内容。

8. 柱（梁）饰面

柱（梁）饰面工程量清单项目的设置、项目特征描述的内容、计量单位及工程量计算规则应按表 6-16 的规定执行。

柱（梁）饰面（编码：011208） 表 6-16

项目编码	项目名称	项目特征	计量单位	工程量计算规则	工作内容
011208001	柱（梁）面装饰	1. 龙骨材料种类、规格、中距 2. 隔离层材料种类 3. 基层材料种类、规格 4. 面层材料种类、规格、颜色 5. 压条材料种类、规格	m^2	按设计图示饰面外围尺寸以面积计算。柱帽、柱墩并入相应柱饰面工程量内	1. 清理基层 2. 龙骨制作、运输、安装 3. 钉隔离层 4. 基层铺钉 5. 面层铺贴
011208002	成品装饰柱	1. 柱截面、高度尺寸 2. 柱材质	1. 根 2. m	1. 以根计量，按设计数量计算 2. 以米计量，按设计长度计算	柱运输、固定、安装

9. 幕墙工程

幕墙工程工程量清单项目的设置、项目特征描述的内容、计量单位及工程量计算规则应按表 6-17 的规定执行。

幕墙工程（编码：011209） 表 6-17

项目编码	项目名称	项目特征	计量单位	工程量计算规则	工作内容
011209001	带骨架幕墙	1. 骨架材料种类、规格、中距 2. 面层材料品种、规格、颜色 3. 面层固定方式 4. 隔离带、框边封闭材料品种、规格 5. 嵌缝、塞口材料种类	m^2	按设计图示框外围尺寸以面积计算。与幕墙同种材质的窗所占面积不扣除	1. 骨架制作、运输、安装 2. 面层安装 3. 隔离带、框边封闭 4. 嵌缝、塞口 5. 清洗

项目编码	项目名称	项目特征	计量单位	工程量计算规则	工作内容
011209002	全玻（无框玻璃）幕墙	1. 玻璃品种、规格、颜色 2. 粘结塞口材料种类 3. 固定方式	m²	按设计图示尺寸以面积计算。带肋全玻幕墙按展开面积计算	1. 幕墙安装 2. 嵌缝、塞口 3. 清洗

10. 隔断

隔断工程量清单项目的设置、项目特征描述的内容、计量单位及工程量计算规则应按表 6-18 的规定执行。

隔断（编码：011210） 表 6-18

项目编码	项目名称	项目特征	计量单位	工程量计算规则	工作内容
011210001	木隔断	1. 骨架、边框材料种类、规格 2. 隔板材料品种、规格、颜色 3. 嵌缝、塞口材料品种 4. 压条材料种类	m²	按设计图示框外围尺寸以面积计算。不扣除单个≤0.3m²的孔洞所占面积；浴厕门的材质与隔断相同时，门的面积并入隔断面积内	1. 骨架及边框制作、运输、安装 2. 隔板制作、运输、安装 3. 嵌缝、塞口 4. 装钉、压条
011210002	金属隔断	1. 骨架、边框材料种类、规格 2. 隔板材料品种、规格、颜色 3. 嵌缝、塞口材料品种			1. 骨架及边框制作、运输、安装 2. 隔板制作、运输、安装 3. 嵌缝、塞口
011210003	玻璃隔断	1. 边框材料种类、规格 2. 玻璃品种、规格、颜色 3. 嵌缝、塞口材料品种		按设计图示框外围尺寸以面积计算。不扣除单个≤0.3m²的孔洞所占面积	1. 边框制作、运输、安装 2. 玻璃制作运输、安装 3. 嵌缝、塞口
011210004	塑料隔断	1. 边框材料种类、规格 2. 隔板材料品种、规格、颜色 3. 嵌缝、塞口材料品种			1. 骨架及边框制作、运输、安装 2. 隔板制作、运输、安装 3. 嵌缝、塞口
011210005	成品隔断	1. 隔板材料品种、规格、颜色 2. 配件品种、规格	1. m² 2. 间	1. 以平方米计量，按设计图示框外围尺寸以面积计算 2. 以间计量，按设计间的数量计算	1. 隔断运输、安装 2. 嵌缝、塞口
011210006	其他隔断	1. 骨架、边框材料种类、规格 2. 隔板材料品种、规格、颜色 3. 嵌缝、塞口材料品种	m²	按设计图示框外围尺寸以面积计算。不扣除单个≤0.3m²的孔洞所占面积	1. 骨架及边框安装 2. 隔板安装 3. 嵌缝、塞口

6.3 幕墙工程

6.3.1 定额说明

1. 本章定额所使用的材料及技术要求，除符合有关规范标准外，还须符合《玻璃幕墙工程技术规范》JGJ 102—2003、《建筑玻璃应用技术规程》JGJ 113—2003 以及《玻璃幕墙工程质量检验标准》JGJ/T 139—2001 的要求。

2. 本章未包括施工验收规范中要求的检测、试验所发生的费用。

3. 本章定额使用的钢材、铝材、镀锌方钢型材、索、索具配件、拉杆、拉杆配件、玻璃肋、玻璃肋连接件、驳接抓及配件、镀锌加工件、化学螺栓、悬窗五金配件等型号、规格，如与设计不同时，可按设计规定调整，但人工、机械不变。

4. 本章定额所采用的骨架，如需进行弯弧处理，其弯弧费另行计算。

5. 点支承玻璃幕墙是采用内置受力骨架直接和主体钢结构进行连接的模式，如采用螺栓和主体连接的后置连接方式，后置预埋钢板、螺栓等材料费另行计算。

6. 点支承玻璃幕墙索结构辅助钢桁架安装是考虑在混凝土基层上的，如采用和主体钢构件直接焊接的连接方式，或和主体钢构件采用螺栓连接的方式，则需要扣除化学螺栓和钢板的材料费。

7. 框支承幕墙是按照后置预埋件考虑的，如预埋件同主体结构同时施工，则应扣除化学螺栓的材料费。

8. 基层钢骨架、金属构件只考虑防锈处理，如表面采用高级装饰，另套用相应章节定额子目。

9. 幕墙防火系统、防雷系统中的镀锌铁皮、防火岩棉、防火玻璃、钢材和幕墙铝合金装饰线条，如与设计不同时，可按设计规定调整，但人工、机械不变。

6.3.2 定额工程量计算规则

1. 点支承玻璃幕墙，按设计图示尺寸以四周框外围展开面积计算。肋玻结构点式幕墙玻璃肋工程量不另计算，作为材料项进行含量调整。点支承玻璃幕墙索结构辅助钢桁架制作安装，按质量计算。

2. 全玻璃幕墙，按设计图示尺寸以面积计算。带肋全玻璃幕墙，按设计图示尺寸以展开面积计算，玻璃肋按玻璃边缘尺寸以展开面积计算并入幕墙工程量内。

3. 金属板幕墙，按设计图示尺寸以外围面积计算。凹或凸出的板材折边不另计算，计入金属板材料单价中。

4. 框支承玻璃幕墙，按设计图示尺寸以框外围展开面积计算。与幕墙同种材质的窗所占面积不扣除。

5. 幕墙防火隔断，按设计图示尺寸以展开面积计算。

6. 幕墙防雷系统、金属成品装饰压条均按延长米计算。

7. 雨篷按设计图示尺寸以外围展开面积计算。有组织排水的排水沟槽按水平投影面积计算并入雨篷工程量内。

例 6.3 某信息港工程幕墙外围尺寸为：宽 29.40m，高 19.50m。幕墙采用点支式玻璃幕墙，其支承结构为预应力单层拉网结构。试计算玻璃幕墙工程量，并确定定额项目。

解

$$S = 29.40 \times 19.50$$
$$= 7.10 \times 1.47 = 573.30 m^2$$

定额项目为：A15-7 点支式玻璃幕墙 单层拉索结构

定额基价为：161841.89 元/100m²

6.3.3 清单工程量计算规则

幕墙清单工程量计算规则详见本章第二节内容。

6.4 天棚工程

6.4.1 定额说明

1. 天棚抹灰面层

（1）本章定额凡注明了砂浆种类、配合比，如与设计规定不同时，可以换算，但定额的抹灰厚度不得调整。

（2）带密肋小梁和每个井内面积在 5m² 以内的井字梁天棚抹灰，按每 100m² 增加 3.96 工日计算。

2. 平面、跌级、艺术造型天棚

（1）本章定额龙骨的种类、间距、型号、规格和基层、面层材料的型号、规格是按常用材料和常用做法考虑的，如与设计要求不同时，材料可以调整，但人工、机械不变。

（2）天棚面层在同一标高者为平面天棚或一级天棚。天棚面层不在同一标高，高差在 200mm 以上 400mm 以下，且满足以下条件者为跌级天棚：

木龙骨、轻钢龙骨错台投影面积大于 18% 或弧形、折形投影面积大于 12%；

铝合金龙骨错台投影面积大于 13% 或弧形、折形投影面积大于 10%。

天棚面层高差在 400mm 以上或超过三级的，按艺术造型天棚项目执行，其断面示意图见本定额附录二。

（3）轻钢龙骨、铝合金龙骨定额中为双层结构（即中、小龙骨紧贴大龙骨底面吊挂），如为单层结构时（大、中龙骨底面在同一水平上），人工乘以系数 0.85。

（4）吊筋安装，如在混凝土板上钻眼、挂筋者，按相应项目每 100m² 增加人工 3.4 工日；如在砖墙上打洞搁放骨架者，按相应天棚项目每 100m² 增加人工 1.4 工日；上人型天棚骨架吊筋为射钉者，每 100m² 应减去人工 0.25 工日，减少吊筋 3.8kg，钢板增加 27.6kg，射钉增加 585 个。

（5）跌级天棚其面层人工乘以系数 1.1。

（6）本定额中平面天棚和跌级天棚指一般直线型天棚，不包括灯光槽的制作安装。灯光槽制作安装应按本章相应子目执行。

（7）艺术造型天棚项目中已包括灯光槽的制作安装，不另计算。

（8）龙骨、基层、面层的防火处理，应按油漆、涂料章节相应子目执行。

（9）天棚检查孔的工料已包括在定额项目内，不另计算。

3. 采光棚

（1）光棚项目未考虑支承光棚、水槽的受力结构，发生时另行计算。

（2）光棚透光材料有两个排水坡度的为二坡光棚，两个排水坡度以上的为多边形组合光棚。光棚的底边为平面弧形的，每米弧长增加 0.5 工日。

6.4.2 定额工程量计算规则

1. 天棚抹灰工程量按以下规定计算。

(1) 天棚抹灰面积按设计图示尺寸以水平投影面积计算。不扣除间壁墙、垛、柱、附墙烟囱、检查口和管道所占的面积，带梁天棚，梁两侧抹灰面积，并入天棚面积内。

(2) 密肋梁和井字梁天棚抹灰面积，按展开面积计算。

(3) 天棚抹灰如带有装饰线时，区别三道线以内或五道线以内按延长米计算，线角的道数以一个突出的棱角为一道线。

(4) 檐口天棚的抹灰面积，并入相同的天棚抹灰工程量内计算。

(5) 天棚中的折线、灯槽线、圆弧形线、拱形线等艺术形式的抹灰，按展开面积计算。

(6) 楼梯底面抹灰，按楼梯水平投影面积（梯井宽超过 200mm 以上者，应扣除超过部分的投影面积）乘以系数 1.30 计算，套用相应的天棚抹灰定额。

(7) 阳台底面抹灰按水平投影面积计算，并入相应天棚抹灰面积内。阳台如带悬壁梁者，其工程量乘系数 1.30。

(8) 雨篷底面或顶面抹灰分别按水平投影面积计算，并入相应天棚抹灰面积内。雨篷顶面带反沿或反梁者，其工程量乘以系数 1.20；底面带悬臂梁者，其工程量乘以系数 1.20。

2. 平面、跌级、艺术造型天棚工程量计算按以下规定计算。

(1) 各种吊顶天棚龙骨按主墙间净空面积计算，不扣除间壁墙、检查洞、附墙烟囱、柱、垛和管道所占面积。

(2) 天棚基层按展开面积计算。

(3) 天棚装饰面层，按主墙间实铺面积计算，不扣除间壁墙、检查口、附墙烟囱、柱、垛和管道所占面积，但应扣除单个 0.3m² 以外的孔洞、独立柱、灯槽及与天棚相连的窗帘盒所占的面积。

(4) 灯光槽按延长米计算。

(5) 灯孔按设计图示数量计算。

3. 采光棚

(1) 成品光棚工程量按成品组合后的外围投影面积计算，其余光棚工程量均按展开面积计算。

(2) 光棚的水槽按水平投影面积计算，并入光棚工程量。

(3) 采光廊架天棚安装按天棚展开面积计算。

4. 其他

(1) 网架按水平投影面积计算。

(2) 送（回）风口按设计图示数量计算。

(3) 天棚石膏板缝嵌缝、贴绷带按延长米计算。

(4) 石膏装饰：石膏装饰角线、平线工程量以延长米计算；石膏灯座花饰工程量以实际面积按个计算；石膏装饰配花，平面外形不规则的按外围矩形面积以个计算。

例 6.4 某天棚尺寸见图 6-3，墙体厚度均为 240mm。钢筋混凝土板下吊双层楞木，龙骨截面尺寸为 30mm×40mm，次龙骨中距为 305mm×305mm，面层为塑料板。试计算天棚基层工程量，并确定定额项目。

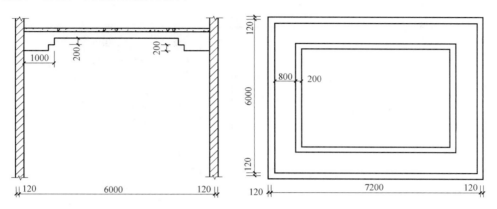

图 6-3　某天棚示意图

解　该天棚为三级天棚。其工程量可分为龙骨和面层两部分列项。

方木天棚龙骨工程量天棚基层按展开面积计算。

$$S = (7.20 - 0.24) \times (6.00 - 0.24)$$
$$= 40.09$$

定额项目为：A16-24　方木天棚龙骨　不上人型　30mm×40mm　二级以上吊在梁板下次龙骨中距为 305mm×305mm

定额基价为：7531.88 元/100m²

6.4.3　清单工程量计算规则

1. 天棚工程

天棚抹灰工程量清单项目的设置、项目特征描述的内容、计量单位及工程量计算规则应按表 6-19 的规定执行。

2. 天棚吊顶

天棚吊顶工程量清单项目的设置、项目特征描述的内容、计量单位及工程量计算规则应按表 6-20 的规定执行。

3. 采光天棚

采光天棚工程量清单项目的设置、项目特征描述的内容、计量单位及工程量计算规则应按表 6-21 的规定执行。

天棚抹灰（编码：011301）　　　　　　　　　　　　　　　　表 6-19

项目编码	项目名称	项 目 特 征	计量单位	工程量计算规则	工 作 内 容
011301001	天棚抹灰	1. 基层类型 2. 抹灰厚度、材料种类 3. 砂浆配合比	m²	按设计图示尺寸以水平投影面积计算。不扣除间壁墙、垛、柱、附墙烟囱、检查口和管道所占的面积，带梁天棚的梁两侧抹灰面积并入天棚面积内，板式楼梯底面抹灰按斜面积计算，锯齿形楼梯底板抹灰按展开面积计算	1. 基层清理 2. 底层抹灰 3. 抹面层

项目编码	项目名称	项目特征	计量单位	工程量计算规则	工作内容
011302001	吊顶天棚	1. 吊顶形式、吊杆规格、高度 2. 龙骨材料种类、规格、中距 3. 基层材料种类、规格 4. 面层材料品种、规格 5. 压条材料种类、规格 6. 嵌缝材料种类 7. 防护材料种类	m²	按设计图示尺寸以水平投影面积计算。天棚面中的灯槽及跌级、锯齿形、吊挂式、藻井式天棚面积不展开计算。不扣除间壁墙、检查口、附墙烟囱、柱垛和管道所占面积，扣除单个＞0.3m² 的孔洞、独立柱及与天棚相连的窗帘盒所占的面积	1. 基层清理、吊杆安装 2. 龙骨安装 3. 基层板铺贴 4. 面层铺贴 5. 嵌缝 6. 刷防护材料
011302002	格栅吊顶	1. 龙骨材料种类、规格、中距 2. 基层材料种类、规格 3. 面层材料品种、规格 4. 防护材料种类		按设计图示尺寸以水平投影面积计算	1. 基层清理 2. 安装龙骨 3. 基层板铺贴 4. 面层铺贴 5. 刷防护材料
011302003	吊筒吊顶	1. 吊筒形状、规格 2. 吊筒材料种类 3. 防护材料种类			1. 基层清理 2. 吊筒制作安装 3. 刷防护材料
011302004	藤条造型悬挂吊顶	1. 骨架材料种类、规格 2. 面层材料品种、规格			1. 基层清理 2. 龙骨安装 3. 铺贴面层
011302005	织物软雕吊顶				
011302006	装饰网架吊顶	网架材料品种、规格			1. 基层清理 2. 网架制作安装

项目编码	项目名称	项目特征	计量单位	工程量计算规则	工作内容
011303001	采光天棚	1. 基层类型 2. 固定类型、固定材料品种、规格 3. 面层材料品种、规格 4. 嵌缝、塞口材料种类	m²	按框外围展开面积计算	1. 清理基层 2. 面层制安 3. 嵌缝、塞口 4. 清洗

注：采光天棚骨架不包括在本节中，应单独按本规范金属结构工程相关项目编码列项。

4. 天棚其他装饰

天棚其他装饰工程量清单项目的设置、项目特征描述的内容、计量单位及工程量计算规则应按表 6-22 的规定执行。

项目编码	项目名称	项 目 特 征	计量单位	工程量计算规则	工 作 内 容
011304001	灯带(槽)	1. 灯带形式、尺寸 2. 格栅片材料品种、规格 3. 安装固定方式	m²	按设计图示尺寸以框外围面积计算	安装、固定
011304002	送风口、回风口	1. 风口材料品种、规格 2. 安装固定方式 3. 防护材料种类	个	按设计图示数量计算	1. 安装、固定 2. 刷防护材料

6.5　门窗工程

6.5.1　定额说明

1. 本章定额普通木门窗、实木装饰门、铝合金门窗、铝合金卷闸门、不锈钢门窗、隔热断桥铝塑复合门窗、彩板组角钢门窗、塑钢门窗、塑料门窗、防盗装饰门窗、防火门窗等是按成品安装编制的，各成品包含的内容如下：

（1）普通木门窗成品不含纱、玻璃及门锁。普通木门窗小五金费，均包括在定额内以"元"表示。实际与定额不同时，可以调整。附表一普通木门窗五金配件表，仅作备料参考。

（2）实木装饰门指工厂成品，包括五金配件和门锁。

（3）铝合金门窗、隔热断桥铝塑复合门窗、彩板组角钢门窗、塑钢门窗、塑料门窗成品，均包括玻璃及五金配件。

（4）门窗成品运输费用包含在成品价格内。

2. 金属防盗栅（网）制作安装，适用于阳台、窗户。如单位面积含量超过 20% 时，可以调整。

3. 厂库房大门、特种门按门窗成品安装或门扇制安分列项目，具体说明如下：

（1）各种大门门扇上所使用铁件均已列入相应定额成品价中。除部分成品门附件外，其墙、柱、楼地面等部位的预埋铁件，按设计要求另行计算。

（2）定额中的金属件已包括刷一遍防锈漆的工料。

（3）定额内的五金配件含量，可按实调整。厂库房大门、特种门五金配件表按标准用量计算，仅作备料参考。

（4）特种门中冷藏库门、冷藏冻结间门、保温门、变电闸门、隔音门的制作与定额含量不同时，可以调整，其他工料不变。

（5）厂库房大门、特种门无论现场或附属加工厂制作，均执行本定额，现场外制作点至安装地点的运输，应另行计算。成品门场外运输的费用，应包含在成品价格内。

4. 包门扇、门窗套、门窗筒子板、窗帘盒、窗台板等，如设计与定额不同时，饰面板材可以换算，定额含量不变。

5. 包门框设计只包单边框时，按定额含量的60％计算。

6. 门扇贴饰面板项目，均未含装饰线条，如需装饰线条，另列项目计算。

7. 本章木枋木种均已一、二类木种为准，如需采用三、四类木种时，按相应项目人工和机械乘以系数1.24。

8. 定额中所注明的木材断面或厚度均以毛料为准。如设计图纸注明的断面或厚度为净料时，应增加刨光损耗；板、枋材一面刨光增加3mm；两面刨光增加5mm；圆木每立方米材积增加0.05m³。

9. 玻璃厚度、颜色、密封油膏、软填料，如设计与定额不同时，可以调整。

10. 玻璃加工，均按平板玻璃考虑。如加工弧形玻璃、钢化玻璃、空心玻璃等，另行计算。

6.5.2 定额工程量计算规则

1. 木门窗

普通木门、普通木窗、实木装饰门安装工程量按设计图示门窗洞口尺寸以面积计算。

2. 金属及其他门窗

（1）铝合金门窗、不锈钢门窗、隔热断桥门窗、彩板组角钢门窗、塑钢门窗、塑料门窗、防盗装饰门窗、防火门窗安装均按设计图示门窗洞口尺寸以面积计算。

（2）卷闸门、防火卷帘门安装按洞口高度增加600mm乘以门实际宽度以面积计算。卷闸门电动装置以套计算，小门安装以个计算。

（3）无框玻璃门安装按设计图示门洞口尺寸以面积计算。

（4）彩板组角钢门窗附框安装按延长米计算。

（5）金属防盗栅（网）制作安装按阳台、窗户洞口尺寸以面积计算。

（6）防火门楣包箱按展开面积计算。

（7）电子感应门及旋转门安装按樘计算。

（8）不锈钢电动伸缩门按樘计算。

3. 厂库房大门安装和特种门制作安装工程量按设计图示门洞口尺寸以面积计算。百叶钢门的安装工程量按图示尺寸以重量计算，不扣除孔眼、切肢、切片、切角的重量。

4. 门窗附属

（1）包门框及门窗套按展开面积计算。包门扇及木门扇镶贴饰面板按门扇垂直投影面积计算。

（2）门窗贴脸按延长米计算。

（3）筒子板、窗台板按实铺面积计算。

（4）窗帘盒、窗帘轨、窗帘杆均按延长米计算。

（5）豪华拉手安装按付计算。

（6）门锁安装按把计算。

（7）闭门器按套计算。

5. 其他

（1）包橱窗框按橱窗洞口面积计算。

（2）门、窗洞口安装玻璃按洞口面积计算。

（3）玻璃黑板按边框外围尺寸以垂直投影面积计算。

（4）玻璃加工：划圆孔、划线按面积计算，钻孔按个计算。

（5）铝合金踢脚板安装按实铺面积计算。

例 6.5 某工程门窗表见表 6-23。试计算其木门窗的工程量，并确定定额项目。

门窗表 表 6-23

编号	名　　称	洞口尺寸(宽×高,mm)	樘数
M-1	单扇无亮带纱木门	1200×2700	1
M-2	单扇无亮无纱木门	900×2700	2
C-1	三扇单层玻璃窗	1500×1800	5

解

（1）木门 M-1

$$S=1.20\times2.70\times1=3.24\text{m}^2$$

定额项目为：A17-3　单扇无亮带纱木门安装

定额基价为：55063.06 元/100m²

（2）木门 M-2

$$S=0.90\times2.70\times2=4.86\text{m}^2$$

定额项目为：A17-7　单扇无亮无纱木门安装

定额基价为：57986.16 元/100m²

（3）木窗 C-1

$$S=1.50\times1.80\times5=13.50\text{m}^2$$

定额项目为：A17-17　三扇单层玻璃窗安装

定额基价为：33426.43 元/100m²

6.6　油漆、涂料、裱糊工程

6.6.1　定额说明

1. 本章定额刷涂、刷油采用手工操作，喷塑、喷涂、喷油采用机械操作，操作方法不同的，不另调整。

2. 本章定额油漆已综合浅、中、深各种颜色，颜色不同时，不另调整。

3. 本章定额在同一平面上的分色及门窗内外分色已综合考虑。如需做美术图案者，另行计算。

4. 定额规定的喷、涂、刷遍数，如与设计要求不同时，可按每增加一遍定额项目进行调整。

5. 由于涂料品种繁多，如采用品种不同时，材料可以换算，人工、机械不变。

6. 定额中的双层木门窗（单裁口）是指双层框扇，三层二玻一纱扇是指双层框三层扇。单层木门刷油是按双面刷油考虑的，如采用单面刷油，其定额含量乘以系数 0.49。木扶手油漆按不带托板考虑。

7. 单层钢门窗和其他金属面，如需涂刷第二遍防锈漆时，应按相应刷第一遍定额套用，人工乘以系数 0.74，材料、机械不变。

8. 其他金属面油漆适用于平台、栏杆、梯子、零星铁件等不属于钢结构构件的金属面。钢结构构件油漆套用安装定额第十二册金属结构刷油相应子目。

9. 喷塑（一塑三油）：底油、装饰漆、面油，其规格划分如下。

大压花：喷点压平、点面积在 1.2cm² 以上；

中压花：喷点压平、点面积在 1.0～2cm² 以内；

喷中点、幼喷：喷点面积在 1.0cm² 以下。

10. 拉毛面上喷、刷涂料时，除定额另有规定外，均按相应定额基价乘以系数 1.25 计算。

6.6.2 定额工程量计算规则

1. 楼地面、天棚、墙、柱、梁面的喷（刷）涂料、抹灰面油漆及裱糊工程，均按本章附表相应的计算规则计算。

2. 木材面、金属面油漆的工程量分别乘以相应系数，按附表 6-1 ～附表 6-8 规定计算。

3. 天棚金属龙骨刷防火涂料按天棚投影面积计算。

4. 定额中的隔墙、护壁、柱、天棚木龙骨、木地板中木龙骨带毛地板，刷防火涂料工程量计算规则如下。

（1）隔墙、护壁木龙骨按其面层正立面投影面积计算。

（2）柱木龙骨按其面层外围面积计算。

（3）天棚木龙骨按其水平投影面积计算。

（4）木地板中木龙骨、木龙骨带毛地板按地板面积计算。

5. 隔墙、护壁、柱、天棚的面层及木地板刷防火涂料，执行其他木材面刷防火涂料子目。

6. 木楼梯（不包括底面）油漆，按水平投影面积乘以系数 2.3，执行木地板相应子目。

附表：

1. 木材面油漆

执行木门定额工程量系数表　　　　　　　　　　　　　　附表 6-1

项目名称	系数	工程量计算方法
单层木门	1.00	
双层（一玻一纱）木门	1.36	
双层（单裁口）木门	2.00	按单面洞口面积计算
单层全玻	0.83	
木百叶门	1.25	

项 目 名 称	系数	工程量计算方法
单层玻璃窗	1.00	
双层(一玻一纱)木窗	1.36	
双层框扇(单裁口)木窗	2.00	按单面洞口面积计算
单层组合窗	0.83	
双层组合窗	1.13	
木百叶窗	1.5	

项 目 名 称	系数	工程量计算方法
木扶手(不带托板)	1.00	
木扶手(带托板)	2.60	
窗帘盒	2.04	按延长米计算
封檐板、顺水板	1.74	
挂衣板、黑板框、单独木线条 100mm 以外	0.52	
挂镜线、窗帘棍、单独木线条 100mm 以内	0.35	

项 目 名 称	系数	工程量计算方法
木板、纤维板、胶合板天棚	1.00	
木护墙、木墙裙	1.00	
窗台板、筒子板、盖板、门窗套、踢脚线	1.00	
清水板条天棚、檐口	1.07	长×宽
木方格吊顶天棚	1.2	
吸声板墙面、天棚面	0.87	
暖气罩	1.28	
木间壁、木隔断	1.90	
玻璃间壁露明墙筋	1.65	单面外围面积
木栅栏、木栏杆(带扶手)	1.82	
衣柜、壁柜	1.00	按实刷展开面积
零星木装修	1.10	展开面积
梁柱饰面	1.00	展开面积

2. 抹灰面油漆、涂料、裱糊

抹灰面油漆、涂料、裱糊系数表

附表 6-5

项 目 名 称	系数	工程量计算方法
混凝土楼梯底（板式）	1.15	水平投影面积
混凝土楼梯（梁式）	1.00	展开面积
混凝土花格窗、栏杆花饰	1.82	单面外围面积
楼梯面、天棚、墙、柱、梁面	1.00	展开面积

3. 金属面油漆

单层钢门窗工程量系数表

附表 6-6

项 目 名 称	系数	工程量计算方法
单层钢门窗	1.00	洞口面积
双层（一玻一纱）钢门窗	1.48	
钢百页钢门	2.74	
半截百页钢门	2.22	
满钢门或包铁皮门	1.63	
钢折叠门	2.30	
射线防护门	2.96	框（扇）外围面积
厂库房平开、拉维门	1.70	
钢丝网大门	0.81	
间壁	1.85	长×宽
平板屋面	0.74	斜长×宽
瓦垄版屋面	0.89	
排水、伸缩缝盖板	0.78	展开面积
吸气罩	1.63	水平投影面积

其他金属面工程量系数表

附表 6-7

项 目 名 称	系数	工程量计算方法
操作台、走台	0.71	重量（t）
钢栅栏门、栏杆、窗栅	1.71	
钢爬梯	1.18	
踏步式钢扶梯	1.05	
零星铁件	1.32	

平面屋面涂刷磷化、锌黄底漆工程量系数表		附表 6-8
项 目 名 称	系数	工程量计算方法
平板屋面	1.00	斜长×宽
瓦垄版屋面	1.20	
排水、伸缩缝盖板	1.05	展开面积
吸气罩	2.20	水平投影面积
包镀锌铁皮门	2.20	洞口面积

例 6.6 某变电室小房，设有如图 6-4 所示钢制半截百叶门 1 樘，刷红丹防锈漆一遍、调和漆二遍。试计算其油漆工程量，并确定定额项目。

解 钢制半截百叶门油漆的工程量以其洞口面积乘以相应工程量系数 2.22（见附表 6-6）以 m² 计算。

(1) 调和漆

$$S=2.10\times1.50\times2.22=6.99m^2$$

定额项目为：A18-234 调和漆 二遍 单层钢门窗

定额基价为：1249.57 元/100m²

(2) 红丹防锈漆

$$S=2.10\times1.50\times2.22=6.99m^2$$

定额项目为：A18-250 红丹防锈漆一遍 单层钢门窗

定额基价为：611.21 元/100m²

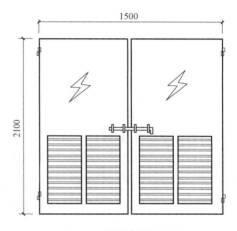

图 6-4 钢制半截百页门

6.6.3 清单工程量计算规则

1. 门油漆

门油漆工程量清单项目的设置、项目特征描述的内容、计量单位及工程量计算规则应按表 6-24 的规定执行。

	门油漆（编号：011401）				表 6-24
项目编码	项目名称	项 目 特 征	计量单位	工 程 量 计 算 规 则	工 作 内 容
011401001	木门油漆	1. 门类型 2. 门代号及洞口尺寸 3. 腻子种类 4. 刮腻子遍数 5. 防护材料种类 6. 油漆品种、刷漆遍数	1. 樘 2. m²	1. 以樘计算，按设计图示数量计算 2. 以平方米计量，按设计图示洞口尺寸以面积计算	1. 基层清理 2. 刮腻子 3. 刷防护材料、油漆
011401002	金属门油漆				1. 防锈、基层清理 2. 刮腻子 3. 刷防护材料、油漆

注：1. 木门油漆应区分木大门、单层木门、双层（一玻一纱）木门、单层（单裁口）木门、全玻自由门、举玻自由门、装饰门及有框门或无框门等项目，分别编码列项。
2. 金属门油漆应区分平开门、推拉门、钢制防火门等项目，分别编码列项。
3. 以平方米计量，项目特征可不必描述洞口尺寸。

2. 窗油漆

窗油漆工程量清单项目的设置、项目特征描述的内容、计量单位及工程量计算规则应按表 6-25 的规定执行。

木扶手及其他板条、线条油漆（编号：011402）

表 6-25

项目编码	项目名称	项目特征	计量单位	工程量计算规则	工作内容
011402001	木窗油漆	1. 窗类型 2. 窗代号及洞口尺寸 3. 腻子种类 4. 刮腻子遍数 5. 防护材料种类 6. 油漆品种、刷漆遍数	1. 樘 2. m²	1. 以樘计算，按设计图示数量计算 2. 以平方米计量，按设计图示洞口尺寸以面积计算	1. 基层清理 2. 刮腻子 3. 刷防护材料、油漆
011402002	金属窗油漆				1. 防锈、基层清理 2. 刮腻子 3. 刷防护材料、油漆

注：1. 木窗油漆应区分单层木门、双层（一玻一纱）木窗、单层框扇（单裁口）木窗、双层框三层（二玻一纱）木窗、单层组合窗、双层组合窗、木百叶窗、木推拉窗等项目，分别编码列项。

2. 金属窗油漆应区分平开窗、推拉窗、固定窗、组合窗、金属隔栅窗等项目，分别编码列项。

3. 以平方米计量，项目特征可不必描述洞口尺寸。

3. 木扶手及其他板条、线条油漆

木扶手及其他板条、线条油漆工程量清单项目的设置、项目特征描述的内容、计量单位及工程量计算规则应按表 6-26 的规定执行。

木扶手及其他板条、线条油漆（编号：011403）

表 6-26

项目编码	项目名称	项目特征	计量单位	工程量计算规则	工作内容
011403001	木扶手油漆	1. 断面尺寸 2. 腻子种类 3. 刮腻子遍数 4. 防护材料种类 5. 油漆品种、刷漆遍数	m	按设计图示尺寸以长度计算	1. 基层清理 2. 刮腻子 3. 刷防护材料、油漆
011403002	窗帘盒油漆				
011403003	封檐板、顺水板油漆				
011403004	挂衣板、黑板框油漆				
011403005	挂镜线、窗帘棍、单独木线油漆				

注：木扶手应区分带托板与不带托板，分别编码列项，若是木栏杆带扶手，木扶手不应单独列项，应包含在木栏杆油漆中。

4. 木材面油漆

木材面油漆工程量清单项目的设置、项目特征描述的内容、计量单位及工程量计算规则应按表 6-27 的规定执行。

5. 金属面油漆

金属面油漆工程量清单项目的设置、项目特征描述的内容、计量单位及工程量计算规则应按表 6-28 的规定执行。

木材面油漆（编号：011404）

表 6-27

项目编码	项目名称	项目特征	计量单位	工程量计算规则	工作内容
011404001	木护墙、木墙裙油漆	1. 腻子种类 2. 刮腻子遍数 3. 防护材料种类 4. 油漆品种、刷漆遍数	m	按设计图示尺寸以面积计算	1. 基层清理 2. 刮腻子 3. 刷防护材料、油漆
011404002	窗台板、筒子板、盖板、门窗套、踢脚线油漆				
011404003	清水板条天棚、檐口油漆				
011404004	木方格吊顶天棚油漆				
011404005	吸声板墙面、天棚面油漆				
011404006	暖气罩油漆				
011404007	其他木材面				
011404008	木间壁、木隔断油漆			按设计图示尺寸以单面外围面积计算	
011404009	玻璃间壁露明墙筋油漆				
011404010	木栅栏、木栏杆（带扶手）油漆				
011404011	衣柜、壁柜油漆			按设计图示尺寸以油漆部分展开面积计算	
011404012	梁柱饰面油漆				
011404013	零星木装修油漆				
011404014	木地板油漆			按设计图示尺寸以面积计算。空洞、空圈、暖气包槽、壁龛的开口部分并入相应工程量内	
011404015	木地板烫硬蜡面	1. 硬蜡品种 2. 面层处理要求			1. 基层清理 2. 烫蜡

金属面油漆（编号：011405）

表 6-28

项目编码	项目名称	项目特征	计量单位	工程量计算规则	工作内容
011405001	金属面油漆	1. 构件名称 2. 腻子种类 3. 刮腻子要求 4. 防护材料种类 5. 油漆品种、刷漆遍数	1. t 2. m²	1. 以吨计量，按设计图示尺寸以质量计算 2. 以平方米计量，按设计展开面积计算	1. 基层清理 2. 刮腻子 3. 刷防护材料、油漆

6. 抹灰面油漆

抹灰面油漆工程量清单项目的设置、项目特征描述的内容、计量单位及工程量计算规则应按表 6-29 的规定执行。

抹灰面油漆（编号：011406） 表 6-29

项目编码	项目名称	项目特征	计量单位	工程量计算规则	工作内容
011406001	抹灰面油漆	1. 基层类型 2. 腻子种类 3. 刮腻子遍数 4. 防护材料种类 5. 油漆品种、刷漆遍数 6. 部位	m²	按设计图示尺寸以面积计算	1. 基层清理 2. 刮腻子 3. 刷防护材料、油漆
011406002	抹灰线条油漆	1. 线条宽度、道数 2. 腻子种类 3. 刮腻子遍数 4. 防护材料种类 5. 油漆品种、刷漆遍数	m	按设计图示尺寸以长度计算	
011406003	满刮腻子	1. 基层类型 2. 腻子种类 3. 刮腻子遍数	m²	按设计图示尺寸以面积计算	1. 基层清理 2. 刮腻子

7. 喷涂刷料

喷涂刷料工程量清单项目的设置、项目特征描述的内容、计量单位及工程量计算规则应按表 6-30 的规定执行。

喷涂刷料（编号：011407） 表 6-30

项目编码	项目名称	项目特征	计量单位	工程量计算规则	工作内容
011407001	墙面喷涂刷料	1. 基层类型 2. 喷刷涂料部位 3. 腻子种类 4. 刮腻子遍数 5. 油漆品种、刷漆遍数	m²	按设计图示尺寸以面积计算	1. 基层清理 2. 刮腻子 3. 喷、刷涂料
011407002	天棚喷涂刷料				
011407003	空花格、栏杆刷涂料	1. 腻子种类 2. 刮腻子遍数 3. 油漆品种、刷漆遍数		按设计图示尺寸以单面外围面积计算	
011407004	线条刷涂料	1. 基层清理 2. 线条宽度 3. 刮腻子遍数 4. 刷防护材料、油漆	m	按设计图示尺寸以长度计算	
011407005	金属构件刷防火涂料	1. 喷刷防火涂料构件名称 2. 防火等级要求 3. 涂料品种、喷刷遍数	1. m² 2. t	1. 以吨计算，按设计图示尺寸以质量计算 2. 以平方米计量，按设计展开面积计算	1. 基层清理 2. 刷防护材料、油漆
011407006	木材构件喷刷防火涂料		m²	以平方米计量，按设计图示尺寸以面积计算	1. 基层清理 2. 刷防火材料

注：喷刷墙面涂料部位要注明内墙或外墙。

8. 裱糊

裱糊工程量清单项目的设置、项目特征描述的内容、计量单位及工程量计算规则应按表 6-31 的规定执行。

裱糊（编号：011408）

表 6-31

项目编码	项目名称	项目特征	计量单位	工程量计算规则	工作内容
011408001	墙纸裱糊	1. 基层类型 2. 裱糊部位 3. 腻子种类 4. 刮腻子遍数 5. 粘结材料种类 6. 防护材料种类 7. 面层材料品种、规格、颜色	m²	按设计图示尺寸以面积计算	1. 基层清理 2. 刮腻子 3. 面层铺贴 4. 刷防护材料
011408002	织锦缎裱糊				

6.7 其他装饰工程

6.7.1 定额说明

1. 本章定额项目在实际施工中使用的材料品种、规格、用量与定额取定不同时，可以调整，但人工、机械不变。

2. 本章定额中铁件已包括刷防锈漆一遍，如设计需涂刷油漆、防火涂料时，按本章第六节相应子目执行。

3. 招牌

（1）平面招牌是指安装在门前的墙面上；箱体招牌、竖式标箱是指六面体固定在墙面上；沿雨篷、檐口或阳台走向的立式招牌，按平面招牌复杂项目执行。

（2）一般招牌和矩形招牌是指正立面平整无凹凸面；复杂招牌和异形招牌是指正立面有凹凸造型。

（3）招牌的灯饰均不包括在定额内。

4. 美术字安装

（1）美术字均按成品安装固定考虑。

（2）美术字不分字体均执行本定额。

（3）其他面指铝合金扣板面、钙塑版面等。

（4）电脑割字（或图形）不分大小、字形、简单和复杂形式，均执行本定额。

5. 装饰线条

（1）木装饰线、石膏装饰线、石材装饰线条均按成品安装考虑。

（2）石材装饰线条磨边、磨圆角均包括在成品单价中，不再另计。

（3）定额中石材磨边、磨斜边、磨半圆边及台面开孔子目均为现场磨制。

（4）装饰线条按墙面上直线安装考虑，如天棚安装直线型、圆弧形或其他图案者，按以下规定计算：

天棚面安装直线装饰线条，人工乘以系数1.34。

天棚面安装圆弧装饰线条，人工乘以系数1.6，材料乘以系数1.1。

墙面安装圆弧装饰线条，人工乘以系数1.2，材料乘以系数1.1。

装饰线条做艺术图案者，人工乘以系数1.8，材料乘以系数1.1。

6. 壁画、国画、平面浮雕均含艺术创作、制作过程中的再创作、再修饰、制作成型、打磨、上色、安装等全部工序。聘请专家设计制作，可由双方协商结算。

7. 扶手、栏杆、栏板

（1）扶手、栏杆、栏板适用于楼梯、走廊、回廊及其他装饰性栏杆、栏板。栏杆、栏板、扶手造型图见本定额附录三。

（2）扶手、栏杆、栏板的材料规格、用量，其设计要求与定额不同时，可以调整。

8. 其他

（1）罗马柱如设计为半片安装者，罗马柱含量乘以系数0.50，人工、材料不变。

（2）暖气罩挂板式是指挂钩在暖气片上；平墙式是指凹入墙内；明式是指凸出墙面。半凹半凸式按明式定额子目执行。

6.7.2 定额工程量计算规则

1. 货架、柜台

（1）柜台、展台、酒吧台、酒吧吊柜、吧台背柜按延长米计算。

（2）货架、附墙木壁柜、附墙矮柜、厨房矮柜均按正立面的高（包括脚的高度在内）乘以宽以面积计算。

（3）收银台、试衣间以个计算。

2. 家具是指独立的衣柜、书柜、酒柜等，不分柜子的类型，按不同部位以展开面积计算。

3. 招牌、灯箱

（1）平面招牌基层按正立面面积计算，复杂性的凹凸造型部分亦不增减。

（2）沿雨篷、檐口或阳台走向的立式招牌基层，按展开面积计算。

（3）箱体招牌和竖式标箱的基层，按外围体积计算。突出箱外的灯饰、店徽及其他艺术装潢等，均另行计算。

（4）灯箱的面层按展开面积计算。

（5）广告牌钢骨架以吨计算。

4. 美术字安装按字的最大外围矩形面积以个计算。

5. 压条、装饰线条均按延长米计算。

6. 壁画、国画、平面雕塑按图示尺寸，无边框分界时，以能包容该图形的最小矩形或多边形面积计算。有边框分界时，按边框间面积计算。

7. 栏杆、栏板、扶手

（1）栏杆、栏板、扶手均按其中心线长度以延长米计算，计算扶手时不扣除弯头所占长度。

（2）弯头按个计算。

8. 其他

（1）暖气罩（包括脚的高度在内）按边框外围尺寸垂直投影面积计算。

（2）镜面玻璃安装以正立面面积计算。

（3）塑料镜箱、毛巾环、肥皂盒、金属帘子杆、浴缸拉手、毛巾杆安装以只或副计算。

（4）大理石洗漱台以台面投影面积计算（不扣除孔洞面积）。

（5）不锈钢旗杆以延长米计算。

（6）窗帘布制作与安装工程量以垂直投影面积计算。

例 6.7 某建筑设厨房吊柜 16 个，采用木芯板、胶合板制作，见图 6-5。试计算其工程量，并确定定额项目。

解 吊柜制作安装工程量以正立面的高度乘以宽度以面积计算。

$$S＝2.25×0.80×16＝28.80m^2$$

定额项目为：A19-24　吊厨

定额基价为：6061.51 元/10m²

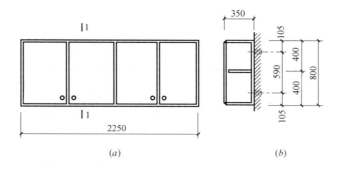

图 6-5　厨房吊柜示意图
（a）厨房吊柜立面图；（b）1—1 剖面图

6.7.3　清单工程量计算规则

1. 柜类、货架

柜类、货架工程量清单项目的设置、项目特征描述的内容、计量单位及工程量计算规则应按表 6-32 的规定执行。

柜类、货架（编号：011501）　　　　　　　　　　　　　　　　表 6-32

项目编码	项目名称	项目特征	计量单位	工程量计算规则	工作内容
011501001	柜台	1. 台柜规格 2. 材料种类、规格 3. 五金种类、规格 4. 防护材料种类 5. 油漆品种、刷漆遍数	1. 个 2. m 3. m³	1. 以个计算，按设计图示数量计量 2. 以米计算，按设计图示尺寸以延长米计算 3. 以立方米计算，按设计图示尺寸以体积计算	1. 台柜制作、运输、安装(安放) 2. 刷防护涂料、油漆 3. 五金件安装
011501002	酒柜
011501003	衣柜
011501004	存包柜
011501005	鞋柜

项目编码	项目名称	项 目 特 征	计量单位	工程量计算规则	工 作 内 容
011501006	书柜				
011501007	厨房壁柜				
011501008	木壁柜				
011501009	厨房低柜				
011501010	厨房吊柜				
011501011	矮柜	1. 台柜规格 2. 材料种类、规格 3. 五金种类、规格 4. 防护材料种类 5. 油漆品种、刷漆遍数	1. 个 2. m 3. m³	1. 以个计算,按设计图示数量计量 2. 以米计算,按设计图示尺寸以延长米计算 3. 以立方米计算,按设计图示尺寸以体积计算	1. 台柜制作、运输、安装(安放) 2. 刷防护涂料、油漆 3. 五金件安装
011501012	吧台背柜				
011501013	酒吧吊柜				
011501014	酒吧台				
011501015	展台				
011501016	收银台				
011501017	试衣间				
011501018	货架				
011501019	书架				
011501020	服务台				

2. 压条、装饰线

压条、装饰线工程量清单项目的设置、项目特征描述的内容、计量单位及工程量计算规则应按表 6-33 的规定执行。

压条、装饰线（编号：011502） 表 6-33

项目编码	项目名称	项 目 特 征	计量单位	工程量计算规则	工 作 内 容
011502001	金属装饰线	1. 基层类型 2. 线条材料品种、规格、颜色 3. 防护材料种类			1. 线条制作、安装 2. 刷防护材料
011502002	木质装饰线				
011502003	石材装饰线				
011502004	石膏装饰线				
011502005	镜面装饰线	1. 基层类型 2. 线条材料品种、规格、颜色 3. 防护材料种类	m	按设计图示尺寸以长度计算	
011502006	铝塑装饰线				
011502007	塑料装饰线				
011502008	GRC 装饰线条	1. 基层类型 2. 线条规格 3. 线条安装部位 4. 填充材料种类			线条制作安装

3. 扶手、栏杆、栏板装饰

扶手、栏杆、栏板装饰工程量清单项目的设置、项目特征描述的内容、计量单位及工程量计算规则应按表 6-34 的规定执行。

扶手、栏杆、栏板装饰（编码：011503）　　　　　　　　　表 6-34

项目编码	项目名称	项目特征	计量单位	工程量计算规则	工作内容
011503001	金属扶手、栏杆、栏板	1. 扶手材料种类、规格 2. 栏杆材料种类、规格 3. 栏板材料种类、规格、颜色 4. 固定配件种类 5. 防护材料种类	m	按设计图示尺寸以扶手中心线长度(包括弯头长度)计算	1. 制作 2. 运输 3. 安装 4. 刷防护材料
011503002	硬木扶手、栏杆、栏板				
011503003	塑料扶手、栏杆				
011503004	GRC扶手、栏杆、栏板	1. 栏杆的规格 2. 安装间距 3. 扶手类型规格 4. 填充材料种类			
011503005	金属靠墙扶手	1. 扶手材料种类、规格 2. 固定配件种类 3. 防护材料种类			
011503006	硬木靠墙扶手				
011503007	塑料靠墙扶手				
011503008	玻璃栏板	1. 栏杆玻璃的种类、规格、颜色 2. 固定方式 3. 固定配件种类			

4. 暖气罩

暖气罩工程量清单项目的设置、项目特征描述的内容、计量单位及工程量计算规则应按表 6-35 的规定执行。

暖气罩（编号：011504）　　　　　　　　　表 6-35

项目编码	项目名称	项目特征	计量单位	工程量计算规则	工作内容
011504001	饰面板暖气罩	1. 暖气罩材质 2. 防护材料种类	m²	按设计图示尺寸以垂直投影面积（不展开）计算	1. 暖气罩制作、运输、安装 2. 刷防护材料
011504002	塑料板暖气罩				
011504003	金属暖气罩				

5. 浴厕配件

浴厕配件工程量清单项目的设置、项目特征描述的内容、计量单位及工程量计算规则应按表 6-36 的规定执行。

浴厕配件（编号：011505）　　　　　　　　　表 6-36

项目编码	项目名称	项目特征	计量单位	工程量计算规则	工作内容
011505001	洗漱台	1. 材料品种、规格、颜色 2. 支架、配件品种、规格	1. m² 2. 个	1. 按设计图示尺寸以台面外接矩形面积计算。不扣除孔洞、挖弯、削角所占面积,挡板、吊沿板面积并入台面面积内 2. 按设计图示数量计算	1. 台面及支架运输、安装 2. 杆、环、盒、配件安装 3. 刷油漆

项目编码	项目名称	项 目 特 征	计量单位	工程量计算规则	工 作 内 容
011505002	晒衣架		个		1. 台面及支架运输、安装
011505003	帘子杆				
011505004	浴缸拉手	1. 材料品种、规格、颜色 2. 支架、配件品种、规格		按设计图示数量计算	2. 杆、环、盒、配件安装
011505005	卫生间扶手				
011505006	毛巾杆(架)		套		3. 刷油漆
011505007	毛巾环		副		
011505008	卫生纸盒		个		
011505009	肥皂盒				
011505010	镜面玻璃	1. 镜面玻璃品种、规格、颜色 2. 框材质、断面尺寸 3. 基层材料种类 4. 防护材料种类	m²	按设计图示尺寸以边框外围面积计算	1. 基层安装 2. 玻璃及框制作、运输、安装
011505011	镜箱	1. 箱体材质、规格 2. 玻璃品种、规格 3. 基层材料种类 4. 防护材料种类 5. 油漆品种、刷漆遍数	个	按设计图示数量计算	1. 基层安装 2. 箱体制作、运输、安装 3. 玻璃安装 4. 刷防护材料、油漆

6. 雨篷、旗杆

雨篷、旗杆工程量清单项目的设置、项目特征描述的内容、计量单位及工程量计算规则应按表 6-37 的规定执行。

雨篷、旗杆（编号：011506） 表 6-37

项目编码	项目名称	项 目 特 征	计量单位	工程量计算规则	工 作 内 容
011506001	雨篷吊挂饰面	1. 基层类型 2. 龙骨材料种类、规格、中距 3. 面层材料品种、规格 4. 吊顶(天棚)材料品种、规格 5. 嵌缝材料种类 6. 防护材料种类	m²	按设计图示尺寸以水平投影面积计算	1. 底层抹灰 2. 龙骨基层安装 3. 面层安装 4. 刷防护材料、油漆
011506002	金属旗杆	1. 旗杆材料、种类、规格 2. 旗杆高度 3. 基础材料种类 4. 基座材料种类 5. 基座面层材料、种类、规格	根	按设计图示数量计算	1. 土石挖、填、运 2. 基础混凝土浇筑 3. 旗杆制作、安装 4. 旗杆台座制作、饰面

项目编码	项目名称	项目特征	计量单位	工程量计算规则	工作内容
011506003	玻璃雨篷	1. 玻璃雨篷固定方式 2. 龙骨材料种类、规格、中距 3. 玻璃材料品种、规格 4. 嵌缝材料种类 5. 防护材料种类	m²	按设计图示尺寸以水平投影面积计算	1. 龙骨基层安装 2. 面层安装 3. 刷防护材料、油漆

7. 招牌、灯箱

招牌、灯箱工程量清单项目的设置、项目特征描述的内容、计量单位及工程量计算规则应按表 6-38 的规定执行。

招牌、灯箱（编号：011507）   表 6-38

项目编码	项目名称	项目特征	计量单位	工程量计算规则	工作内容
011507001	平面、箱式招牌	1. 箱体规格 2. 基层材料种类 3. 面层材料种类 4. 防护材料种类	m²	按设计图示尺寸以正立面边框外围面积计算。复杂形的凸凹造型部分不增加面积	1. 基层安装 2. 箱体及支架制作、运输、安装 3. 面层制作、安装 4. 刷防护材料、油漆
011507002	竖式标箱		个	按设计图示数量计算	
011507003	灯箱				
011507004	信报箱	1. 箱体规格 2. 基层材料种类 3. 面层材料种类 4. 保护材料种类 5. 户数	个	按设计图示数量计算	

8. 美术字

美术字工程量清单项目的设置、项目特征描述的内容、计量单位及工程量计算规则应按表 6-39 的规定执行。

美术字（编号：011508）   表 6-39

项目编码	项目名称	项目特征	计量单位	工程量计算规则	工作内容
011508001	泡沫塑料字	1. 基层类型 2. 镌字材料品种、颜色 3. 字体规格 4. 固定方式 5 油漆品种、刷漆遍数	个	按设计图示数量计算	1. 字制作、运输、安装 2. 刷油漆
011508002	有机玻璃字				
011508003	木质字				
011508004	金属字				
011508005	吸塑字				

6.8 拆除工程

6.8.1 定额说明

1. 本章适用于一般工业与民用建筑装饰装修工程的修缮、改善工程。

2. 当室内全部腾空后进行的装饰装修项目（含隔墙及内、外装饰），执行本章定额子目；当室内未腾空进行的装饰装修项目，执行现行《湖北省房屋修缮工程预算定额统一基价表（装饰装修分册）》。

3. 一般工业与民用建筑的主体及部分结构拆除，执行现行《湖北省房屋修缮工程预算定额统一基价表（建筑·爆破分册）》。

6.8.2 定额工程量计算规则

1. 铲除饰面面层以实际铲除面积计算。

2. 天棚的拆除按水平投影面积计算，不扣除室内柱子所占的面积。

3. 地面面层的拆除按面积计算，踢脚板的拆除并入地面面积内。

4. 木楼梯拆除按水平投影面积计算。

6.8.3 清单工程量计算规则

1. 砖砌体拆除

砖砌体拆除工程量清单项目的设置、项目特征描述的内容、计量单位及工程量计算规则应按表 6-40 的规定执行。

砖砌体拆除（编码：011601） 表 6-40

项目编码	项目名称	项目特征	计量单位	工程量计算规则	工作内容
011601001	砖砌体拆除	1. 砌体名称 2. 砌体材质 3. 拆除高度 4. 拆除砌体的截面尺寸 5. 砌体表面的附着种类	1. m² 2. m	1. 以立方米计量，按拆除的体积计算 2. 以米计量，按拆除的延长米计算	1. 拆除 2. 控制场尘 3. 清理 4. 建渣场内、外运输

注：1. 砌体名称指墙、柱、水池等。

2. 砌体表面的附着物种类指抹灰层、块料层、龙骨及装饰面层等。

3. 以米计量，如砖地沟、砖明沟等必须描述拆除部位的截面尺寸；以立方米计量，截面尺寸则不必描述。

2. 混凝土及钢筋混凝土构件拆除

混凝土及钢筋混凝土构件拆除工程量清单项目的设置、项目特征描述的内容、计量单位及工程量计算规则应按表 6-41 的规定执行。

3. 木构件拆除

木构件拆除工程量清单项目的设置、项目特征描述的内容、计量单位及工程量计算规则应按表 6-42 的规定执行。

混凝土及钢筋混凝土构件拆除（编码：011602） 表 6-41

项目编码	项目名称	项目特征	计量单位	工程量计算规则	工作内容
011602001	混凝土构件拆除	1. 构件名称 2. 拆除构件的厚度或规格尺寸 3. 构件表面的附着物种类	1. m³ 2. m² 3. m	1. 以立方米计量，按拆除构建的混凝土体积计算 2. 以平方米计量，按拆除部位的面积计算 3. 以米计量，按拆除部位的延长米计算	1. 拆除 2. 控制场尘 3. 清理 4. 建渣场内、外运输
011602002	钢筋混凝土构件拆除				

注：1. 以立方米作为计量单位时，可不描述构件的规格尺寸；以平方米作为计量单位时，则应描述构件的厚度；以米作为计量单位时，则必须描述构件的规格尺寸。
　　2. 构件表面的附着物种类指抹灰层、块料层、龙骨及装饰面层等。

木构件拆除（编码：011603） 表 6-42

项目编码	项目名称	项目特征	计量单位	工程量计算规则	工作内容
011603001	木构件拆除	1. 构件名称 2. 拆除构件的厚度或规格尺寸 3. 构件表面的附着物种类	1. m³ 2. m² 3. m	1. 以立方米计量，按拆除构件的体积计算 2. 以平方米计量，按拆除面积计算 3. 以米计量，按拆除延长米计算	1. 拆除 2. 控制场尘 3. 清理 4. 建渣场内、外运输

注：1. 拆除木构件应按木梁、木柱、木楼梯、木屋架、承重木楼板等分别在构件名称中描述。
　　2. 以立方米作为计量单位时，可不描述构件的规格尺寸；以平方米作为计量单位时，则应描述构件的厚度；以米作为计量单位时，则必须描述构件的规格尺寸。
　　3. 构件表面的附着物种类指抹灰层、块料层、龙骨及装饰面层等。

4. 抹灰层拆除

抹灰层拆除工程量清单项目的设置、项目特征描述的内容、计量单位及工程量计算规则应按表 6-43 的规定执行。

抹灰层拆除（编码：011604） 表 6-43

项目编码	项目名称	项目特征	计量单位	工程量计算规则	工作内容
011604001	平面抹灰层拆除	1. 拆除部位 2. 抹灰层种类	m²	按拆除部位的面积计算	1. 拆除 2. 控制场尘 3. 清理 4. 建渣场内、外运输
011604002	立面抹灰层拆除				
011604003	天棚抹灰面拆除				

注：1. 单独拆除抹灰层应按本表中的项目编码列项。
　　2. 抹灰层种类可描述为一般抹灰或装饰抹灰。

5. 块料面层拆除

块料面层拆除工程量清单项目的设置、项目特征描述的内容、计量单位及工程量计算规则应按表 6-44 的规定执行。

块料面层拆除（编码：011605） 表 6-44

项目编码	项目名称	项 目 特 征	计量单位	工程量计算规则	工 作 内 容
011605001	平面块料拆除	1. 拆除的基层类型 2. 饰面材料种类	m²	按拆除面积计算	1. 拆除 2. 控制场尘 3. 清理 4. 建渣场内、外运输
011605002	立面块料拆除				

注：1. 如仅拆除块料层，拆除的基层类型不用描述。
　　2. 拆除的基层类型的描述指砂浆层、防水层、干挂或挂贴所采用的钢骨架层等。

6. 龙骨及饰面拆除

龙骨及饰面拆除工程量清单项目的设置、项目特征描述的内容、计量单位及工程量计算规则应按表 6-45 的规定执行。

龙骨及饰面拆除（编码：011606） 表 6-45

项目编码	项目名称	项 目 特 征	计量单位	工程量计算规则	工 作 内 容
011606001	泡沫塑料字	1. 拆除的基层类型 2. 龙骨及饰面种类	m²	按拆除面积计算	1. 拆除 2. 控制场尘 3. 清理 4. 建渣场内、外运输
011606002	有机玻璃字				
011606003	木质字				

注：1. 基层类型的描述指砂浆层、防水层等。
　　2. 如仅拆除龙骨及饰面，拆除的基层类型不用描述。
　　3. 如只拆除饰面，不用描述龙骨材料种类。

7. 屋面拆除

屋面拆除工程量清单项目的设置、项目特征描述的内容、计量单位及工程量计算规则应按表 6-46 的规定执行。

屋面拆除（编码：011607） 表 6-46

项目编码	项目名称	项 目 特 征	计量单位	工程量计算规则	工 作 内 容
011607001	刚性层拆除	刚性层厚度	m²	按拆除部位的面积计算	1. 拆除 2. 控制场尘 3. 清理 4. 建渣场内、外运输
011607002	防水层拆除	防水层种类			

8. 铲除油漆涂料裱糊面

铲除油漆涂料裱糊面工程量清单项目的设置、项目特征描述的内容、计量单位及工程量计算规则应按表 6-47 的规定执行。

9. 栏杆栏板、轻质隔断隔墙拆除

栏杆栏板、轻质隔断隔墙拆除工程量清单项目的设置、项目特征描述的内容、计量单位及工程量计算规则应按表 6-48 的规定执行。

项目编码	项目名称	项目特征	计量单位	工程量计算规则	工作内容
011608001	铲除油漆面	1. 铲除部位名称 2. 铲除部位的截面尺寸	1. m² 2. m	1. 以平方米计量，按铲除部位的面积计算 2. 以米计量，按铲除部位的延长米计算	1. 拆除 2. 控制场尘 3. 清理 4. 建渣场内、外运输
011608002	铲除涂料面				
011608003	铲除裱糊面				

注：1. 单独铲除油漆涂料裱糊面的工程按本表中的项目编码列项。
　　2. 铲除部位名称的描述指墙面、柱面、天棚、门窗等。
　　3. 按米计量，必须描述铲除部位的截面尺寸；以平方米计量时，则不用描述铲除部位的截面尺寸。

栏杆栏板、轻质隔断隔墙拆除（编码：011609）　　　　　表 6-48

项目编码	项目名称	项目特征	计量单位	工程量计算规则	工作内容
011609001	栏杆、栏板拆除	1. 栏杆（板）的高度 2. 栏杆、栏板种类	1. m² 2. m	1. 以平方米计量，按拆除部位的面积计算 2. 以米计量，按拆除部位的延长米计算	1. 拆除 2. 控制场尘 3. 清理 4. 建渣场内、外运输
011609002	防水层拆除	1. 拆除隔墙的骨架种类 2. 拆除隔墙的饰面种类	m²	按拆除部位的面积计算	

注：以平方米计量，不用描述栏杆（板）的高度。

10. 门窗拆除

门窗拆除工程量清单项目的设置、项目特征描述的内容、计量单位及工程量计算规则应按表 6-49 的规定执行。

门窗拆除（编码：011610）　　　　　　　　　　　　　表 6-49

项目编码	项目名称	项目特征	计量单位	工程量计算规则	工作内容
011610001	木门窗拆除	1. 室内高度 2. 门窗洞口尺寸	1. m² 2. 樘	1. 以平方米计量，按拆除面积计算 2. 以樘计量，按拆除樘数计算	1. 拆除 2. 控制场尘 3. 清理 4. 建渣场内、外运输
011610002	金属门窗拆除				

注：门窗拆除以平方米计量，不用描述门窗的洞口尺寸。室内高度指室内楼地面至门窗的上边框。

11. 金属构件拆除

金属构件拆除工程量清单项目的设置、项目特征描述的内容、计量单位及工程量计算规则应按表 6-50 的规定执行。

12. 管道及卫生浴具拆除

管道及卫生浴具拆除工程量清单项目的设置、项目特征描述的内容、计量单位及工程量计算规则应按表 6-51 的规定执行。

金属构件拆除（编码：011611） 表 6-50

项目编码	项目名称	项目特征	计量单位	工程量计算规则	工作内容
011611001	钢梁件拆除	1. 构件名称 2. 拆除构件的规格尺寸	1. t 2. m	1. 以吨计量，按拆除构件的质量计算 2. 以米计量，按拆除延长米计算	1. 拆除 2. 控制场尘 3. 清理 4. 建渣场内、外运输
011611002	钢挂件拆除		1. t 2. m	1. 以吨计量，按拆除构件的质量计算 2. 以米计量，按拆除延长米计算	
011611003	钢网架拆除		t	按拆除构件的质量计算	
011611004	钢支撑、钢墙架拆除		1. t 2. m	1. 以吨计量，按拆除构件的质量计算 2. 以米计量，按拆除延长米计算	
011611005	其他金属构件拆除		1. t 2. m		

管道及卫生浴具拆除（编码：011612） 表 6-51

项目编码	项目名称	项目特征	计量单位	工程量计算规则	工作内容
011612001	管道拆除	1. 管道种类、材质 2. 管道上的附着物种类	m	按拆除管道的延长米计算	1. 拆除 2. 控制场尘 3. 清理 4. 建渣场内、外运输
011612002	卫生洁具拆除	卫生洁具种类	1. 套 2. 个	按拆除的数量计算	

13. 灯具、玻璃拆除

灯具、玻璃拆除工程量清单项目的设置、项目特征描述的内容、计量单位及工程量计算规则应按表 6-52 的规定执行。

灯具、玻璃拆除（编码：011614） 表 6-52

项目编码	项目名称	项目特征	计量单位	工程量计算规则	工作内容
011613001	灯具拆除	1. 拆除灯具高度 2. 灯具种类	套	按拆除的数量计算	1. 拆除 2. 控制场尘 3. 清理 4. 建渣场内、外运输
011613002	玻璃拆除	1. 玻璃厚度 2. 拆除部位	m²	按拆除的面积计算	

注：拆除部位的描述指门窗玻璃、隔断玻璃、墙玻璃、家具玻璃等。

14. 其他构件拆除

其他构件拆除工程量清单项目的设置、项目特征描述的内容、计量单位及工程量计算规则应按表 6-53 的规定执行。

15. 开孔（打洞）

开孔（打洞）工程量清单项目的设置、项目特征描述的内容、计量单位及工程量计算规则应按表 6-54 的规定执行。

其他构件拆除（编码：011614） 表 6-53

项目编码	项目名称	项目特征	计量单位	工程量计算规则	工作内容
011614001	暖气罩拆除	暖气罩材质	1. 个 2. 套	1. 以个为单位计量，按拆除个数计算 2. 以米为单位计量，按拆除延长米计算	1. 拆除 2. 控制场尘 3. 清理 4. 建渣场内、外运输
011614002	柜体拆除	1. 柜体材质 2. 柜体尺寸：长、宽、高			
011614003	窗台板拆除	窗台板平面尺寸	1. 块 2. m	1. 以块计量，按拆除数量计算 2. 以米计量，按拆除的延长米计算	
011614004	筒子板拆除	筒子板的平面尺寸			
011614005	窗帘盒拆除	窗帘盒的平面尺寸	m	按拆除的延长米计算	
011614006	窗帘轨拆除	窗帘轨的材质			

注：双轨窗帘轨拆除按双轨长度分别计算工程量。

开孔（打洞）（编码：011615） 表 6-54

项目编码	项目名称	项目特征	计量单位	工程量计算规则	工作内容
011615001	开孔（打洞）	1. 部位 2. 打洞部位材质 3. 洞尺寸	个	按数量计算	1. 拆除 2. 控制场尘 3. 清理 4. 建渣场内、外运输

注：1. 部位可描述为墙面或楼板。

2. 打洞部位材质可描述为页岩砖或空心砖或钢筋混凝土等。

思考题

1. 内墙面抹灰按规定应扣除哪些面积？

2. 如何确定内墙抹灰的长度和高度？

3. 外墙抹灰按规定应扣除哪些面积？

4. 怎样计算窗台线抹灰工程量？

5. 怎样计算外墙装饰抹灰工程量？

6. 怎样计算幕墙工程量？

7. 怎样计算独立柱装饰抹灰工程量？

8. 怎样计算天棚龙骨和天棚面层工程量？

9. 木门窗框扇断面怎样换算？

10. 如何计算卷闸门工程量？

11. 怎样计算油漆工程量？

12. 某建筑平面图见图 6-6。试计算装饰装修工程相关项目的工程量，并确定定额项目。

地面工程的做法为：①20mm 厚 1∶2 水泥砂浆抹面压实抹光（面层）；②刷素水泥浆结合层一道（结合层）；③60mm 厚 C20 细石混凝土找坡层，最薄处 30mm 厚；④聚氨酯涂膜防水层厚 1.5～1.8mm，防水层周边卷起 150mm；⑤40mm 厚 C20 细石混凝土随打随抹平；150mm 厚 3∶7 灰土垫层；⑥素土夯实。

天棚工程的做法为：①刮腻子喷乳胶漆 2 遍；②纸面石膏板规格为 1200mm×800mm×6mm；③U 形轻钢龙骨；④钢筋吊杆；⑤钢筋混凝土楼板。

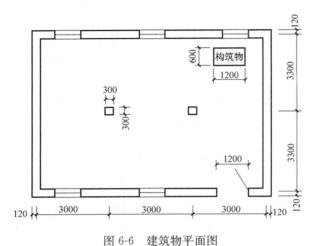

图 6-6　建筑物平面图

第7章 措施项目

本章内容包括排水、降水工程，混凝土、钢筋混凝土模板及支撑工程，房屋建筑工程脚手架工程，装饰工程脚手架工程，房屋建筑工程垂直运输工程，装饰工程垂直运输工程等定额计价及清单计价工程量的计算。

7.1 排水、降水工程

7.1.1 定额说明

1. 本节定额未包括地下水位以下施工的排水费用，实际发生时均按本章相关项目执行。

2. 本节设置井点降水、抽明水两节，若施工组织设计中排水、降水方式与定额不同时，可编制补充定额另行计算。

3. 井点降水：轻型井点、喷射井点、大口径井点的采用由施工组织设计确定。一般情况下，降水深度 6m 以内采用轻型井点，6m 以上 30m 内采用相应的喷射井点，特殊情况下可选用大口径井点。井点使用时间按施工组织设计确定。

喷射井点定额包括两根观察孔制作，喷射井管包括了内管和外管。井点材料使用摊销量中已包括井点拆除时的材料损耗量。

4. 井点降水过程中，如需提供资料，则水位监测和资料整理费用另计。

5. 井点降水成孔过程中产生的泥水处理及挖沟排水工作应另行计算。遇有天然水源可用时，不计水费。

6. 井点降水必须保证连续供电，在电源无保证的情况下，使用备用电源的费用另计。

7. 抽明排水，编制预算时按抽水量套用定额；工程结算时按实际使用抽水机台班套用定额。

7.1.2 定额工程量计算规则

1. 井点降水区分轻型井点、喷射井点、大口径井点，按不同井管深度的井管安装、拆除，以根为单位计算，使用按套天计算。

井点套组成：轻型井点以 50 根为一套；喷射井点以 30 根为一套；大口径井点 φ400 以 10 根为一套。

井管间距应根据地质条件和施工降水要求，根据施工组织设计确定，施工组织设计没有规定时，可按轻型井点管距为 0.8~1.6m，喷射井点管距为 2~3m，大口径井点管距为 10m 确定。

使用天应以每昼夜24h为一天,使用天数应按施工组织设计规定的使用天数计算。

2. 井点降水总根数不足一套时,可按一套计算使用费,超过一套后,超过部分按实计算。

3. 抽明水工程量,按抽水量时以体积计算,按抽水机使用台班时以台班量计算。

7.1.3 清单工程量计算规则

排水、降水工程的清单工程量计算规则见表7-1所示。

施工排水、降水   表7-1

项目编码	项目名称	项目特征	计量单位	工程量计算规则	工作内容
011706001	成井	1. 成井方式 2. 地层情况 3. 成井直径 4. 井(滤)管类型、直径	m	按设计图示尺寸以钻孔深度计算	1. 准备钻孔机械、埋设护筒、钻机就位;泥浆制作、固壁;成孔、出渣、清孔等 2. 对接上下井管(滤管),焊接,安放,下滤料,洗井,连接试抽等
011706002	排水、降水	1. 机械规格型号 2. 降排水管规格	昼夜	按排、降水日历天数计算	1. 管道安装、拆除,场内搬运等 2. 抽水、值班、降水设备维修等

注:1. 相应专项设计不具备时,可按暂估量计算。

7.1.4 工程量计算方法

例 7.1 某工程轻型井点降水施工图见图 7-1。已知设计确定降水范围的闭合区间长 $L=65.00$m,宽 $B=25.00$m,井点间距为 1.20m,预计降水时间为 60 天。试计算该工程的井点降水的相关工程量,并确定其定额项目。

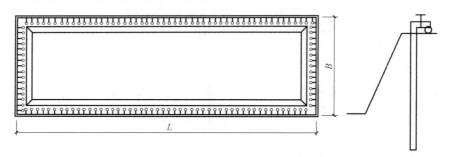

图 7-1 环形井点平面布置示意图

解 井点管降水的工程量计算包括安装、拆除和使用三方面的内容。

(1)井点管安装工程量

$$N=(65.00+25.00)\times2/1.20=150根$$

定额项目为:G4-1 轻型井点降水 井管深 7m 安装

定额基价为:2338.25 元/10 根

(2)井点管拆除工程量

$$N=150根$$

定额项目为：G4-2　轻型井点降水　井管深 7m 拆除

定额基价为：354.51 元/10 根

（3）井点管使用工程量

$$N=150/50=3 \text{套} \quad （总管套数）$$
$$A=3×60=1800 \text{套天}$$

定额项目为：G4-3　轻型井点降水 井管深 7m 使用

定额基价为：1196.26 元/套天

7.2　混凝土、钢筋混凝土模板及支撑工程

7.2.1　定额说明

1. 现浇混凝土模板按不同构件，分别以组合钢模板、胶合板模板、木模板和滑升模板配置，使用其他模板时，可以编制补充定额。

2. 模板工作内容包括：清理、场内运输、安装、刷隔离剂、浇灌混凝土时模板维护、拆模、集中堆放、场外运输。木模板包括制作（现浇不刨光），组合钢模板、胶合板模板还包括装箱。

3. 胶合板模板取定规格为 1830mm×915mm×12mm，周转次数按 5 次考虑。实际施工中选用的模板厚度不同时，模板厚度和周转次数不得调整，均按本章定额执行。模板材料价差，无论实际采用何种厚度，均按定额取定的模板厚度计取。

4. 外购预制混凝土成品价中已包含模板费用，不另计算。如施工中混凝土构件采用现场预制时，参照外购预制混凝土构件以成品价计算。

5. 现浇混凝土梁、板、柱、墙、支架、栈桥的支模高度以 3.6m 编制。超过 3.6m 时，以超过部分工程量另按超高的项目计算。

6. 整板基础、带型基础的反梁、基础梁或地下室墙侧面的模板用砖侧膜时，可按砖基础计算，同时不计算相应面积的模板费用。砖侧模需要粉刷时，可另行计算。

7. 捣制基础圈梁模板，套用捣制圈梁的定额。箱式满堂基础模板，拆开三个部分分别套用相应的满堂基础、墙、板定额。

8. 梁中间距≤1m 或井字（梁中）面积≤5m² 时，套用密肋板、井字板定额。

9. 钢筋混凝土墙及高度大于 700mm 的深梁模板的固定，根据施工组织设计使用胶合板模板并采用对拉螺栓，如对拉螺栓取出周转使用时，套用胶合板模板对拉螺栓加固定额子目；如对拉螺栓同混凝土一起现浇不取出时，套用刨光车丝钻眼铁件子目（混凝土及钢筋混凝土工程），模板的穿孔费用和损耗不另增加，定额中的钢支撑含量也不扣减。

10. 弧形板并入板内计算，另按弧长计算弧形板增加费。梁板结构的弧形板按有梁板计算外，另按接触面积计算弧形有梁板增加费。

11. 薄壳屋盖模板不分筒式、球形、双曲形等，均套用同一定额。

12. 若后浇带两侧面模板用钢板网时，可按每平方米（单侧面）用钢板网 1.05m²，人工 0.08 工日计算，同时不计算相应面积的模板费用。

13. 外形体积在 2m³ 以内的池槽为小型池槽。

14. 本章定额捣制构件均按支承在坚实的地基上考虑。如属于软弱地基、湿陷性黄土地基、冻胀性土等所发生的地基处理费用，按实结算。

7.2.2 定额工程量计算规则

（一）一般规则

1. 基础

（1）基础与墙、柱的划分，均以基础扩大顶面为界。

（2）有肋式带形基础（见图 7-2），肋高（h）与肋宽（b）之比在 4：1 以内的，按有肋式带形基础计算；肋高（h）与肋宽（b）之比超过 4：1 的，其底板按板式带形基础计算，以上部分按墙计算。

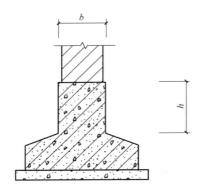

图 7-2　有肋式带形基础

（3）箱式满堂基础应分别按满堂基础、柱、墙、梁、板有关规定计算。

（4）设备基础除块体外，其他类型设备基础分别按基础、梁、柱、板、墙等有关规定计算。

2. 柱

（1）有梁板的柱高，按基础上表面或楼板上表面至楼板上表面计算。

（2）无梁板的柱高，按基础上表面或楼板上表面至柱帽下表面计算。

（3）构造柱的柱高，有梁时按梁间的高度（不含梁高），无梁时按全高计算。

（4）依附于柱上的牛腿，并入柱内计算。

（5）单面附墙柱并入墙内计算，双面附墙柱按柱计算。

3. 梁

（1）梁与柱连接时，梁长算至柱的侧面。

（2）主梁与次梁连接时，次梁长算至主梁的侧面。

（3）圈梁与过梁连接时，过梁长度按门窗洞口宽度共加 500mm 计算。

（4）现浇挑梁的悬挑部分按单梁计算，嵌入墙身部分分别按圈梁、过梁计算。

4. 板

（1）有梁板包括主梁、次梁与板，梁板合并计算。

（2）无梁板的柱帽并入板内计算。

（3）平板与圈梁、过梁连接时，板算至梁的侧面。

（4）预制板缝宽度在 60mm 以上时，按现浇平板计算；60mm 宽以下的板缝已在接头灌缝的子目内考虑，不再列项计算。

5. 墙

（1）墙与梁重叠，当墙厚等于梁宽时，墙与梁合并按墙计算；当墙厚小于梁宽时，墙、梁分别计算。

（2）墙与板相交，墙高算至板的底面。

（3）墙净长小于或等于 4 倍墙厚时，按柱计算；墙净长大于 4 倍墙厚，而小于或等于 7 倍墙厚时，按短肢剪力墙计算。

6. 其他

（1）带反梁的雨篷按有梁板定额子目计算。

（2）零星混凝土构件，是指每件体积在 0.05m³ 以内的未列出定额项目的构件。

（3）现浇挑檐天沟与板（包括屋面板、楼板）连接时，以外墙为分界线；与圈梁（包括其他梁）连接时，以梁外边线为分界线。外墙外边线或梁外边线以外为挑檐天沟。

（二）现浇混凝土及钢筋混凝土模板工程量（表 7-2）

现浇钢筋混凝土构件模板含量参考表　　　　表 7-2

定额项目		含模量（m²/m³）
带型基础	毛石混凝土	2.91
	无筋混凝土	3.49
	钢筋混凝土（有梁式）	2.38
	钢筋混凝土（无梁式）	0.79
独立基础	毛石混凝土	2.04
	钢筋混凝土	2.11
杯形基础		1.97
满堂基础	无梁式	0.6
	有梁式	1.34
独立式桩承台		1.84
混凝土基础垫层		1.38
设备基础	5m³ 以内	3.06
	5m³ 以外	1.94
柱	矩形柱	10
	异形柱	9.32
	圆形柱	7.84
	构造柱	7.92
基础梁		8.33
单梁、连续梁		8.89
异形梁		11.05
过梁		11.86
拱形梁		7.62
弧形梁		8.73
圈梁、压顶		7.05
直行墙		14.4
电梯井壁		11.49
圆弧墙		7.04
短肢剪力墙		8.39
有梁板		6.98
无梁板		4.53

定额项目	含模量（m²/m³）
平板	8.9
拱形板	8.04
双层拱形屋面板	30
楼梯	1.00
阳台（m²）	1.00
雨篷（m²）	1.00
台阶（m²）	1.00
栏板	33.89
门框	12.17
暖气沟电暖沟	11.3
挑檐天沟	15.18
零星构件	21.83
扶手	0.5
小型池槽	30

现浇混凝土及钢筋混凝土模板工程量，按以下规定计算：

1. 现浇混凝土及钢筋混凝土模板工程量，除另有规定者外，均应区分模板的不同材质，按混凝土与模板接触面的面积计算。

2. 设备基础螺栓套留孔，区分不同深度以个计算。

3. 现浇钢筋混凝土柱、梁（不包括圈梁、过梁）、板（含现浇阳台、雨棚、遮阳板等）、墙、支架、栈桥的支模高度（即室外设计地坪或板面至上一层板底之间的高度）以3.6m以内为准。高度超过3.6m以上部分，另按超高部分的总接触面积乘以超高米数（含不足1m，小数进位取整）计算支撑超高增加费工程量，套用相应构件每增加1m子目。

4. 现浇钢筋混凝土墙、板上单个面积在0.3m²以内的孔洞，不予扣除，孔洞侧壁模板亦不增加，但突出墙、板面的混凝土模板应相应增加；单个面积在0.3m²以外时，应予扣除，孔洞侧壁模板并入墙、板模板工程量内计算。

5. 杯形基础的颈高大于1.2m时（基础扩大顶面至杯口底面），按柱定额执行，其杯口部分和基础合并按杯形基础计算。

6. 柱与梁、柱与墙、梁与梁等连接的重叠部分以及伸入墙内的梁头、板头部分，均不计算模板面积。

7. 构造柱均按图示外露部分计算模板面积。留马牙槎的按最宽面计算模板宽度。构造柱与墙接触面不计算模板面积。

8. 现浇钢筋混凝土阳台、雨篷，按图示外挑部分尺寸的水平投影面积计算。挑出墙外的悬臂梁及板边模板不另计算。雨篷翻边突出板面高度在200mm以内时，按翻边的外边线长度乘以突出板面高度，并入雨篷内计算；雨篷翻边突出板面高度在600mm以内时，翻边按天沟计算；雨篷翻边突出板面高度在1200mm以内时，翻边按栏板计算；雨篷翻边突出板面高度超过1200mm时，翻边按墙计算。

9. 楼板后浇带模板及支撑增加费以延长米计算。

10. 楼梯包括休息平台、平台梁、斜梁和楼梯的连接梁，按水平投影面积计算。不扣除宽度小于 500mm 的梯井。楼梯踏步、踏步板、平台梁等侧面模板不另计算，伸入墙内部分也不增加。当楼梯与现浇楼板有梯梁连接时，楼梯应算至梯口梁外侧；当无梯梁连接时，以楼梯最后一个踏步边缘加 300mm 计算。

11. 混凝土台阶，按图示台阶尺寸的水平投影面积计算，台阶端头两侧不另计算模板面积。架空式混凝土台阶，按现浇楼梯计算。

12. 现浇混凝土明沟以接触面积计算按电缆沟子目套用；现浇混凝土散水按散水坡实际面积计算。

13. 混凝土扶手按延长米计算。

14. 带形桩承台按带形基础定额执行。

15. 小立柱、二次浇灌模板按零星构件定额执行，以实际接触面积计算。

16. 以下构件按接触面积计算模板：

（1）混凝土墙按直形墙、电梯井壁、短肢剪力墙、圆弧墙，划分不分厚度，均分别计算。

（2）挡土墙、地下室墙是直形的，按直形墙计；是圆弧形时按圆弧墙计；既有直形又有圆弧形时，应分别计算。

（3）混凝土支架均以接触面积计算（包括支架各组成部分）。

17. 小型池槽按外形体积计算。

18. 胶合板模板堵洞按个计算。

（三）预制钢筋混凝土构件模板工程量

预制钢筋混凝土构件灌缝模板工程量同构件灌缝工程量。

7.2.3 清单工程量计算规则（表 7-3）

混凝土、钢筋混凝土模板子支撑工程的清单工程量计算规则见表 7-3 所示。

混凝土模板及支架（支撑）　　　　　　　　　　表 7-3

项目编码	项目名称	项目特征	计量单位	工程量计算规则	工作内容
011702001	基础	基础类型	m²	按模板与现浇混凝土构件的接触面积计算 1. 现浇钢筋混凝土墙、板单孔面积≤0.3m² 的孔洞不予扣除，洞侧壁模板亦不增加；单孔面积＞0.3m² 时应予扣除，洞侧壁模板面积并入墙、板工程量内计算 2. 现浇框架分别按梁、板、柱有关规定计算；附墙柱、暗梁、暗柱并入墙内工程量内计算 3. 柱、梁、墙、板相互连接的重叠部分，均不计算模板面积 4. 构造柱按图示外露部分计算模板面积	1. 模板制作 2. 模板安装、拆除、整理堆放及场内外运输 3. 清理模板粘结物及模内杂物、刷隔离剂等
011702002	矩形柱				
011702003	构造柱				
011702004	异形柱	柱截面形状			
011702005	基础梁	梁截面形状			
011702006	矩形梁	支撑高度			
011702007	异形梁	1. 梁截面形状 2. 支撑高度			
011702008	圈梁				
011702009	过梁				
011702010	弧形梁、拱形梁	1. 梁截面形状 2. 支撑高度			

项目编码	项目名称	项目特征	计量单位	工程量计算规则	工作内容
011702011	直形墙			按模板与现浇混凝土构件的接触面积计算 1. 现浇钢筋混凝土墙、板单孔面积≤0.3m² 的孔洞不予扣除,洞侧壁模板亦不增加;单孔面积＞0.3m² 时应予扣除,洞侧壁模板面积并入墙、板工程量内计算 2. 现浇框架分别按梁、板、柱有关规定计算;附墙柱、暗梁、暗柱并入墙内工程量内计算 3. 柱、梁、墙、板相互连接的重叠部分,均不计算模板面积 4. 构造柱按图示外露部分计算模板面积	
011702012	弧形墙				
011702013	短肢剪力墙、电梯井壁				
011702014	有梁板	支撑高度			
011702015	无梁板				
011702016	平板				
011702017	拱板				
011702018	薄壳板				
011702019	空心板				
011702020	其他板				
011702021	栏板				
011702022	天沟、檐沟	构件类型		按模板与现浇混凝土构件的接触面积计算	1. 模板制作 2. 模板安装、拆除、整理堆放及场内外运输 3. 清理模板粘结物及模内杂物、刷隔离剂等
011702023	雨篷、悬挑板、阳台板	1. 构件类型 2. 板厚度	m²	按图示外挑部分尺寸的水平投影面积计算,挑出墙外的悬臂梁及板边不另计算	
011702024	楼梯	类型		按楼梯(包括休息平台、平台梁、斜梁和楼层板的连接梁)的水平投影面积计算,不扣除宽度≤500mm的楼梯井所占面积,楼梯踏步、踏步板、平台梁等侧面模板不另计算,伸入墙内部分亦不增加	
011702025	其他现浇构件	构件类型		按模板与现浇混凝土构件的接触面积计算	
011702026	电缆沟、地沟	1. 沟类型 2. 沟截面		按模板与电缆沟、地沟接触的面积计算	
011702027	台阶	台阶踏步宽		按图示台阶水平投影面积计算,台阶端头两侧不另计算模板面积。架空式混凝土台阶,按现浇楼梯计算	
011702028	扶手	扶手断面尺寸		按模板与扶手的接触面积计算	
011702029	散水			按模板与散水的接触面积计算	
011702030	后浇带	后浇带部位		按模板与后浇带的接触面积计算	
011702031	化粪池	1. 化粪池部位 2. 化粪池规格		按模板与混凝土接触面积计算	
011702032	检查井	1. 检查井部位 2. 检查井规格			

注:1. 原槽浇灌的混凝土基础,不计算模板。
2. 混凝土模板及支撑(架)项目,只适用于以平方米计量,按模板与混凝土构件的接触面积计算。以立方米计量的模板及支撑(架),按混凝土及钢筋混凝土实体项目执行,其综合单价中应包含模板及支撑(架)。
3. 采用清水模板时,应在特征中注明。
4. 若现浇混凝土梁、板支撑高度超过 3.6m 时,项目特征应描述支撑高度。

7.2.4 工程量计算方法

（一）现浇混凝土模板工程量的计算

现浇混凝土模板按接触面积以 m^2 计算。

例 7.2 根据例 4.6 中所提供的相关资料，计算垫层模板工程量，并确定定额项目。

解 垫层模板工程量按接触面积计算。

解法一：
$$L=(7.20+4.80)\times 2+(4.80-0.80)=28.00m$$
$$S=(28.00-0.80)\times 0.20\times 2=10.88m^2$$

解法二：
$$L=(7.20+4.80)\times 2+0.40\times 8+[(3.60+4.80)\times 2-0.40\times 8]\times 2=54.40m$$
$$S=54.40\times 0.20=10.88m^2$$

定额项目为：A7-30　混凝土基础垫层 木模板 木支撑

定额基价为：4660.45 元/100m²

例 7.3 根据例 5.11 中所提供的相关资料，计算钢筋混凝土构件的模板工程量，并确定定额项目。

解 模板工程量包括矩形柱模板工程量和有梁板模板工程量两部分。

（1）矩形柱模板工程量

矩形柱模板工程量为矩形柱的柱面面积并扣除柱与梁交接处的面积。

$$S=0.40\times 4\times (4.50+0.60)\times 4-(0.25\times 0.55+0.15\times 0.10)\times 2\times 2$$
$$-(0.30\times 0.60+0.10^2)\times 2\times 2$$
$$=32.64-0.61-0.76=31.27m^2$$

定额项目为：A7-40　矩形柱 胶合板模板 钢支撑

定额基价为：4257.46 元/100m²

（2）有梁板模板工程量

有梁板模板工程量可分为底模（S_1）和侧模（S_2）两部分。

$$S_1=(5.10+0.20\times 2)\times (7.20-0.20\times 2)-0.40^2\times 4$$
$$=41.80-0.64=41.16m^2$$

$$S_2=(0.55\times 2-0.10)\times (5.10-0.20\times 2)$$
$$+[(0.60\times 2-0.10)\times (7.20-0.20\times 2)-0.25\times (0.50-0.10)]\times 2$$
$$+(0.50-0.10)\times 2\times (5.10-0.10\times 2)\times 2$$
$$=9.40+14.56+7.84=31.80m^2$$

$$S=S_1+S_2=41.16+31.80=72.96m^2$$

定额项目为：A7-87　有梁板 胶合板模板 钢支撑

定额基价为：4862.64 元/100m²

例 7.4 根据例 5.13 中所提供的相关资料，试计算楼梯模板的工程量，并确定定额项目。

解 整体楼梯包括楼梯间两端的休息平台、梯井斜梁、楼梯板及支承梯井斜梁的梯口梁和平台梁，按水平投影面积计算。梯井宽度为 60mm，在 300mm 以内，所以不扣除梯井面积。

$$S=(3.00-0.24)\times(1.56+2.70+0.24)=2.76\times4.50=12.42m^2$$

定额项目为：A7-109 楼梯 直形 木模板木支撑

定额基价为：1747.60元/10m²

(二) 预制混凝土模板工程量的计算

湖北省2013版定额规定：预制混凝土构件定额采用成品形式，成品构件按外购列入混凝土构件安装子目，定额含量包含了构件安装的损耗。成品构件的定额取定价包括混凝土构件制作及运输、钢筋制作及运输、预制混凝土模板五项内容。因此，预制混凝土构件不再计算模板工程量，但要计算预制构件灌缝模板的工程量。

7.3 房屋建筑工程脚手架工程

7.3.1 定额说明

1. 凡工业与民用建筑物所需搭设的脚手架，均按定额执行。

2. 所有脚手架系按钢管配合扣减，以及竹串片脚手板综合考虑的。在使用中无论采用何种材料、搭设方式和经营形式，均执行本定额。

3. 综合脚手架、檐高20m以上外脚手架增加费、单项脚手架中的钢管及配件（螺栓、底座、扣件）含量均以租赁形式表示，其他含量（脚手板等）以自有摊销形式表示；悬空吊篮脚手架中的材料含量以自有摊销形式表示。

4. 建筑物檐高指建筑物自设计室外地面标高至檐口滴水标高。无组织排水的滴水标高为屋面板顶面，有组织排水的滴水标高为天沟板底。

建筑物层数指室外地面以上自然层（含2.2设备管道层）。地下室和屋顶有维护结构的楼梯间、电梯间、水箱间、塔楼、望台等，只计算建筑面积，不计算檐高和层数。

5. 综合脚手架内容包括：外墙砌筑、外墙装饰及内墙砌筑用架，不包括檐高20m以上外脚手架增加费。

6. 外脚手架增加费包括建筑工程（主体结构）和装饰装修工程。建筑物6层以上或檐高20m以上时，均应计算外脚手架增加费。外脚手架增加费以建筑物的檐高和层数两个指标划分定额子目。当檐高达到上一级而层数未达到时，以檐高为准；当层数达到上一级而檐高未达到时，以层数为准。计算外脚手架增加费时，以最高一级层数或檐高套用定额子目，不采用分级套用。

7. 当建筑工程（主体结构）与装饰装修工程是一个施工单位时，建筑工程按综合脚手架、外脚手架增加费按子目全部计算，装饰装修工程不再计算。当建筑工程（主体结构）与装饰装修工程不是一个施工单位时，建筑工程综合脚手架按定额子目的90%计算、外脚手架增加费按定额子目的70%计算；装饰装修工程另按实际使用外墙单项脚手架或其他脚手架计算，外脚手架增加费按定额子目的30%计算。

8. 不能以建筑面积计算脚手架，但又必须搭设的脚手架，均执行单项脚手架定额。

9. 凡高度超过2m以上的石砌墙，应按相应脚手架定额乘以1.80系数。

10. 本定额中的外脚手架，均综合了上料平台因素，但未包括斜道。斜道应根据工程需要和施工组织设计的规定，另按座计算。

11. 脚手架的地基及基础强度不够，需要补强或采取铺垫措施，应按具体情况及施工组织设计要求，另列项目计算。

12. 金属结构及其他构件安装需要搭设脚手架时，根据施工方案按单项脚手架计算。

7.3.2 定额工程量计算规则

（一）综合脚手架

1. 综合脚手架工程量按建筑物的建筑面积之和计算。建筑面积计算以国家《建筑工程建筑面积计算规范》为准。

2. 单层建筑物的高度，应自室外地坪至檐口滴水的高度为准。多跨建筑物如高度不同时，应分别按照不同的高度计算。多层建筑物层高或单层建筑物高度超过 6m 者，每超过 1m 再计算一个超高增加层，超高增加层工程量等于该层建筑面积乘以增加层层数。超过高度大于 0.6m，按一个超高增加层计算；超过高度在 0.6m 以内时，舍去不计。

（二）檐高 20m 以上外脚手架增加费

1. 檐高在 20m 以上时，以建筑物檐高与 20m 之差，除以 3.3m（余数不计）为超高折算层层数（除本条第 5、6 款外），乘以按本条第 3 款计算的折算层面积，计算工程量。

2. 当上层建筑面积小于下层建筑面积的 50% 时，应垂直分割为两部分计算。层数（或檐高）高的范围与层数（或檐高）低的范围分别按本条第 1 款规则计算。

3. 当上层建筑面积大于或等于下层建筑面积的 50% 时，则按本条款第 1 款规定计算超高折算层层数，以建筑物楼面高度 20m 及以上实际层数建筑面积的算术平均值为折算层面积，乘以超高折算层层数，计算工程量。

4. 当建筑物檐高在 20m 以下，但层数在 6 层以上时，以 6 层以上建筑面积套用 7～8 层子目，剩余 6 层以下（不含第 6 层）的建筑面积套用檐高 20m 以内子目。

5. 当建筑物檐高超过 20m，但未达到 23.3m，则无论实际层数多少，均以最高一层建筑面积（含屋面楼梯间、机房等）套用 7～8 层子目，剩余 6 层以下（不含第 6 层）的建筑面积套用檐高 20m 以内子目。

6. 当建筑物檐高在 28m 以上但未超过 29.9m 时，或檐高在 28m 以下但层数在 9 层以上时，按 3 个超高折算层和本条第 3 款计算的折算层面积相乘计算工程量，套用 9～12 层子目，余下建筑面积不计。

（三）单项脚手架

1. 凡捣制梁（除圈梁、过梁）、柱、墙，按全部混凝土体积每立方米计算 13m² 的 3.6m 以内钢管里脚手架；施工高度在 6～10m 时，应再按 6～10m 范围的混凝土体积每立方米增加计算 26m² 的单排 9m 内钢管外脚手架；施工高度在 10m 以上时，按施工组织设计方案另行计算。施工高度应自室外地面或楼面至构件顶面的高度计算。

2. 围墙脚手架，按相应的里脚手架定额以面积计算。其高度应以自然地坪至围墙顶，如围墙顶上装金属网者，其高度应算至金属网顶，长度按围墙的中心线。不扣除围墙门所占的面积，但独立门柱砌筑用的脚手架也不增加。围墙装修用脚手架，单面装修按单面面积计算，双面装修按双面面积计算。

3. 凡室外单独砌筑砖、石挡土墙和沟道墙，高度超过 1.2m 以上时，按单面垂直墙面面积套用相应的里脚手架定额。

4. 室外单独砌砖、石独立柱、墩及突出屋面的砖烟囱，按外围周长另加 3.6m 乘以实砌高度计算相应的单排外脚手架费用。

5. 砌两砖及两砖以上的砖墙，除按综合脚手架计算外，另按单面垂直砖墙面面积增计单排外脚手架。

6. 砖、石砌基础，深度超过 1.5m 时（设计室外地面以下），应按相应的里脚手架定额计算脚手架，其面积为基础底至设计室外地面的垂直面积。

7. 混凝土、钢筋混凝土带形基础同时满足底宽超过 1.2m（包括工作面的宽度），深度超过 1.5m；满堂基础、独立柱基础同时满足底面积超过 4m² （包括工作面的宽度），深度超过 1.5m，均按水平投影面积套用基础满堂脚手架计算。

8. 高颈杯形钢筋混凝土基础，其基础底面至设计室外地面的高度超过 3m 时，应按基础底周边长度乘高度计算脚手架，套用相应的单排外脚手架定额。

9. 贮水（油）池及矩形贮仓按外围周长加 3.6m 乘以壁高以面积计算，套用相应的双排外脚手架定额。

10. 砖砌、混凝土化粪池，深度超过 1.5m 时，按池内净空的水平投影面积套用基础满堂脚手架计算。其内外池壁脚手架按本条第 6 款规定计算。

11. 室外管道脚手架以投影面积计算。高度从自然地面至管道下皮的垂直高度（多层排列管道时，以最上一层管道下皮为准），长度按管道的中心线。

（四）其他

悬空吊篮脚手架以墙面垂直投影面积计算，高度按设计室外地面至墙顶的高度，长度按墙的外围长度。

7.3.3 清单工程量计算规则

脚手架工程的清单工程量计算规则见表 7-4 所示。

脚手架工程 表 7-4

项目编码	项目名称	项目特征	计量单位	工程量计算规则	工 作 内 容
011701001	综合脚手架	1. 建筑结构形式 2. 檐口高度	m²	按建筑面积计算	1. 场内、场外材料搬运 2. 搭、拆脚手架、斜道、上料平台 3. 安全网的铺设 4. 选择附墙点与主体连接 5. 测试电动装置、安全锁等 6. 拆除脚手架后材料的堆放
011701002	外脚手架	1. 搭设方式 2. 搭设高度 3. 脚手架材质		按所服务对象的垂直投影面积计算	1. 场内、场外材料搬运 2. 搭、拆脚手架、斜道、上料平台 3. 安全网的铺设 4. 拆除脚手架后材料的堆放
011701003	里脚手架				

项目编码	项目名称	项目特征	计量单位	工程量计算规则	工作内容
011701004	悬空脚手架	1. 搭设方式 2. 悬挑宽度 3. 脚手架材质	m²	按搭设的水平投影面积计算	1. 场内、场外材料搬运 2. 搭、拆脚手架、斜道、上料平台 3. 安全网的铺设 4. 拆除脚手架后材料的堆放
011701005	挑脚手架		m	按搭设长度乘以搭设层数以延长米计算	
011701006	满堂脚手架	1. 搭设方式 2. 搭设高度 3. 脚手架材质	m²	按搭设的水平投影面积计算	
011701007	整体提升架	1. 搭设方式及启动装置 2. 搭设高度	m²	按所服务对象的垂直投影面积计算	1. 场内、场外材料搬运 2. 选择附墙点与主体连接 3. 搭、拆脚手架、斜道、上料平台 4. 安全网的铺设 5. 测试电动装置、安全锁等 6. 拆除脚手架后材料的堆放
011701008	外装饰吊篮	1. 升降方式及启动装置 2. 搭设高度及吊篮型号	m²	按所服务对象的垂直投影面积计算	1. 场内、场外材料搬运 2. 吊篮的安装 3. 测试电动装置、安全锁、平衡控制器等 4. 吊篮的拆卸

注: 1. 使用综合脚手架时，不再使用外脚手架、里脚手架等单项脚手架；综合脚手架适用于能够按"建筑面积计算规则"计算建筑面积的建筑工程脚手架，不适用于房屋加层、构筑物及附属工程脚手架。
　　2. 同一建筑物有不同檐高时，按建筑物竖向切面分别按不同檐高编列清单项目。
　　3. 整体提升架已包括 2m 高的防护架体设施。
　　4. 脚手架材质可以不描述，但应注明由投标人根据工程实际情况按照国家现行标准《建筑施工扣件式钢管脚手架安全技术规范》JGJ 130、《建筑施工附着升降脚手架管理暂行规定》(建建［2000］230 号)等规范自行确定。

7.3.4　工程量计算方法

　　根据湖北省定额的规定，凡是能够按建筑面积计算规则来计算建筑面积的建筑物，均采用综合脚手架定额，因此综合脚手架的工程量，是按建筑物的总建筑面积计算的。套用定额时，要根据层数和檐高来采用。

　　例 7.5　某建筑物示意图见图 7-3，该建筑物共四层，底层层高为 9m，总高为 18m，各层建筑面积均为 350m²。试计算其脚手架工程量，并确定定额项目。

　　解

　　(1) 综合脚手架工程量

$$S = 350.00 \times 4 = 1400.00 \text{m}^2 \quad (\text{建筑面积})$$

　　定额项目为：A8-1　综合脚手架　建筑面积

　　定额基价为：2418.05 元/100m²

　　(2) 综合脚手架单层超高工程量

定额规定：高度超过 6m 时，每超过 1m 计算一个增加层。增加层 N

$$N=\mathrm{floor}[(9.00+0.30-6.00)/1.00]=3层$$

$$S=350.00\times3=1050.00\mathrm{m}^2$$

定额项目为：A8-2　综合脚手架　层高 6m 以上每超高 1m

定额基价为：520.26 元/100m²

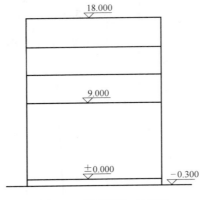

图 7-3　某建筑物示意图

7.4　装饰工程脚手架工程

7.4.1　定额说明

1. 本节脚手架中的钢管及配件（螺栓、底座、扣件）含量均以租赁形式表示，其他含量（脚手板等）以自有摊销形式表示。

2. 建筑物檐高指建筑物自设计室外地面标高至檐口滴水标高。无组织排水的滴水标高为屋面板顶，有组织排水的滴水标高为天沟板底。

建筑物层数指室外地面以上自然层（含 2.2m 设备管道层）。地下室和屋顶有围护结构的楼梯间、电梯间、水箱间、塔楼、望台等，只计算建筑面积，不计算檐高和层数。

3. 外脚手架和电动吊篮，仅适用于单独承包装饰装修，工作面高度在 1.2m 以上，需重新搭设脚手架的工程。

4. 装饰装修工程施工时，如发生本节未列的其他单项脚手架时，按结构册相关脚手架子目执行。

7.4.2　定额工程量计算规则

（一）外脚手架

装饰装修外脚手架，按外墙的外边线乘以墙高以面积计算。

（二）里脚手架

1. 内墙面装饰脚手架，均按内墙面垂直投影面积计算，不扣除门窗孔洞的面积。但已计算满堂脚手架的，不得再计算内墙里脚手架。

2. 搭设 3.6m 以上钢管里脚手架时，按 9m 以内钢管里脚手架计算。

（三）满堂脚手架

1. 凡天棚操作高度超过 3.6m 需抹灰或刷油者，应按室内净面积计算满堂脚手架，不扣除垛、柱、附墙烟囱所占面积。

满堂脚手架高度，单层以设计室外地面至天棚底为准，楼层以室内地面或楼面至天棚底（斜天棚或斜屋面板以平均高度计算）为准。

2. 满堂脚手架的基本层操作高度按 5.2m 计算（即基本层高 3.6m），每超过 1.2m 计算一个增加层。每层室内天棚高度超过 5.2m，在 0.6m 以上时，按增加一层计算；在 0.6m 以内时，则舍去不计。

例如：建筑物室内天棚高 9.2m，其增加层为：

$$\frac{(9.2-5.2)}{1.2}=3（增加层）余 0.4m，则按 3 个增加层计算，余 0.4m 舍去不计。$$

（四）外墙电动吊篮

外墙电动吊篮，按外墙装饰面尺寸以垂直投影面积计算。

7.4.3 清单工程量计算规则

见 7.3.3 表 7-4 脚手架工程。

7.4.4 工程量计算例题

例 7.6 某建筑见图 6-2，内墙面及室内天棚均抹灰。试计算其内墙面装饰脚手架工程量，并确定定额项目。

解 内墙面粉饰脚手架按内墙面垂直投影面积计算。

$$\begin{aligned}
S &= (3.60-0.24+6.00-0.24)\times 2\times 3\times 3.18\\
&\quad -(1.20\times 2.70\times 1+0.90\times 2.70\times 2\times 2+1.50\times 1.80\times 5)\\
&= 9.12\times 6\times 3.18-26.46=174.01-26.46=147.55m^2
\end{aligned}$$

定额项目为：A21-4　钢管里脚手架 3.6m 以内

定额基价为：343.47 元/100m²

7.5　房屋建筑工程垂直运输工程

7.5.1　定额说明

1. 凡工业与民用建筑物所需垂直运输，均按本节定额执行。

2. 建筑物垂直运输以建筑物的檐高及层数两个指标划分定额子目。凡檐高达到上一级而层数未达到时，以檐高为准；如层数达到上一级而檐高未达到时，以层数为准。

3. 建筑物檐高是指建筑物自设计室外地面标高至檐口滴水标高。无组织排水的滴水标高为屋面板顶，有组织排水的滴水标高为天沟板底。

建筑物层数指室外地面以上自然层（含 2.2m 设备管道层）。地下室和屋顶有围护结构的楼梯间、电梯间、水箱间、塔楼、望台等，只计算建筑面积，不计算檐高和层数。

4. 高层建筑垂直运输及超高增加费包括 6 层以上（或檐高 20m 以上）的垂直运输、超高人工及机械降效、清水泵台班、28 层以上通讯等费用。建筑物层数在 6 层以上或檐高在 20m 以上时，均应计取此费用。

5. 7～8 层（檐高 20～28m）高层建筑垂直运输及超高增加费子目只包含本层，不包含 1～6 层（檐高 20m 以内）。当套用了 7～8 层（檐高 20～28m）高层建筑垂直运输及超高增加费子目时，余下地面以上的建筑面积还应套用 6 层以内（檐高 20m 以内）建筑物垂直运输子目。

9 层及以上或檐高 28m 以上的高层建筑垂直运输及超高增加费子目除包含本层及以上外，还包含 7～8 层（檐高 20～28m）和 1～6 层（檐高 20m 以内）。当套用了 9 层及以上（檐高 28m 以上）高层建筑垂直运输及超高增加费子目时，余下地面以上的建筑面积不再套用 7～8 层（檐高 20～28m）高层建筑垂直运输及超高增加费子目和 6 层以内（檐高 20m 以内）垂直运输子目。

6. 建筑物地下室（含半地下室）、高层范围外的 1～6 层且檐高 20m 以内裙房面积（不区分是否垂直分割），应套用 6 层以内（檐高 20m 以内）建筑物垂直运输子目。

7. 建筑物垂直运输定额中的垂直运输机械，不包括大型机械的场外运输、安拆费以及路基铺垫、基础等费用，发生时另按相应定额计算。

7.5.2 定额工程量计算规则

（一）一般规则

檐高 20m 以内建筑物垂直运输、高层建筑垂直运输及超高增加费工程量按建筑面积计算。

（二）檐高 20m 以内建筑物垂直运输

当建筑物层数在 6 层以下且檐高 20m 以内时，按 6 层以下的建筑面积之和，计算工程量。包括地下室和屋顶楼梯间等建筑面积。

（三）高层建筑垂直运输及超高增加费

1. 檐高在 20m 以上时，以建筑物檐高与 20m 之差，除以 3.3m（余数不计）为超高折算层数（除本条第 5、6 款外），乘以按本条第 3 款计算的折算层面积，计算工程量。

2. 当上层建筑面积小于下层建筑面积的 50% 时，应垂直分割为两部分计算。层数（或檐高）高的范围与层数（或檐高）低的范围分别按本条第 1 款规则计算。

3. 当上层建筑面积大于或等于下层建筑面积的 50% 时，则按本条款第 1 款规定计算超高折算层层数，以建筑物楼面高度 20m 及以上实际层数建筑面积的算术平均值为折算层面积，乘以超高折算层层数，计算工程量。

4. 当建筑物檐高在 20m 以下，而层数在 6 层以上时，以 6 层以上建筑面积套用 7～8 层子目，剩余 6 层以下（不含第 6 层）的建筑面积套用檐高 20m 以内子目。

5. 当建筑物檐高超过 20m，但未达到 23.3m，则无论实际层数多少，均以最高一层建筑面积（含屋面楼梯间、机房等）套用 7～8 层子目，剩余 6 层以下（不含第 6 层）的建筑面积套用檐高 20m 以内子目。

6. 当建筑物檐高在 28m 以上但未超过 29.9m，或檐高在 28m 以下但层数在 9 层以上时，按 3 个超高折算层和本条第 3 款计算的折算层面积相乘计算工程量，套用 9～12 层子目，余下建筑面积不计。

7.5.3 清单工程量计算规则

垂直运输工程的清单工程量计算规则见表 7-5、表 7-6 所示。

垂直运输　　　　　　　　　　　　　　　　　　　　　　　　　　　　表 7-5

项目编码	项目名称	项目特征	计量单位	工程量计算规则	工作内容
011703001	垂直运输	1. 建筑物建筑类型及结构形式 2. 地下室建筑面积 3. 建筑物檐口高度、层数	1. m² 2. 天	1. 按建筑面积计算 2. 按施工工期日历天数计算	1. 垂直运输机械的固定装置、基础制作、安装 2. 行走式垂直运输机械轨道的铺设、拆除、摊销

注：1. 建筑物的檐口高度是指设计室外地坪至檐口滴水的高度（平屋顶系指屋面板底高度），突出主体建筑物屋顶的电梯机房、楼梯出口间、水箱间、瞭望塔、排烟机房等不计入檐口高度。
2. 垂直运输指施工工程在合理工期内所需垂直运输机械。
3. 同一建筑物有不同檐高时，按建筑物的不同檐高做纵向分割，分别计算建筑面积，以不同檐高分别编码列项。

超高施工增加　　　　　　　　　　　　　　　　　　　　　　　　　　表 7-6

项目编码	项目名称	项目特征	计量单位	工程量计算规则	工作内容
011704001	超高施工增加	1. 建筑物建筑类型及结构形式 2. 建筑物檐口高度、层数 3. 单层建筑物檐口高度超过 20m，多层建筑物超过 6 层部分的建筑面积	m²	按建筑物超高部分的建筑面积计算	1. 建筑物超高引起的人工工效降低以及由于人工工效降低引起的机械降效 2. 高层施工用水加压水泵的安装、拆除及工作台班 3. 通信联络设备的使用及摊销

注：1. 单层建筑物檐口高度超过 20m，多层建筑物超过 6 层的，可按超高部分的建筑面积计算超高施工增加。计算层数时，地下室不计入层数。
2. 同一建筑物有不同檐高时，可按不同高度的建筑面积分别计算建筑面积，以不同檐高分别编码列项。

7.5.4 工程量计算方法

（一）垂直运输的工程量计算

多层建筑物的层数，以 6 层总高 20m 为准，在此范围以内的，只计算其垂直运输费用。

例 7.7 根据例 7.5 中所提供的相关资料，试计算其垂直运输工程量，并确定定额项目。该工程采用卷扬机施工。

解 20m 内垂直运输

$$S＝350×4＝1400.00m^2$$

定额项目为：A9-1 檐高 20m 以内（6 层以内）卷扬机施工

定额基价为：1313.76 元/100m²

（二）高层建筑垂直运输及增加费的计算

多层建筑物的层数，以 6 层总高 20m 为准，凡超过者，其超过部分的建筑面积，按"高层建筑垂直运输及增加费"计算。

例 7.8 某框架结构教学楼示意图见图 7-4，分别由图示 A、B、C 单元楼组合为一幢整体建筑。其中：A 楼 15 层，檐高 50.70m，每层建筑面积 500m²；B 楼、C 楼均为 10 层，檐高均为 34.50m，每层建筑面积 300m²。试计算该教学楼综合脚手架、垂直运输的工程量，并确定定额项目（其他单项脚手架项目暂不计算）。

解

（1）综合脚手架工程量

综合脚手架工程量为教学楼 A 楼、B 楼、C 楼的建筑面积之和。

$$S=(500.00\times15+300.00\times10\times2)=1350.00\text{m}^2$$

定额项目为：A8-1　综合脚手架　建筑面积

定额基价为：2418.05 元/100m²

（2）垂直运输工程量

$$i=500/(500+300.00\times2)=45.45\%<50\%$$

因为上层的建筑面积小于下层的建筑面积的 50%，所以 A 楼与 B、C 楼应分别计算垂直运输工程量。

① A 楼

$$H_1=50.70+0.45=51.15\text{m}\quad（檐口高度）$$

$$N_1=\text{floor}[(51.15-20.00)/3.30]=9层\quad（折算层数）$$

$$S=500\times9=4500.00\text{m}^2$$

定额项目为：A9-7　高层建筑垂直运输及增加费 16～18 层 檐高 59.5m 以内

定额基价为：9165.03 元/100m²

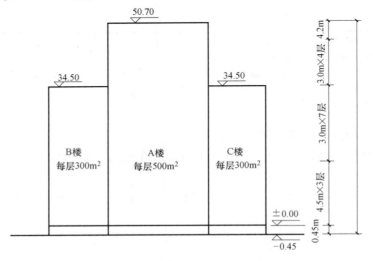

图 7-4　教学楼示意图

240

② B、C楼
$$H_2 = 34.5 + 0.45 = 34.95m \quad （檐口高度）$$
$$N_2 = floor[(34.95 - 20.00)/3.30] = 4层 \quad （折算层数）$$
$$S = 300 \times 2 \times 4 = 2400.00m^2$$

定额项目为：A9-5　高层建筑垂直运输及增加费 9～12 层 檐高 40m 以内

定额基价为：9089.36 元/100m²

7.6　装饰工程垂直运输工程

7.6.1　定额说明

1. 凡工业与民用建筑物所需垂直运输，均按本节定额执行。

2. 建筑物垂直运输以建筑物的檐高及层数两个指标划分定额子目。凡檐高达到上一级而层数未达到时，以檐高为准；如层数达到上一级而檐高未达到时，以层数为准。

3. 建筑物檐高是指建筑物自设计室外地面标高至檐口滴水标高。无组织排水的滴水标高为屋面板顶，有组织排水的滴水标高为天沟板底。

建筑物层数指室外地面以上自然层（含 2.2m 设备管道层）。地下室和屋顶有围护结构的楼梯间、电梯间、水箱间、塔楼、望台等，只计算建筑面积，不计算檐高和层数。

4. 高层建筑垂直运输及超高增加费包括 6 层以上（或檐高 20m 以上）的垂直运输、超高人工及机械降效、清水泵台班、28 层以上通讯等费用。建筑物层数在 6 层以上或檐高在 20m 以上时，均应计取此费用。

5. 7～8 层（檐高 20～28m）高层建筑垂直运输及超高增加费子目只包含本层，不包含 1～6 层（檐高 20m 以内）。当套用了 7～8 层（檐高 20～28m）高层建筑垂直运输及超高增加费子目时，余下地面以上的建筑面积还应套用 6 层以内（檐高 20m 以内）建筑物垂直运输子目。

6. 9 层及以上或檐高 28m 以上的高层建筑垂直运输及超高增加费子目除包含本层及以上外，还包含 7～8 层（檐高 20～28m）和 1～6 层（檐高 20m 以内）。当套用了 9 层及以上（檐高 28m 以上）高层建筑垂直运输及超高增加费子目时，余下地面以上的建筑面积不再套用 7～8 层（檐高 20～28m）高层建筑垂直运输及超高增加费子目和 6 层以内（檐高 20m 以内）垂直运输子目。

6. 建筑物地下室（含半地下室）、高层范围外的 1～6 层且檐高 20m 以内裙房面积（不区分是否垂直分割），应套用 6 层以内（檐高 20m 以内）建筑物垂直运输子目。

7. 建筑物垂直运输定额中的垂直运输机械，不包括大型机械的场外运输、安拆费以及路基铺垫、基础等费用，发生时另按相应定额计算。

7.6.2　定额工程量计算规则

（一）一般规则

檐高 20m 以内建筑物垂直运输、高层建筑垂直运输及超高增加费工程量按建筑面积计算。

（二）檐高 20m 以内建筑物垂直运输

当建筑物层数在 6 层以下且檐高 20m 以内时，按 6 层以下的建筑面积之和，计算工程量。包括地下室和屋顶楼梯间等建筑面积。

（三）高层建筑垂直运输及超高增加费

1. 檐高在 20m 以上时，以建筑物檐高与 20m 之差，除以 3.3m（余数不计）为超高折算层数（除本条第 5、6 款外），乘以按本条第 3 款计算的折算层面积，计算工程量。

2. 当上层建筑面积小于下层建筑面积的 50% 时，应垂直分割为两部分计算。层数（或檐高）高的范围与层数（或檐高）低的范围分别按本条第 1 款规则计算。

3. 当上层建筑面积大于或等于下层建筑面积的 50% 时，则按本条款第 1 款规定计算超高折算层层数，以建筑物楼面高度 20m 及以上实际层数建筑面积的算术平均值为折算层面积，乘以超高折算层层数，计算工程量。

4. 当建筑物檐高在 20m 以下，而层数在 6 层以上时，以 6 层以上建筑面积套用 7～8 层子目，剩余 6 层以下（不含第 6 层）的建筑面积套用檐高 20m 以内子目。

5. 当建筑物檐高超过 20m，但未达到 23.3m，则无论实际层数多少，均以最高一层建筑面积（含屋面楼梯间、机房等）套用 7～8 层子目，剩余 6 层以下（不含第 6 层）的建筑面积套用檐高 20m 以内子目。

6. 当建筑物檐高在 28m 以上但未超过 29.9m，或檐高在 28m 以下但层数在 9 层以上时，按 3 个超高折算层和本条第 3 款计算的折算层面积相乘计算工程量，套用 9～12 层子目，余下建筑面积不计。

7.6.3 清单工程量计算规则

见 7.5.3 表 7-5 和表 7-6，垂直运输与超高施工增加。

7.6.4 工程量计算方法

例 7.9 根据例 6.7 中所提供的资料，试计算其装饰工程垂直运输的工程量，并确定定额项目。

解 垂直运输的工程量按建筑面积计算。

$$S=(10.80+0.24)\times(6.00+0.24)=11.04\times6.24=68.89m^2$$

定额项目为：A22-1　檐高 20m 以内（6 层以内）卷扬机施工

定额基价为：449.34 元/100m²

思考题

1. 如何计算现浇杯形基础模板工程量？

2. 如何计算构造柱模板工程量？

3. 如何计算预制构件模板工程量？

4. 如何计算建筑物超高增加费？

5. 综合脚手架综合了哪些内容？

6. 叙述单项脚手架的搭设方式。

7. 什么是垂直防护架？

8. 根据例 5.9 中所提供的资料，试计算垫层的混凝土和模板；杯形基础钢筋和模板的工程量，并确定其定额项目。

第8章 房屋建筑与装饰工程计价方法

根据建设工程计价的多次性特点，工程建设项目在不同的建设阶段对应不同的工程价格：投资估算、概算造价、预算造价、合同价、结算价和决算价。不同阶段的工程价格计算的基本原理相似，但具体的计价方法和程序又各有差异。本章分别以施工图设计阶段、招投标阶段的预算造价编制为例，说明房屋建筑与装饰工程在两种不同计价模式下的计价方法和程序。

8.1 定额计价方法与程序

8.1.1 定额计价方法

本部分以施工图预算的编制为例说明定额计价方法。

1. 施工图预算的概念

施工图预算是以施工图设计文件为依据，按照规定的程序、方法和依据，在工程施工前对工程项目的工程费用进行的预测和计算。施工图预算的成果文件称为施工图预算书，简称施工图预算，它是在施工图设计阶段对工程建设所需资金做出较精确计算的文件。

施工图预算价格既可以是按照政府统一规定的预算单价、取费标准、计价程序计算得到的属于计划或预期性质的施工图预算价格，也可以是通过招标投标法定程序后施工企业根据自身的实力（即企业定额）、资源市场单价以及市场供求及竞争状态计算得到的反映市场性质的施工图预算价格，对投资方、施工企业、工程咨询单位及管理部门等多个工程建设参与方具有十分重要的作用。

施工图预算应在设计交底及会审图纸的基础上，按照单位工程施工图预算、单项工程综合预算、建设项目总预算的顺序编制，具体的步骤如图8-1所示，其中，单位工程施工图预算是施工图预算的关键。

单位工程施工图预算包括建筑工程费、安装工程费、设备及工器具购置费。建筑工程费和安装工程费统称为建筑安装工程费，主要编制方法有单价法和实物量法。其中，单价法又可分为定额单价法和清单单价法，但定额单价法使用较多。

2. 定额单价法

定额单价法又称工料单价法或预算单价法，是指分部分项工程的单价为工料单价，将分部分项工程量乘以对应分部分项工程单价后的合计作为单位人、材、机费，人、材、机费汇总后，再根据规定的计算方法计取企业管理费、利润、规费和税金，将上述费用汇总后得到该单位工程的施工图预算造价。定额单价法中的单价一般采用地区统一单位估价表

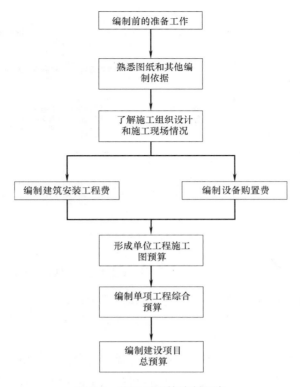

图 8-1　施工图预算编制程序

中的各分项工程工料单价（定额基价）。定额单价法的计算公式如下：

建筑安装工程预算造价＝(∑分项工程量×分项工程工料单价)＋企业管理费＋利润＋规费＋税金

定额单价法计算建筑安装工程预算造价的基本步骤如图 8-2 所示。

（1）准备工作。主要包括：1）收集施工图预算的编制依据，如现行建筑安装工程定额、取费标准、工程量计算规则、地区材料预算价格及市场材料价格等各种资料；2）熟悉施工图等基础资料；3）了解施工组织设计和施工现场情况。

（2）列项并计算工程量。工程量计算一般按下列步骤进行：首先将单位工程划分为若干分项工程，划分的项目必须和定额规定的项目一致，这样才能正确地套用定额。不重复列项，也不漏项。工程量应严格按照图纸尺寸和现行定额规定的工程量计算规则进行计算，分项子目的工程量应遵循一定的顺序逐项计算，避免漏算和重算。

（3）套用定额预算单价，计算人工、材料、施工机具使用费。核对工程量计算结果后，将定额子项中的基价填于预算表单价栏内，并将单价乘以工程量得出合价，将结果填入合价栏，分别得出人工费、材料费、施工机具使用费。计算人工费、材料费、施工机具使用费时需要注意以下几个问题：

1）分项工程的名称、规格、计量单位与预算单价或单位估价表中所列内容完全一致时，可以直接套用预算单价；

2）分项工程的主要材料品种与预算单价或单位估价表中规定材料不一致时，不能直

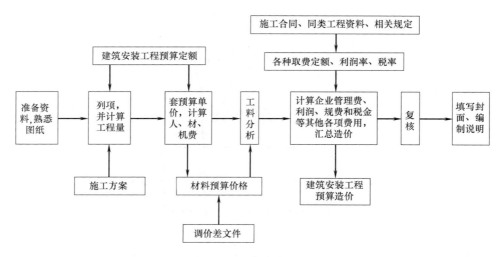

图 8-2　定额单价法计算建筑安装工程费的基本步骤

接套用预算单价，需要按实际使用材料价格换算预算单价；

3）分项工程施工工艺条件与预算单价或单位估价表不一致而造成人工、机械数量增减时，一般调量不调价。

（4）编制工料分析表。工料分析是按照各分项工程，依据定额或单位估价表，首先从定额项目表中分别将各分项工程消耗的每项材料和人工的定额消耗量查出；再分别乘以该工程项目的工程量，得到分项工程工料消耗量，最后将各分项工程工料消耗量加以汇总，得出单位工程人工、材料的消耗数量。即：

$$人工消耗量＝某工种定额用工量×某分项工程量$$

$$材料消耗量＝某种材料定额用量×某分项工程量$$

（5）计算主材费并调整人、材、机费。许多定额项目基价为不完全价格，即未包括主材费在内。因此还应单独计算出主材费，计算完成后将主材费的价差加入人、材、机费。主材费计算的依据是当时当地的市场价格。

（6）按计价程序计取其他费用，并汇总造价。根据规定的税率、费率和相应的计取基础，分别计算企业管理费、利润、规费和税金。将上述费用累计后与人、材、机费进行汇总，求出单位工程预算造价。与此同时，计算工程的技术经济指标，如单方造价。

（7）复核。对项目填列、工程量计算式、计算结果、套用单价、取费费率、数字计算结果、数据精确度等进行全面复核，及时发现差错并修改，以保证预算的准确性。

（8）按照当地造价管理部门的格式要求，填写封面、编制说明。

定额单价法是编制施工图预算的常用方法，具有计算简单、工作量较小和编制速度较快、便于工程造价管理部门集中统一管理等优点。但由于是采用事先编制好的统一的单位估价表，其价格水平只能反映定额编制年份的价格水平，在市场价格波动较大的情况下，定额单价法的计算结果会偏离实际价格水平，虽然可以进行调价，但调价系数和指数从测定到颁布又会出现滞后，且计算也较繁琐；另外由于此法采用的地区统一的单位估价表进行计价，承包商之间竞争的并不是自身的施工、管理水平，所以定额单价法并不完全适应市场经济环境。

3. 实物量法

用实物法编制单位工程施工图预算，是根据施工图计算的各分项工程量分别乘以地区定额中人工、材料、施工机械台班的定额消耗量，分类汇总得出该单位工程所需的全部人工、材料、施工机械台班消耗数量，然后再乘以当时当地人工工日单价、各种材料单价、施工机械台班单价，求出相应的人工费、材料费、施工机具使用费。企业管理费、利润、规费和税金等费用计取方法与预算单价法相同。实物量法编制施工图预算的公式如下：

单位工程人、材、机费＝综合工日消耗量×综合工日单价＋Σ（各种材料消耗量×相应材料单价）＋Σ（各种机械消耗量×相应机械台班单价）

建筑安装工程预算造价＝单位工程人、材、机费＋企业管理费＋利润＋规费＋税金

实物量法的优点是能较及时地将反映各种人工、材料、机械的当时当地市场单价计入预算价格，不需调价，反映当时当地的工程价格水平。

实物量法编制施工图预算的基本步骤如图 8-3 所示。

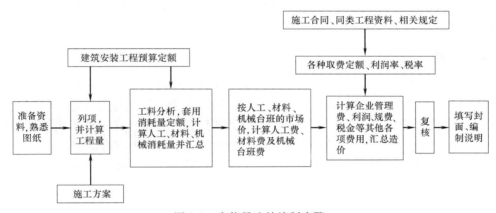

图 8-3 实物量法的编制步骤

（1）准备资料、熟悉施工图纸。实物量法准备资料时，除准备定额单价法的各种编制资料外，重点应全面收集工程造价管理机构发布的工程造价信息及各种市场价格信息，如人工、材料、机械台班当时当地的实际价格，应包括不同品种、不同规格的材料预算价格，不同工种、不同等级的人工工资单价，不同种类、不同型号的机械台班单价等。要求获得的各种实际价格应全面、系统、真实和可靠。

（2）列项并计算工程量。本步骤与定额单价法相同。

（3）套用消耗定额，计算人工、材料、机械台班消耗定量。根据预算人工定额所列各类人工工日的数量，乘以各分项工程的工程量，计算出各分项工程所需各类人工工日的数量，统计汇总后确定单位工程所需的各类人工工日消耗量。同理，根据预算材料定额、预算机械台班定额分别确定出单位工程各类材料消耗数量和各类施工机械台班数量。

（4）计算并汇总人工费、材料费和施工机具使用费。根据当时当地工程造价管理部门定期发布的或企业根据市场价格确定的人工工资单价、材料预算价格、施工机械台班单价分别乘以人工、材料、机械台班消耗量，汇总即得到单位工程人工费、材料费和施工机具

使用费。

（5）计算其他各项费用，汇总造价。本步骤与定额单价法相同。

（6）复核、填写封面、编制说明。检查人工、材料、机械台班的消耗量计算是否准确，有无漏算、重算或多算；套用的定额是否正确；检查采用的实际价格是否合理。其他内容可参考定额单价法。

实物量法与定额单价法首尾部分的步骤基本相同，所不同的主要是中间两个步骤，即：①采用实物量法计算工程量后，套用相应人工、材料、施工机械台班预算定额消耗量，求出各分项工程人工、材料、施工机械台班消耗数量并汇总成单位工程所需各类人工工日、材料和施工机械台班的消耗量。②实物量法，采用的是当时当地的各类人工工日、材料和施工机械台班的实际单价分别乘以相应的人工工日、材料和施工机械台班总的消耗量，汇总后得出单位工程的人工费、材料费和施工机具使用费。

在市场经济条件下，人工、材料和机械台班单价是随市场而变化的，而它们是影响工程造价最活跃、最主要的因素。用实物量法编制施工图预算，采用的是工程所在地当时人工、材料、机械台班价格，较好地反映实际价格水平，工程造价的准确性高。虽然计算过程较单价法繁琐，但利用计算机便可解决此问题。因此，实物量法是与市场经济体制相适应的预算编制方法。

8.1.2　定额计价程序

以定额计价的方法原理为基础，不同省市依据国家标准，如《建设工程工程量清单计价规范》、《房屋建筑与装饰工程工程量计算规范》等不同专业工程量计算规范、《建筑安装工程费用项目组成》等有关规定，结合自身特点和实际情况，会细化具体的定额计价程序。下面以"××省建筑安装工程费用定额"明确的定额计价程序为例进行阐述。

××省的定额计价以该省基价表中的人工费、材料费、施工机具使用费为基础，明确具体的计算程序，如表 8-1 所示。

××省定额计价计算程序　　　　　　　　　　　　　表 8-1

序号	费用项目		计算方法
1	分部分项工程费		1.1+1.2+1.3
1.1	其中	人工费	Σ（人工费）
1.2		材料费	Σ（材料费）
1.3		施工机具使用费	Σ（施工机具使用费）
2	措施项目费		2.1+2.2
2.1	单价措施项目费		2.1.1+2.1.2+2.1.3
2.1.1	其中	人工费	Σ（人工费）
2.1.2		材料费	Σ（材料费）
2.1.3		施工机具使用费	Σ（施工机具使用费）
2.2	总价措施项目费		2.2.1+2.2.2
2.2.1	其中	安全文明施工费	（1.1+1.3+2.1.1+2.1.3）*费率
2.2.2		其他总价措施项目费	（1.1+1.3+2.1.1+2.1.3）*费率

序号	费用项目	计算方法
3	总包服务费	项目价值 * 费率
4	企业管理费	(1.1＋1.3＋2.1.1＋2.1.3) * 费率
5	利润	(1.1＋1.3＋2.1.1＋2.1.3) * 费率
6	规费	(1.1＋1.3＋2.1.1＋2.1.3) * 费率
7	索赔与现场签证	索赔与现场签证费
8	不含税工程造价	1＋2＋3＋4＋5＋6＋7
9	税金	8 * 费率
10	含税工程造价	8＋9

注：表中"索赔与现场签证"系指认费用形式表示的不含税费用。

8.2 清单计价方法与程序

8.2.1 工程量清单计价的基本方法

工程量清单计价可以分为两个阶段：即工程量清单的编制和工程量清单应用两个阶段，工程量清单的编制程序如图 8-4 所示，工程量清单应用过程如图 8-5 所示。

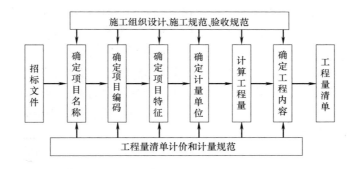

图 8-4　工程量清单编制程序

8.2.2 工程量清单计价的程序与综合单价

本部分以招标控制价的编制为例说明清单计价方法。

1. 招标控制价的概念及编制规定

招标控制价是指根据国家或省级建设行政主管部门颁发的有关计价依据和办法，依据拟订的招标文件和招标工程量清单，结合工程具体情况发布的招标工程的最高投标限价。根据住房与城乡建设部颁布的《建筑工程施工发包与承包计价管理办法》（住建部令第 16 号）的规定，对国有资金投资的建筑工程进行招标时，应当设有最高投标限价；对非国有资金投资的建筑工程进行招标时，可以设有最高投标限价或者招标标底。

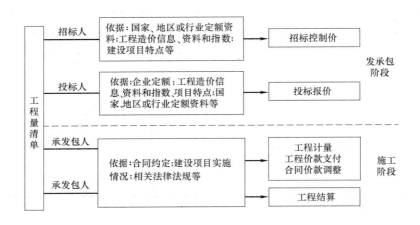

图 8-5 工程量清单应用过程

（1）招标控制价与标底的关系

招标控制价是推行工程量清单计价过程中对传统标底概念的性质进行界定后所设置的专业术语，它使招标时评标定价的管理方式发生了很大的变化。

1）设标底招标。根据《招标投标法实施条例》的规定，招标人可以自行决定是否编制标底，一个招标项目只能有一个标底，标底必须保密。但这种设置标底的招标形式对工程招投标工作造成了较大的负面影响，主要表现在：①设标底时易发生泄露标底及暗箱操作的现象，失去招标的公平公正性，容易诱发违法违规行为；②编制的标底价是预期价格，因较难考虑施工方案、技术措施对造价的影响，容易与市场造价水平脱节，不利于引导投标人理性竞争；③标底在评标过程的特殊地位使标底价成为左右工程造价的杠杆，不合理的标底会使合理的投标报价在评标中显得不合理，有可能成为地方或行业保护的手段；④将标底作为衡量投标人报价的基准，导致投标人尽力地去迎合标底，往往招标投标过程反映的不是投标人实力的竞争，而是投标人编制预算文件能力的竞争，或者各种合法或非法的"投标策略"的竞争。

2）无标底招标。由于设置标底招标的方式存在一系列弊端，若不设立标底，同样也会存在一些不足：①容易出现围标串标现象，各投标人哄抬价格，给招标人带来投资失控的风险；②容易出现低价中标后偷工减料，以牺牲工程质量来降低工程成本，或产生先低价中标，后高额索赔等不良后果；③评标时，招标人对投标人的报价没有参考依据和评判基准。

3）编制招标控制价招标。采用招标控制价招标的优点主要体现在：①可有效控制投资，防止恶性哄抬报价带来的投资风险；②提高了透明度，避免了暗箱操作、寻租等违法活动的产生；③可使各投标人自主报价，不受标底的左右，公平竞争，符合市场规律；④既设置了控制上限，又尽量地减少了业主依赖评标基准价的影响。但也有可能出现如下问题：①若"最高限价"大大高于市场平均价时，就预示中标后利润很丰厚，只要投标不超过公布的限额都是有效投标，从而可能诱导投标人串标围标；②若公布的最高限价远远低于市场平均价，就会影响招标效率，即有可能出现投标人不足 3 家，或出现无人投标情况，因为按此限额投标将无利可图，结果使招标人不得不修改招标控制价进行二次招标。

可见，合理确定招标控制价对招投标工作的正常开展具有重要意义。

（2）编制招标控制价的规定

1）国有资金投资的工程建设项目应实行工程量清单招标，招标人应编制招标控制价，并应当拒绝高于招标控制价的投标报价，即投标人的投标报价若超过公布的招标控制，则其投标作为废标处理。

2）招标控制价应由具有编制能力的招标人或受其委托、具有相应资质的工程造价咨询人编制，工程造价咨询人不得同时接收招标人和投标人对同一工程的招标控制价和投标报价的编制。

3）招标控制价应在招标文件中公布，对所编制的招标控制价不得进行上浮或下调。在公布招标控制价时，除公布招标控制价的总价外，还应公布各单位工程的分部分项工程费、措施项目费、其他项目费、规费和税金。

4）招标控制价超过批准的概算时，招标人应将其报原概算审批部门审核。这是由于我国对国有资金投资项目的投资控制实行的是设计概算审批制度，国有资金投资的工程原则上不能超过批准的设计概算。

5）投标人经复核认为招标人公布的招标控制价未按照《建设工程工程量清单计价规范》GB 50500 的规定进行编制的，应在招标控制价公布后 5 天内向招标投标监督机构和工程造价管理机构投诉。工程造价管理机构受理投诉后，应立即对招标控制价进行复查，组织投诉人、被投诉人或其委托的招标控制价编制人等单位人员对投诉问题逐一核对。当招标控制价复查结论与原公布的招标控制价误差大于 ±3％ 时，应责成招标人改正。当重新公布招标控制价时，若重新公布之日起至原投标截止期不足 15 天的应延长投标截止期。

2. 招标控制价计价程序

建设工程的招标控制价反映的是单位工程费用，各单位工程费用是由分部分项工程费、措施项目费、其他项目费、规费和税金组成。单位工程招标控制价计价程序如表 8-2 所示。

建设单位工程招标控制价计价程序表　　　　　表 8-2

工程名称：　　　　　　　　　　标段：　　　　　　　　　　第　页　共　页

序号	汇总内容	计算方法	金额(元)
1	分部分项工程	按计价规定计算	
1.1			
1.2			
……			
2	措施项目	按计价规定计算	
2.1	其中:安全文明施工费	按规定标准估算	
3	其他项目		
3.1	其中:暂列金额	按计价规定估算	

序号	汇总内容	计算方法	金额(元)
3.2	其中:专业工程暂估价	按计价规定估算	
3.3	其中:计日工	按计价规定估算	
3.4	其中:总承包服务费	按计价规定估算	
4	规费	按规定标准计算	
5	税金(扣除不列入计税范围的工程设备金额)	(1+2+3+4)×规定税率	
	招标控制价合计=1+2+3+4+5		

招标控制价各组成部分有不同的计价要求。

(1) 分部分项工程费的编制要求

1) 分部分项工程费应根据招标文件中的分部分项工程量清单及有关要求,按《建设工程工程量清单计价规范》GB 50500—2013 有关规定确定综合单价计价。

2) 工程量依据招标文件中提供的分部分项工程量清单确定。

3) 招标文件提供了暂估单价的材料,应按暂估的单价计入综合单价。

4) 为使招标控制价与投标报价所包含的内容一致,综合单价中应包括招标文件中要求投标人所承担的风险内容及其范围(幅度)产生的风险费用。

(2) 措施项目费的编制要求

1) 措施项目费中的安全文明施工费应当按照国家或省级、行业建设主管部门的规定标准计价,该部分不得作为竞争性费用。

2) 措施项目应按招标文件中提供的措施项目清单确定,措施项目分为以"量"计算和以"项"计算两种。对于可精确计量的措施项目,以"量"计算,即按其工程量用与分部分项工程工程量清单单价相同的方式确定综合单价;对于不可精确计量的措施项目,则以"项"为单位,采用费率法按有关规定综合取定,采用费率法时需确定某项费用的计费基数及其费率,结果应是包括除规费、税金以外的全部费用。计算公式为:

以"项"计算的措施项目清单费=措施项目计费基数×费率

(3) 其他项目费的编制要求

1) 暂列金额。暂列金额可根据工程的复杂程度、设计深度、工程环境条件(包括地质、水文、气候条件等)进行估算,一般可以分部分项工程费的 10%~15%为参考。

2) 暂估价。暂估价中的材料单价应按照工程造价管理机构发布的工程造价信息中的材料单价计算,工程造价信息未发布的材料单价,其单价参考市场价格估算;暂估价中的专业工程暂估价应分不同专业,按有关计价规定估算。

3) 计日工。在编制招标控制价时,对计日工中的人工单价和施工机械台班单价应按省级、行业建设主管部门或其授权的工程造价管理机构公布的单价计算;材料应按工程造价管理机构发布的工程造价信息中的材料单价计算,工程造价信息未发布单价的材料,其价格应按市场调查确定的单价计算。

4) 总承包服务费。总承包服务费应按照省级或行业建设主管部门的规定计算,在计算时可参考以下标准:①招标人仅要求对分包的专业工程进行总承包管理和协调时,按分包的专业工程估算造价的 1.5%计算;②招标人要求对分包的专业工程进行总承包管理和协调，并同时要求提供配合服务时，根据招标文件中列出的配合服务内容和提出的要求，按分包的专业工程估算造价的 3%～5% 计算；③招标人自行供应材料的，按招标人供应材料价值的 1% 计算。

（4）规费和税金的编制要求

规费和税金必须按国家或省级、行业建设主管部门的规定计算。

3. 综合单价的组价

招标控制价的分部分项工程费应由各单位工程的招标工程量清单乘以相应的综合单价汇总而成。综合单价的组价，首先依据提供的工程量清单和施工图纸，按照工程所在地颁发的计价定额的规定，确定所组价的定额项目名称，并计算出相应的工程量；其次，依据工程造价政策规定或工程造价信息确定其人工、材料、机械台班单价；同时，在考虑风险因素确定管理费率和利润率的基础上，按规定程序计算出所组价定额项目的合价，如式（8-1）所示，然后将若干项所组价的定额项目合价相加除以工程量清单项目工程量，便得到工程量清单项目综合单价，如式（8-2）所示，对于未计价材料费（包括暂估单价的材料费）应计入综合单价。

$$定额项目合价＝定额项目工程量×[\sum(定额人工消耗量)×人工单价＋$$
$$\sum(定额材料消耗量)×材料单价＋\sum(定额机械台班消耗量)×机械$$
$$台班单价＋价差(基价或人工、材料、机械费用)＋管理费和利润]$$

$$(8-1)$$

$$工程量清单综合单价＝\frac{\sum 定额项目合价＋未计价材料}{工程项目清单项目工程量}$$

$$(8-2)$$

编制招标控制价在确定其综合单价时，应考虑一定范围内的风险因素。在招标文件中应通过预留一定的风险费用，或明确说明风险所包括的范围及超出该范围的价格调整方法。对于招标文件中未作要求的可按以下原则确定：

（1）对于技术难度较大和管理复杂的项目，可考虑一定的风险费用，并纳入到综合单价中；

（2）对于工程设备、材料价格的市场风险，应依据招标文件的规定，工程所在地或行业工程造价管理机构的有关规定，以及市场价格趋势考虑一定率值得风险费用，纳入到综合单价中；

（3）税金、规费等法律、法规、规章和政策变化的风险和人工单价等风险费用不应纳入综合单价。

招标工程发布的分部分项工程量清单对应的综合单价，应按照招标人发布的分部分项工程量清单的项目名称、工程量、项目特征描述，依据工程所在地颁发的计价定额和人工、材料、机械台班价格信息等进行组价确定，并应编制工程量清单的综合单价分析表。

思考题

1. 定额计价的程序。

2. 工程量清单的计价程序。

3. 建设工程清单中，哪些项目不可作为竞争性项目。

第9章 房屋建筑与装饰工程计价实例

施工图预算是以施工图设计文件为依据，按照规定的程序、方法和依据，在工程施工前对工程项目的工程费用进行的预测与计算。施工图预算的成果文件称作施工图预算书，也简称施工图预算，它是在施工图设计阶段对工程建设所需资金作出较精确计算的设计文件。

施工图预算价格既可以是按照政府统一规定的预算单价、取费标准、计价程序计算得到的属于计划或预期性质的施工图预算价格，也可以是通过招标投标法定程序后施工企业根据自身的实力即企业定额、资源市场单价以及市场供求及竞争状况计算得到的反映市场性质的施工图预算价格。

本章以实例对建筑、装饰工程等不同专业的造价计算过程做了介绍。

9.1 建筑工程施工图预算编制实例

9.1.1 实例概述

1. 工程概况

（1）本工程为新建单层砖混结构房屋，位于××省××市区内。

（2）常年地下水位为地表 2m 以下，场地为三类土。

（3）现场搭设钢管脚手架，垂直运输采用卷扬机。

（4）本工程不发生场内运土，余土均用双轮车运至场外 150m 处。预制板由预制场加工，厂址距工地 5km。

（5）木门由施工单位附属加工厂制作并运至现场，运距 8km。

2. 设计说明

（1）基础采用现浇 C20 钢筋混凝土带型基础，其上用 M5 水泥砂浆砌筑砖基础，砖基础顶部设 C20 钢筋混凝土地圈梁。

（2）本工程用 M5 混合砂浆砌一砖内、外墙、女儿墙，在檐口处设 C20 钢筋混凝土圈梁一道，纵横墙连接处设 C20 钢筋混凝土构造柱。

（3）屋面做法：

防水层——三元乙丙橡胶卷材防水；

找平层——1∶2.5 水泥砂浆，厚 20mm；

找坡层——炉渣混凝土，最薄处 10mm；

基层——预应力空心屋面板；

落水管：φ110mm，UPVC 塑料管。

（4）室内装修做法：

地面：面层——1：2.5带玻璃嵌条普通水磨石面层，底层20mm，面层15mm，不分色；

找平层——1：3水泥砂浆，20mm厚；

垫　层——C15混凝土，80mm厚；

基　层——素土夯实。

踢脚板：同地面做法，高150mm。

内墙面：混合砂浆底，面层刷内墙涂料两遍。

天棚面：基层——预制板底面清刷、补缝；

面层——混合砂浆抹底，面层刷涂料两遍。

（5）室外装修做法：

外墙面：混合砂浆抹底，水泥砂浆粘贴墙面砖，缝宽5mm。

散　水：C15混凝土提浆抹光，600mm宽，60mm厚。

（6）门窗：门窗统计如表所示。

门窗统计表 表9-1

门窗名称	代号	洞口尺寸（mm×mm）	数量（樘）	单樘面积（m²）	合计面积（m²）
单扇无亮无纱镶板门	M	900×2000	4	1.8	7.2
双扇铝合金推拉窗	C1	1500×1800	6	2.7	16.2
双扇铝合金推拉窗	C2	2100×1800	2	3.78	7.56

（7）门窗过梁：门洞上加设钢筋混凝土C20过梁，长度为洞口宽加500mm，断面为240mm×120mm。窗洞上圈梁代过梁，底部增设1ϕ14钢筋，其余钢筋同圈梁。

3. 施工图纸

如图9-1～图9-8所示。

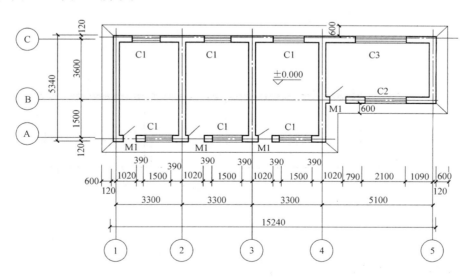

图9-1　平面图

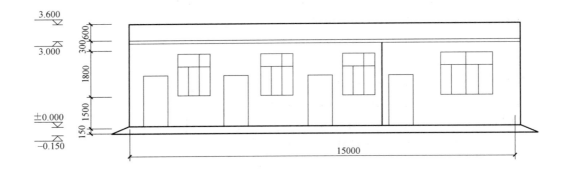

图 9-2 立面图

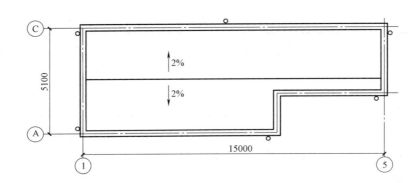

图 9-3 屋顶平面图

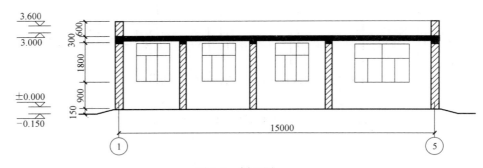

图 9-4 剖面图

9.1.2 定额计价模式下工程造价计算

1. 工程量计算表

依据××省消耗量定额进行计算，该建筑工程具体工程量计算见表 9-2。

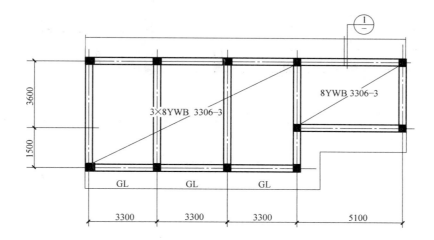

图 9-5　结构平面图

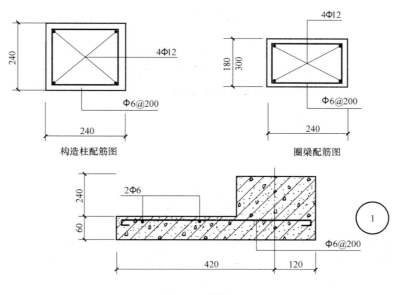

图 9-6　详图

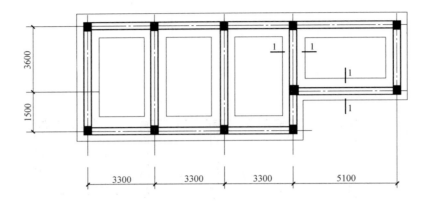

图 9-7 基础平面图

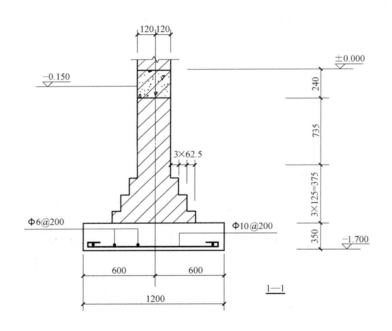

图 9-8 基础详图

工程量计算表   表 9-2

工程名称：

序号	定额编号	项目名称	计算式	单位	工程量
		建筑面积	$15.24 \times 5.34 - 5.1 \times 1.5$	m²	73.73
		外墙中心线	$(3.3 \times 3 + 5.1 + 5.1) \times 2$	m	40.20
		外墙外边线	$(15.24 + 5.34) \times 2$	m	41.16
		内墙净长线	$(5.1 - 0.24) \times 2 + (3.6 - 0.24)$	m	13.08

258

序号	定额编号	项目名称	计算式	单位	工程量
1	G1-283	平整场地	$(5.34+4)\times(15.24+4)-1.5\times5.1$	m^2	172.05
2	G1-143	人工开挖基槽	$h=1.7-0.15=1.55m$ $k=0.33$ 外墙基底长度$=40.2m$ 内墙基底长度$=(5.1-2\times0.6)\times2+(3.6-2\times0.6)=10.2m$ $V=(1.2+2\times0.3+0.33\times1.55)\times1.55\times(40.2+10.2)=180.57\ m^3$	m^3	180.57
3	G1-281	基槽回填土	室外地面以下带形混凝土基础$=21.17m^3$ 室外地面以下带形砖基础(包括部分圈梁)体积$=0.24\times[(1.7-0.15-0.35)+0.394]\times53.28=20.38\ m^3$ 基槽回填土$=180.57-21.17-20.38=139.02\ m^3$	m^3	139.02
4	G1-282	室内回填土	室内净面积$=73.73-0.24\times(40.2+13.08)=60.94\ m^2$ 室内回填土$=(0.15-0.02-0.015-0.02-0.08)\times60.94$	m^3	0.91
5	G1-219	余土外运 双轮车 (运距150m)	$180.57-139.02-0.91$	m^3	40.64
6	G1-220	余土外运(超运距)	40.64×2	m^3	81.28
7	A1-1	砖基础体积 M5 水泥砂浆	基础与墙体是同种材质,因此基础与墙体分界线为室内地面处 $H=1.7-0.35-0.24=1.11m$ 查表得折算高度为$h=0.394m$ 长度$=40.2+13.08=53.28m$ $V=0.24\times(1.11+0.394)\times53.28$	m^3	19.23
8	A1-7	混水砖墙	①外墙:外墙长度$=40.2m$ 外墙(含女儿墙)高度$=3.6m$ 门窗面积$=30.96m^2$ 门洞过梁体积$=0.146m^3$ ②内墙:长度$=13.08m$ 高度$=3m$ ③砖墙工程量$=0.24\times(40.2\times3.6+13.08\times3)-30.96\times0.24-0.146-(1.089+1.71)-3.01$	m^3	30.77
9	A2-25	圈梁	$(40.2+13.08)\times0.24\times0.24+0.24\times0.3\times23.4+0.24\times0.18\times29.88-1.089-0.24\times0.24\times0.3\times10-0.24\times0.24\times0.18\times1=4.78$	m^3	4.78
10	A2-3	现浇带形基础	$L=40.2+(5.1-2\times0.6)\times2+(3.6-2\times0.6)=50.4m$ $V=1.2\times0.35\times50.4$	m^3	21.17
11	A2-26	过梁	$0.24\times0.12\times(0.9+0.12+0.25)\times4+(1.5+0.5)\times6\times0.3\times0.24+(2.1+0.5)\times2\times0.18\times0.24=1.235$	m^3	1.235
12	A2-20	现浇构造柱	$(0.24\times0.24+0.03\times0.24\times2)\times3.6\times5+(0.24\times0.24+0.03\times0.24\times3)\times3.6\times6$	m^3	3.01

序号	定额编号	项目名称	计算式	单位	工程量
13	A2-47	现浇挑檐板	$(0.42-0.12)\times(15.24\times2+1.5)$	m²	9.59
14	A2-60	散水 C15	$(15.24+0.6+5.34+0.6)\times2\times0.6$	m²	26.14
15	A2-375	预制空心板安装		m³	4.648
16	A2-431	预制空心板灌缝		m³	4.648
17	A2-442	钢筋 $\phi10$	$1.185\times323\times0.617$kg/m=236.16kg	t	0.236
18	A2-440	钢筋 $\phi6$	$7\times(11.035+6.235+16.135+24.94+4.735)\times0.222+(0.961\times123+0.721\times166)(0.222+0.794\times220\times0.222+65.52\times0.222+0.585\times169\times0.222=227$kg	t	0.227
19	A2-443	钢筋 $\phi12$	$(87.04+15.76+40.96+21.76+61.36)(0.888+172.92\times0.888=355$	t	0.355
20	A2-444	钢筋 $\phi14$	18.2×1.208kg/m=21.99kg	t	0.022
21	A2-494	YWB 钢筋 $\phi10$	$(4.81\times24+6.65\times8)\times1.015=171.17$kg	t	0.171
22	A13-19	炉渣混凝土找坡层	平均厚度=0.0343m 体积=$(73.73-0.24\times40.2)\times0.0343=2.198$m³	m³	2.198
23	A13-20	水泥砂浆找平层	$73.73-0.24(40.2+60.94=125.02$m²	m²	125.02
24	A5-107	三元乙丙橡胶卷材防水	女儿墙内壁长度:$(15-0.24+5.1-0.24)\times2=39.24$m 卷材防水面积:$64.08+39.24\times0.25=73.89$m²	m²	73.89
25	A5-78	PVC 塑料落水管	$(0.15+3.0)\times6=18.9$m	m	18.90
26	A5-81	塑料水斗		个	6
27	A5-87	塑料弯头		个	6
28	A13-17	C15 混凝土垫层	$60.94\times0.08=4.88$m³	m³	4.88
29	A13-36	带嵌条普通水磨石		m²	60.94
30	A13-39	水磨石踢脚线	$(5.1-0.24+3.3-0.24)\times2\times3+(5.1-0.24+3.6-0.24)\times2=63.96$m $63.96\times0.15=9.594$	m²	9.594
31	A14-32	砖墙面混合砂浆抹灰	$63.92\times2.88-30.96+23.544=176.67$m²	m²	176.67
32	A14-161	外墙面面砖	$41.16\times(0.15+3.6)-30.96=123.39$m²	m²	123.39
33	A16-3	天棚面抹灰	$60.94+19.188=80.13$m²	m²	80.13
34	A17-7	单扇镶板门	$0.9\times2.0\times4=7.20$m²	m²	7.20
35	A17-37	双扇铝合金推拉窗	$1.5\times1.8\times6+2.1\times1.8\times2=23.76$m²	m²	23.76

序号	定额编号	项目名称	计算式	单位	工程量
36	A18-309	内墙面、天棚面涂料	$153.13+80.13=233.26m^2$	m^2	233.26
37	A8-1	综合脚手架		m^2	73.73
38	A7-11	现浇混凝土带形基础模板	$(5.1+1.2+15+1.2+3.6+1.2+5.1+1.5+9.9+1.2+36+6.3×2)×0.35=32.76$	m^2	32.76
39	A7-47	现浇构造柱模板	$[(0.24+0.06×2)×16+0.06×6×4]×3.6=25.92$	m^2	25.92
40	A7-68	圈梁模板	$[(5.1-0.24)×2×5+(3.3-0.24)×2×6+(3.6-0.24)×2×2]×0.3-0.06×(40.2-5.1-3.6)+1.5×0.24×6+2.1×0.24×2=30.88$	m^2	30.88
41	A7-51	地圈梁模板	$0.24×(40.2+13.08)×2-0.24×0.24×6$	m^2	25.22
42	A7-136	预制板灌缝模板		m^3	4.648
43	A9-1	垂直运输（卷扬机）		m^2	73.73

2. 编制分部分项工程费表（表9-3）

单位工程分部分项工程费表   表9-3

工程名称：土建工程

序号	编号	定额名称	单位	工程量	单价（元）	其中（元）			合价	其中（元）		
						人工费单价	材料费单价	机械费单价		人工费合价	材料费合价	机械费合价
1	G1-283	平整场地	$100m^2$	1.72	189	189	0	0	325.17	325.17	0.00	0.00
2	G1-143	人工挖沟槽土方	$100m^3$	1.81	3228.97	3223.8	0	5.17	5830.55	5821.22	0.00	9.34
3	G1-281	基槽回填土填土夯实槽、坑	$100m^3$	1.39	1057.03	828	0	229.03	1469.27	1150.92	0.00	318.35
4	G1-282	室内回填土填土夯实平地	$100m^3$	0.01	812.82	636.6	0	176.22	7.40	5.79	0.00	1.60
5	G1-219	人工运土方双（单）轮车运土方运距50m以内	$100m^3$	0.41	957	957	0	0	388.92	388.92	0.00	0.00
6	G1-220	人工运土方双（单）轮车运土方每增加50m	$100m^3$	0.81	231	231	0	0	187.76	187.76	0.00	0.00
7	A1-1	砖基础	$10m^3$	1.92	2696.19	945.2	1707.93	43.06	5184.77	1817.62	3284.35	82.80
8	A1-7	混水砖墙 1砖 混合砂浆 M5	$10m^3$	3.08	3254.83	1247.68	1965.2	41.95	10015.11	3839.11	6046.92	129.08
9	A2-25	圈梁	$10m^3$	0.48	4404.37	1563.92	2737.67	102.78	2105.29	747.55	1308.61	49.13
10	A2-3	现浇带形基础	$10m^3$	2.12	3732.4	982.08	2686.7	63.62	7901.49	2079.06	5687.74	134.68

261

序号	编号	定额名称	单位	工程量	单价（元）	其中（元）			合价	其中（元）		
						人工费单价	材料费单价	机械费单价		人工费合价	材料费合价	机械费合价
11	A2-26	过梁体积	10m³	0.12	4550.92	1684.48	2763.66	102.78	562.04	208.03	341.31	12.69
12	A2-20	构造柱 C20	10m³	0.30	4220.64	1438.2	2679.66	102.78	1270.41	432.90	806.58	30.94
13	A2-47	现浇挑檐板	10m³	0.96	4670.22	1541.44	2965.48	163.3	4478.74	1478.24	2843.90	156.60
14	A2-60	散水	100m²	0.26	2969.05	787.12	2056.16	125.77	776.11	205.75	537.48	32.88
15	A2-375	预制空心板安装	10m³	0.46	1872.33	692.68	1179.65	0	870.26	321.96	548.30	0.00
16	A2-431	预制空心板灌缝	10m³	0.46	953.02	425.8	515.1	12.12	442.96	197.91	239.42	5.63
17	A2-442	钢筋 φ10	t	0.236	4861.43	771.88	4024.43	65.12	1147.30	182.16	949.77	15.37
18	A2-440	钢筋 φ6	t	0.227	5789.15	1643.96	4081.6	63.59	1314.14	373.18	926.52	14.43
19	A2-443	钢筋 φ12	t	0.355	5070.58	748.36	4163.74	158.48	1800.06	265.67	1478.13	56.26
20	A2-444	钢筋 φ14	t	0.022	4930.18	624.04	4156.73	149.41	108.46	13.73	91.45	3.29
21	A2-494	YWB 钢筋 φ10	t	0.171	6006.52	702.4	5033.9	270.22	1027.11	120.11	860.80	46.21
22	A13-19	炉渣混凝土找坡层	10m³	0.22	2769.53	675.68	1927.45	166.4	608.74	148.51	423.65	36.57
23	A13-20	屋面水泥砂浆找平层	100m²	1.25	1343.39	635.36	670.49	37.54	1679.51	794.33	838.25	46.93
24	A5-107	三元乙丙橡胶卷材防水	100m²	0.74	6524.2	1531.6	4992.6	0	4820.73	1131.70	3689.03	0.00
25	A5-78	PVC 塑料落水管	10m	0.02	530.71	171.8	358.91	0	11.68	3.78	7.90	0.00
26	A5-81	塑料水斗	10 个	0.60	491.14	255.88	235.26	0	294.68	153.53	141.16	0.00
27	A5-87	塑料弯头	10 个	0.60	394.68	283.6	111.08	0	236.81	170.16	66.65	0.00
28	A13-17	C15 混凝土垫层	10m³	0.49	3390.26	696.32	2529.17	164.77	1654.45	339.80	1234.23	80.41
29	A13-36	带嵌条普通水磨石	100m²	0.61	7202.64	4598.16	2288.41	316.07	4389.29	2802.12	1394.56	192.61
30	A13-39	水磨石踢脚线	100m²	0.10	16812.03	14996.6	1764.65	50.78	1612.95	1438.77	169.30	4.87
31	A14-32	砖墙面混合砂浆抹灰	100m²	1.77	1759.05	1144.12	571.87	43.06	3107.71	2021.32	1010.32	76.07
32	A14-161	外墙面面砖	100m²	1.23	9697.95	4406.92	5276.68	14.35	11966.30	5437.70	6510.90	17.71
33	A16-3	天棚面抹灰	100m²	0.80	1508.61	960.2	515.29	33.12	1208.85	769.41	412.90	26.54
34	A17-7	单扇镶板门	100m²	0.07	57986.16	2348.72	55635.68	1.76	4175.00	169.11	4005.77	0.13
35	A17-37	双扇铝合金推拉窗	100m²	0.24	33235	6638.32	25874.87	721.81	7896.64	1577.26	6147.87	171.50
36	A18-309	内墙面、天棚面涂料	100m²	2.33	1648.68	239.5	1409.18	0	3845.71	558.66	3287.05	0.00
		合计							94722.38	37678.94	55290.80	1752.64

3. 单价措施项目计算表

本工程中，单价措施项目包括脚手架、模板等分部分项工程。该工程的单价措施项目计算表如表 9-4 所示。

单价措施项目分部分项计算表 表 9-4

工程名称：

序号	编号	定额名称	单位	工程量	单价（元）	其中（元）			合价	其中（元）		
						人工费单价	材料费单价	机械费单价		人工费合价	材料费合价	机械费合价
1	A8-1	综合脚手架	100m²	0.74	2418.05	970.76	1407.12	40.17	1782.83	715.74	1037.47	29.62
2	A7-11	现浇混凝土带形基础模板	100m²	0.33	3685.46	2247.04	1381.05	57.37	1207.36	736.13	452.43	18.79
3	A7-47	现浇构造柱模板	100m²	0.26	5295.73	3379.24	1750.52	165.97	1372.65	875.90	453.73	43.02
4	A7-68	圈梁模板	100m²	0.31	4116.6	2473.84	1589.75	53.01	1271.21	763.92	490.91	16.37
5	A7-51	地圈梁模板	100m²	0.25	4549.35	2374.16	2078.98	96.21	1147.35	598.76	524.32	24.26
6	A7-136	预制板灌缝模板	10m³	0.46	495.75	407.88	68.48	19.39	230.42	189.58	31.83	9.01
7	A9-1	垂直运输（卷扬机）	100m²	0.74	1313.76	0	0	1313.76	968.64	0.00	0.00	968.64
		合计							7980.45	3880.04	2990.70	1109.71

4. 工程造价汇总

根据某省的费用定额，查得该工程安全文明施工费费率为 13.28%，其他总价措施项目费费率为 0.65%，企业管理费费率为 23.84%，利润率为 18.17%，规费费率为 24.72%，税率为 3.48%。

该工程费用计算如表 9-5 所示。

工程造价计算表 表 9-5

工程名称：

序号	费用名称	取费基数	费率	费用金额
1	分部分项工程费	人工费＋材料费＋机械费		94722.38
1.1	人工费			37678.94
1.2	材料费			55290.80
1.3	机械使用费			1752.64
2	措施项目费	2.1＋2.2		14168.34
2.1	单价措施费	人工费＋材料费＋机械费		7980.45
2.1.1	人工费			3880.04
2.1.2	材料费			2990.70
2.1.3	机械费			1109.71
2.2	总价措施费	2.2.1＋2.2.2		6187.89
2.2.1	安全文明施工费	1.1＋1.3＋2.1.1＋2.1.3	13.28%	5899.15
2.2.2	其他总价措施项目费	1.1＋1.3＋2.1.1＋2.1.3	0.65%	288.74

序号	费用名称	取费基数	费率	费用金额
3	企业管理费	1.1+1.3+2.1.1+2.1.3	23.84%	10590.05
4	利润	1.1+1.3+2.1.1+2.1.3	18.17%	8071.36
5	规费	1.1+1.3+2.1.1+2.1.3	24.72%	10980.95
6	不含税工程造价	1+2+3+4+5		138533.07
7	税金	6	3.48%	4820.95
8	含税工程造价	6+7		143354.03

9.1.3 清单计价模式下工程造价计算

1. 招标人编制工程量清单

（1）编写分部分项工程和单价措施项目清单

编制分部分项工程量清单首先要根据施工设计图纸、《建设工程工程量清单计价规范》GB 50500—2013 等资料设置工程量清单项目，清单工程量的计算见表 9-6。然后根据所计算的工程量，填写分部分项工程量和单价措施项目清单与计价表，见表 9-7 所示。

清单工程量计算表　　　　　　　　　　　　表 9-6

工程名称：某写字楼第九层电梯间室内装饰工程

编号	项目名称	单位	数量	计算式
1	平整场地	m²	73.73	$0.2 \times (12 \times 0.6 + 4 \times 0.6) \times 2 + 0.2 \times 0.2 \times 4 = 4$
2	人工开挖基槽	m³	93.74	$(1.2 + 2 \times 0.3 + 0.33 \times 1.55) \times 1.55 \times (40.2 + 10.2)$
3	基槽回填土	m³	52.19	$93.74 - 21.17 - 20.38$
4	室内回填土	m³	0.91	$(0.15 - 0.02 - 0.015 - 0.02 - 0.08) \times 60.94$
5	砖基础	m³	19.23	$0.24 \times (1.11 + 0.394) \times 53.28$
6	混水砖墙	m³	30.77	$0.24 \times (40.2 \times 3.6 + 13.08 \times 3) - 30.96 \times 0.24 - 0.146 - (1.089 + 1.71) - 3.01$
7	现浇带形基础	m³	21.17	$1.2 \times 0.35 \times 50.4$
8	圈梁	m³	4.78	$(40.2 + 13.08) \times 0.24 \times 0.24 + 0.24 \times 0.3 \times 23.4 + 0.24 \times 0.18 \times 29.88 - 1.089 - 0.24 \times 0.24 \times 0.3 \times 10 - 0.24 \times 0.24 \times 0.18 \times 1$
9	过梁	m³	1.235	$0.24 \times 0.12 \times (0.9 + 0.12 + 0.25) \times 4 + (1.5 + 0.5) \times 6 \times 0.3 \times 0.24 + (2.1 + 0.5) \times 2 \times 0.18 \times 0.24$
10	现浇构造柱	m³	3.01	$(0.24 \times 0.24 + 0.03 \times 0.24 \times 2) \times 3.6 \times 5 + (0.24 \times 0.24 + 0.03 \times 0.24 \times 3) \times 3.6 \times 6$
11	现浇挑檐板	m³	9.59	$(0.42 - 0.12) \times (15.24 \times 2 + 1.5)$
12	预制空心板	m³	4.648	
13	散水 C15	m²	26.14	$(15.24 + 0.6 + 5.34 + 0.6) \times 2 \times 0.6$
14	现浇混凝土钢筋 φ6	t	0.227	$7 \times (11.035 + 6.235 + 16.135 + 24.94 + 4.735) \times 0.222 + (0.961 \times 123 + 0.721 \times 166)(0.222 + 0.794 \times 220 \times 0.222 + 65.52 \times 0.222 + 0.585 \times 169 \times 0.222$

编号	项目名称	单位	数量	计算式
15	现浇混凝土钢筋 φ12	t	0.355	$(87.04+15.76+40.96+21.76+61.36)\times0.888+$ 172.92×0.888
16	现浇混凝土钢筋 φ14	t	0.022	18.2×1.208
17	预制混凝土钢筋 φ10	t	0.171	
18	屋面卷材防水	m²	73.89	$64.08+39.24\times0.25$
19	屋面排水	m	18.9	$(0.15+3.0)\times6$
20	屋面保温隔热	m²	125.02	$73.73-0.24\times40.2+60.94$
21	现浇水磨石楼地面	m²	60.94	
22	水磨石踢脚线	m²	9.594	$(5.1-0.24+3.3-0.24)\times2\times3+(5.1-0.24+$ $3.6-0.24)\times2$
23	砖墙面混合砂浆抹灰	m²	176.67	$63.92\times2.88-30.96+23.544$
24	外墙面面砖	m²	123.39	$41.16\times(0.15+3.6)-30.96$
25	天棚面抹灰	m²	80.13	$60.94+19.188$
26	墙面涂料	m²	153.13	
27	天棚涂料	m²	80.13	
28	镶板门	m²	7.20	
29	铝合金推拉窗	m²	23.76	
30	综合脚手架	m²	73.73	
31	现浇混凝土带形基础模板	m²	32.76	$(5.1+1.2+15+1.2+3.6+1.2+5.1+1.5+$ $9.9+1.2+36+6.3\times2)\times0.35$
32	现浇构造柱模板	m²	25.92	$[(0.24+0.06\times2)\times16+0.06\times6\times4](3.6$
33	圈梁模板	m²	56.1	$30.88+25.22$
34	垂直运输	m²	73.73	

分部分项工程和单价措施项目清单与计价表   表 9-7

工程名称：

序号	项目编码	项目名称	项目特征	计量单位	工程数量	金额（元）		
						综合单价	合价	其中：暂估价
			分部分项工程					
1	010101001001	平整场地	1. 土壤类别：三类土 2. 弃土运距：150m	m²	73.73			
2	010101003001	挖沟槽土方	1. 土壤类别：三类土 2. 挖土深度：1.55m	m³	93.74			
3	010103001001	基础回填土	填方来源：挖沟槽土方回填	m³	52.19			
4	010103001002	室内回填土	填方来源：挖沟槽土方回填	m³	0.91			

序号	项目编码	项目名称	项目特征	计量单位	工程数量	金额(元)		
						综合单价	合价	其中:暂估价
5	010401001001	砖基础	1. 砖品种:黏土砖 2. 基础类型:条形基础 3. 砂浆强度:M5 水泥砂浆	m³	19.23			
6	010401003001	混水砖墙	1. 砖品种:黏土砖 2. 墙体类型:24 墙 3. 砂浆强度:M5 混合砂浆	m³	30.77			
7	010501001001	基础垫层	混凝土强度等级:C20	m³	21.17			
8	010503004001	圈梁	混凝土强度等级:C20	m³	4.78			
9	010503005001	过梁	混凝土强度等级:C20	m³	1.235			
10	010502002001	构造柱	混凝土强度等级:C20	m³	3.01			
11	010505008001	挑檐板	混凝土强度等级:C20	m³	9.59			
12	010505009001	预制空心板安装	混凝土强度等级:C30	m³	4.648			
13	010507001001	散水制作	混凝土强度等级:C15	m²	26.14			
14	010515001001	现浇混凝土钢筋	钢筋规格:φ6mm	t	0.227			
15	010515001002	现浇混凝土钢筋	钢筋规格:φ12mm	t	0.355			
16	010515001003	现浇混凝土钢筋	钢筋规格:φ14mm	t	0.022			
17	010515002001	预制构件钢筋	钢筋规格:φ10mm	t	0.171			
18	010902001001	屋面防水卷材	卷材品种:三元乙丙橡胶卷材防水	m²	73.89			
19	010902004001	屋面排水系统	排水管品种:PVC	m	18.9			
20	011001001001	保温隔热屋面	保温隔热材料: 1. 炉渣混凝土 2. 粘结材料:水泥砂浆	m²	125.02			
21	011101002001	现浇水磨石楼地面	1. 底层厚度:20mm 2. 面层厚度:15mm 3. 嵌条规格:1:2.5 带玻璃嵌条普通水磨石面层	m²	60.94			
22	011105001001	水磨石踢脚线	1. 踢脚线高度:150mm 2. 底层厚度:20mm 3. 面层厚度:15mm	m²	9.594			
23	011201001001	墙面混合砂浆抹灰	墙体类型:砖墙	m²	176.67			

序号	项目编码	项目名称	项目特征	计量单位	工程数量	金额（元）		
						综合单价	合价	其中：暂估价
24	011204003001	外墙面砖	1. 墙体类型：砖墙 2. 面砖：水泥砂浆粘贴墙面砖，缝宽5mm	m²	123.39			
25	011301001001	天棚抹灰	1. 基层类型：预制板 2. 抹灰种类：混合砂浆	m²	80.13			
26	011407001001	墙面涂料	1. 基层类型：砖墙面 2. 涂料品种：墙面钙塑涂料	m²	153.13			
27	011407001002	天棚涂料	1. 基层类型：预制板 2. 涂料品种：墙面钙塑涂料	m²	80.13			
28	010801002001	镶板门	门洞尺寸：900×2000	m²	7.2			
29	010807001001	铝合金窗	窗尺寸：1500×1800、2100×1800	m²	23.76			
			单价措施项目					
30	011701001001	综合脚手架	1. 建筑结构形式：砖混结构 2. 檐口高度：3.0m	m²	73.73			
31	011702001001	带形基础模板	基础类型：带形基础	m²	32.76			
32	011702003001	构造柱模板	胶合板模板	m²	25.92			
33	011702008001	圈梁模板	直形胶合板模板	m²	56.1			
34	011703001001	垂直运输	1. 建筑结构形式：砖混结构 2. 檐口高度：3.0m	m²	73.73			

（2）编制总价措施项目清单

根据工程的实际情况编制总价措施项目清单，见表9-8所示。

总价措施项目清单与计价表　　　　　表9-8

序号	项目名称	计算基础	费率（%）	金额（元）	备注
1	安全文明施工费				
2	夜间施工增加费				
	……　……				
	合　计				

（3）编制其他项目清单

其他项目清单包括暂列金额、暂估价、计日工、总承包服务费、索赔与现场签证等内容，应结合工程的具体情况及招标文件进行编制，见表9-9。

其他项目清单   表 9-9

工程名称：   标段：   第 1 页　共 1 页

序号	项目名称	计量单位	金额(元)	备注
1	暂列金额			
2	暂估价			
2.1	材料暂估价			暂不计
2.2	专业工程暂估价			暂不计
3	计日工			暂不计
4	总承包服务费			暂不计
5	索赔与现场签证			暂不计
	合计			

（4）编制规费、税金项目清单

规费项目清单应按照下列内容列项：社会保险费，包括养老保险费、失业保险费、医疗保险费、工伤保险费、生育保险费；住房公积金、工程排污费；出现计价规范中未列的项目，应根据省级政府或省级有关权力部门的规定列项。

税金项目清单应包括下列内容：营业税、城市维护建设税，教育费附加；地方教育附加。出现计价规范未列的项目，应根据税务部门的规定列项。

规费、税金项目清单编制详见表 9-10。

规费、税金项目清单与计价表   表 9-10

工程名称：   标段：   第 1 页　共 1 页

序号	项目名称	计算基础	费率(%)	金额(元)
1	规费			
1.1	工程排污费			
1.2	社会保障金	(1)＋(2)＋(3)＋(4)＋(5)		
(1)	养老保险金			
(2)	失业保险金			
(3)	医疗保险金			
(4)	工伤保险金			
(5)	生育保险金			
1.3	住房公积金			
2	税金			
	合计			

2. 招标人编制招标控制价

（1）计算各分部分项工程和单价措施项目的综合单价。如表 9-11 所示。

268

工程名称：

序号	项目编码	项目名称	项目特征	计量单位	工程数量	金额(元)		
						综合单价	合价	其中：暂估价
			分部分项工程					
1	010101001001	平整场地	1. 土壤类别：三类土 2. 弃土运距：150m	m²	73.73	6.17	454.91	
2	010101003001	挖沟槽土方	1. 土壤类别：三类土 2. 挖土深度：1.55m	m³	93.74	95.92	8991.54	
3	010103001001	基础回填土	填方来源：挖沟槽土方回填	m³	52.19	40.53	2115.26	
4	010103001002	室内回填土	填方来源：挖沟槽土方回填	m³	0.91	11.54	10.50	
5	010401001001	砖基础	1. 砖品种：黏土砖 2. 基础类型：条形基础 3. 砂浆强度：M5 水泥砂浆	m³	19.23	311.14	5983.22	
6	010401003001	混水砖墙	1. 砖品种：黏土砖 2. 墙体类型：24 墙 3. 砂浆强度：M5 混合砂浆	m³	30.77	379.66	11682.14	
7	010501001001	基础垫层	混凝土强度等级：C20	m³	21.17	417.17	8831.49	
8	010503004001	圈梁	混凝土强度等级：C20	m³	4.78	510.46	2440.00	
9	010503005001	过梁	混凝土强度等级：C20	m³	1.235	530.17	654.76	
10	010502002001	构造柱	混凝土强度等级：C20	m³	3.01	486.8	1465.27	
11	010505008001	挑檐板	混凝土强度等级：C20	m³	9.59	538.64	5165.56	
12	010505009001	预制空心板安装	混凝土强度等级：C30	m³	4.648	330.03	1533.98	
13	010507001001	散水制作	混凝土强度等级：C15	m²	26.14	33.53	876.47	
14	010515001001	现浇混凝土钢筋	钢筋规格：φ6mm	t	0.227	6506.49	1476.97	
15	010515001002	现浇混凝土钢筋	钢筋规格：φ12mm	t	0.355	5451.54	1935.30	
16	010515001003	现浇混凝土钢筋	钢筋规格：φ14mm	t	0.022	5255.11	115.61	
17	010515002001	预制构件钢筋	钢筋规格：φ10mm	t	0.171	6415.12	1096.99	
18	010902001001	屋面防水卷材	1. 卷材品种：三元乙丙橡胶卷材防水	m²	73.89	71.68	5296.44	
19	010902004001	屋面排水系统	排水管品种：PVC	m	18.9	412.94	7804.57	
20	011001001001	保温隔热屋面	1. 保温隔热材料：炉渣混凝土 2. 粘结材料：水泥砂浆	m²	125.02	22.51	2814.20	
21	011101002001	现浇水磨石楼地面	1. 底层厚度：20mm 2. 面层厚度：15mm 3. 嵌条规格：1：2.5 带玻璃嵌条普通水磨石面层	m²	60.94	122.69	7476.73	

序号	项目编码	项目名称	项目特征	计量单位	工程数量	金额(元)		
						综合单价	合价	其中:暂估价
22	011105001001	水磨石踢脚线	1. 踢脚线高度:150mm 2. 底层厚度:20mm 3. 面层厚度:15mm	m²	9.594	231.33	2219.38	
23	011201001001	墙面混合砂浆抹灰	墙体类型:砖墙	m²	176.67	22.58	3989.21	
24	011204003001	外墙面砖	1. 墙体类型:砖墙 2. 面砖:水泥砂浆粘贴墙面砖,缝宽5mm	m²	123.39	115.55	14257.71	
25	011301001001	天棚抹灰	1. 基层类型:预制板 2. 抹灰种类:混合砂浆	m²	80.13	19.26	1543.30	
26	011407001001	墙面涂料	1. 基层类型:砖墙面 2. 涂料品种:墙面钙塑涂料	m²	153.13	17.49	2678.24	
27	011407001002	天棚涂料	1. 基层类型:预制板 2. 涂料品种:墙面钙塑涂料	m²	80.13	17.49	1401.47	
28	010801002001	镶板门	1. 门洞尺寸:900 ⊠ 2000	m²	7.2	589.74	4246.13	
29	010807001001	铝合金窗	2. 窗尺寸:1500 ⊠ 1800、2100 ⊠ 1800	m²	23.76	363.27	8631.30	
		合计					117188.65	
			单价措施项目					
30	011701001001	综合脚手架	1. 建筑结构形式:砖混结构 2. 檐口高度:3.0m	m²	73.73	28.43	2096.14	
31	011702001001	带形基础模板	基础类型:带形基础	m²	32.76	46.54	1524.65	
32	011702003001	构造柱模板	胶合板模板	m²	25.92	67.85	1758.67	
33	011702008001	圈梁模板	直形胶合板模板	m²	56.1	51.78	2904.86	
34	011703001001	垂直运输	1. 建筑结构形式:砖混结构 2. 檐口高度:3.0m	m²	73.73	18.66	1375.80	
		合计					9660.13	

综合单价的具体计算过程如表9-12所示,由于篇幅限制,其他项目的综合单价分析表与此类似,在此不再赘述。

工程量清单综合单价分析表 表 9-12

项目编码	010101001001	项目名称		平整场地		计量单位	m²

清单综合单价组成明细

定额编号	定额名称	定额单位	数量	单价				合价			
				人工费	材料费	机械费	管理费和利润	人工费	材料费	机械费	管理费和利润
G1-283	平整场地	100m²	0.023	189	0	0	79.40	4.35	0.00	0.00	1.83
人工单价		小计						4.35	0.00	0.00	1.83
技工 92 元/工日；普工 60 元/工日		未计价材料费						0			
清单项目综合单价								6.17			

材料费明细	主要材料名称、规格、型号				单位	数量	单价（元）	合价（元）	暂估单价（元）	暂估合价（元）
	其他材料费									
	材料费小计									

　　"G1-283 平整场地"中：数量＝定额量/清单量。即 0.023＝172.05/73.73/100。单价中"人工费"、"材料费"、"机械费"均直接来自消耗量定额；"管理费和利润"根据××省建筑安装工程费用定额中取费费率标准：企业管理费＝（人工费＋机械费）×23.84%。利润＝（人工费＋机械费）×18.17%。即 1.83＝4.35×（23.84%＋18.17%）。

　　（2）计算招标控制价

　　根据×省招标控制价计算程序，此装饰装修单位工程招标控制价如表 9-13 所示。

单位工程招标控制价计算表 表 9-13

工程名称：

序号	费用名称	取费基数	费率	费用金额
1	分部分项工程费			117188.65
1.1	人工费			40683.35
1.2	机械使用费			1746.44
2	措施项目费	2.1＋2.2		16240.01
2.1	单价措施费			9660.13
2.1.1	人工费			3715.79
2.1.2	机械费			1089.74
2.2	总价措施费	2.2.1＋2.2.2		6579.88
2.2.1	安全文明施工费	1.1＋1.2＋2.1.1＋2.1.2	13.28%	6272.85
2.2.2	其他总价措施项目费	1.1＋1.2＋2.1.1＋2.1.2	0.65%	307.03
3	规费	1.1＋1.2＋2.1.1＋2.1.2	24.72%	11676.57
4	不含税工程造价	1＋2＋3		133428.66
5	税金	4	3.48%	5049.66
6	含税工程造价	4＋5		138478.32

9.2 装饰装修工程施工图预算编制实例

9.2.1 实例概述

编制下列项目的工程量清单及招标控制价。

1. 工程概况

（1）工程施工图

某市某写字楼第九层电梯间室内装饰工程如图 9-9～图 9-16 所示，试编制装饰装修工程招标控制价。

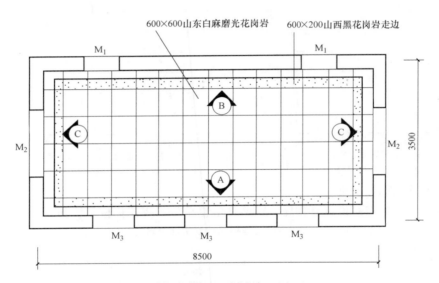

图 9-9 楼地面拼花布置图

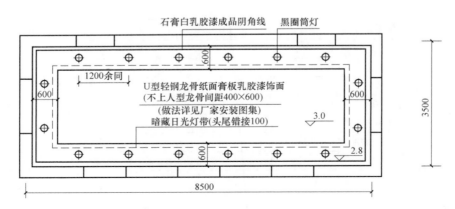

图 9-10 顶棚布置图

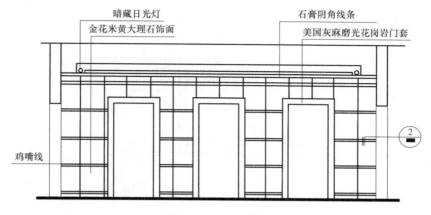

图 9-11　A立面图

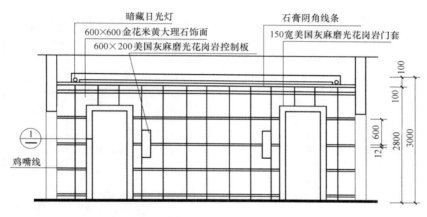

图 9-12　B立面图

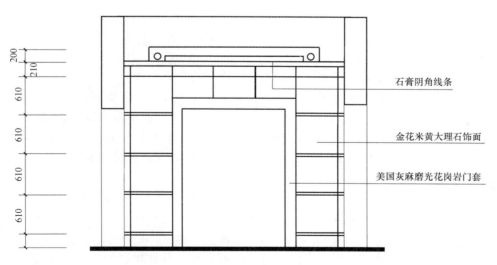

图 9-13　C立面图

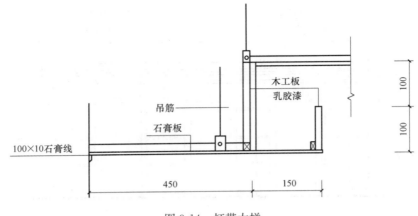

图 9-14　灯带大样

图 9-15　节点大样①

图 9-16　节点大样②

（2）工程说明

1）电梯间平面轴线尺寸为 8500mm×3500mm，墙体均为 240mm，第九层楼面相对标高为 27.0m，净高为 3.3m。

2）顶棚采用 45 系列 U 型轻钢龙骨（不上人型）纸面石膏板，吊筋直径为 8mm，副龙骨间距为 400mm×600mm。

3）纸面石膏板面层批腻子 2 遍，立邦乳胶漆 3 遍。

4）门套均为在石材面上用云石胶粘贴 150mm×30mm 成品花岗岩线条。

5）门：M_1 为电梯门，洞口尺寸为 900mm×2000mm（本预算不包括电梯门扇）；M_2 为双扇不锈钢无框地弹门 12mm 厚浮法玻璃，其洞口尺寸为 1500mm×2000mm，其上有地弹簧 2 只/樘，不锈钢管拉手 2 副/樘；M_3 为成品曲木面层镶板门，洞口尺寸为 1000mm×2000mm，每扇门安装球形锁 1 把。

6）踢脚板均为 150mm 高山西黑花岗岩，用云石胶粘贴。

7）楼面所使用的花岗岩铺贴完成后，酸洗打蜡。

8）墙面用水泥砂浆粘贴 600×600mm 金花米黄大理石。

9）除山东白麻磨光花岗岩市场价格与定额不同外，其他材料与定额价格相同，均由施工单位按指定品种采购。

274

9.2.2 清单计价模式下工程造价计算

1. 招标人编制工程量清单

（1）编写总说明。总说明见表9-14。

总说明 表 9-14

工程名称：某写字楼第九层电梯间室内装饰工程　　　　　　　　标段：

> 1.工程概况：
> 本工程为某写字楼第九层电梯间室内装饰工程，地点位于××省××市。第九层相对标高为27.0m，净高为3.3m。
> 2.工程招标范围：第九层电梯间室内装饰工程。
> 3.工程量清单编制依据
> 《建设工程工程量清单计价规范》GB 50500—2013、《房屋建筑与装饰工程工程量计算规范》GB 50854—2013、写字楼第九层电梯间室内装饰工程施工图及有关施工组织设计等。
> 4.工程质量应达到优良标准。
> 5.工程暂不考虑风险因素。
> 6.投标人在投标时报价应按《建设工程工程量清单计价规范》规定的统一格式填写。

（2）编写分部分项工程和单价措施项目清单

编制分部分项工程量清单首先要根据施工设计图纸、《建设工程工程量清单计价规范》GB 50500—2013等资料设置工程量清单项目，清单工程量的计算见表9-15。然后根据所计算的工程量，填写分部分项工程量和单价措施项目清单与计价表，见表9-16所示。

清单工程量计算表 表 9-15

工程名称：某写字楼第九层电梯间室内装饰工程

编号	项目名称	单位	数量	计算式
1	楼面粘贴 600mm×200mm 山西黑花岗岩走边	m²	4	$0.2×(12×0.6+4×0.6)×2+0.2×0.2×4=4$
2	楼面粘贴 600mm×600mm 山东白麻磨光花岗岩	m²	22.93	$(8.5-0.24)×(3.5-0.24)-4=22.93$
3	粘贴 150 高山西黑花岗岩踢脚线	m²	1.98	$[(8.5-0.24+3.5-0.24)×2-(2×0.9+2×1.5+3×1)]×0.15-0.15×0.15×14=1.98$
4	墙面粘贴 600mm×600mm 金花米黄大理石	m²	46.4	A立面：$(8.5-0.24)×(2.8-0.15)-1×(2-0.15)×3=16.34$ B立面：$(8.5-0.24)×(2.8-0.15)-0.9×(2-0.15)×2-0.2×0.5×2=18.32$ C立面：$[(3.5-0.24)×(2.8-0.15)-1.5×(2-0.15)]×2=11.73$ 小计：$16.34+18.32+11.73=46.4$
5	墙面粘贴美国灰麻花岗岩控制板(石材零星项目)	m²	0.24	$0.2×0.6×2=0.24$
6	天棚吊顶，不上人 U 型轻钢龙骨；面层规格 400mm×600mm，二级顶	m²	26.93	$(8.5-0.24)×(3.5-0.24)=26.93$
7	灯带	m²	2.83	$[(8.26-1.2+0.15)+(3.26-1.2+0.15)]×2×0.15=2.83$

编号	项目名称	单位	数量	计算式
8	成品曲木面层镶板门,洞口尺寸 1000mm×2000mm,每扇安装球形锁一把	樘	3	
9	双扇不锈钢无框地弹门 12mm 厚浮法玻璃,洞口尺寸 1500mm×2000mm	樘	2	
10	金属门套,1.0mm 不锈钢片包门框(木龙骨)	m²	8.59	A 立面:0.24×(1+2×2)×3=3.6 B 立面:0.24×(0.9+2×2)×2=2.35 C 立面:0.24×(1.5+2×2)×2=2.64 小计:3.6+2.35+2.64=8.59
11	石材装饰线,在石材面上用云石胶粘贴 150mm×30mm 美国灰麻花岗岩线条(门套)	m	37.9	A 立面:[(1+0.15)+(2+0.15÷2)×2]×3=15.9 B 立面:[(0.9+0.15)+(2+0.15÷2)×2]×2=10.4 C 立面:[(1.5+0.15)+(2+0.15÷2)×2]×2=11.6 小计:15.9+10.4+11.6=37.9
12	100×10 石膏装饰线	m	23.04	(8.5−0.24+3.5−0.24)×2=23.04
13	脚手架	m²	64.51	[(8.5−0.24)+(3.5−0.24)]×2×2.8=64.51

分部分项工程和单价措施项目清单与计价表　　　　　表 9-16

工程名称:

序号	项目编码	项目名称	项目特征	计量单位	工程数量	金额(元)		
						综合单价	合价	其中:暂估价
分部分项工程								
1	011102001001	石材楼面(走边)	1. 结合层:水泥砂浆 2. 面层材料:600mm×200mm 山西黑花岗岩 3. 保护层:麻袋 4. 酸洗打蜡	m²	4			
2	011102001002	石材楼面	1. 结合层:水泥砂浆 2. 面层材料:600mm×600mm 山东白麻花岗岩 3. 保护层:麻袋 4. 酸洗打蜡	m²	22.93			
3	011105002001	石材踢脚线	1. 踢脚线高度:150mm; 2. 粘贴层:云石胶粘贴; 3. 面层材料:山西黑花岗岩	m²	1.98			
4	011204001001	石材墙面	1. 墙体类型:砖墙; 2. 粘结层:1:2.5 水泥砂浆; 3. 面层材料:600mm×600mm 金花米黄大理石 4. 磨边:大理石对边磨成45°斜边(鸡嘴线)	m²	46.4			
5	011206001001	石材零星项目(花岗岩控制板)	1. 墙体类型:砖墙; 2. 粘结层:水泥砂浆; 3. 面层材料:600mm×200mm 美国灰麻磨光花岗岩	m²	0.24			

序号	项目编码	项目名称	项目特征	计量单位	工程数量	金额（元）		
						综合单价	合价	其中：暂估价
6	011302001001	天棚吊顶	1. 吊顶形式：不上人； 2. 龙骨：U型轻钢龙骨，吊筋直径 8mm，副龙骨间距 400mm×600mm。 3. 基层：纸面石膏板基层 4. 油漆：腻子2遍，立邦乳胶漆3遍	m²	26.93			
7	011304001001	灯带	1. 木工板灯槽； 2. 油漆：腻子2遍，立邦乳胶漆3遍	m²	2.83			
8	010801001001	镶板木门	1. 门类型：成品镶板门 2. 面层：曲木面层 3. 五金材料：球形锁1把	樘	3			
9	010805005001	全玻自由门（无扇框）	1. 门类型：无框玻璃门 2. 扇材料：单层12mm厚浮法玻璃 3. 五金材料：地弹簧2只/樘，不锈钢管拉手2副/樘	樘	2			
10	010808004001	金属门套	1. 基层：木龙骨 2. 面层材料：1.0mm 不锈钢片	m²	8.59			
11	011502003001	石材装饰线	1. 基层类型：大理石材面 2. 线条材料：云石胶粘贴150mm×30mm 美国灰麻花岗岩线条	m	37.9			
12	011502004001	石膏装饰线	1. 线条材料：100×10 石膏装饰线	m	23.04			
			措施项目					
13	011701003001	脚手架	1. 搭设高度3.3m 2. 钢管里脚手架	m²	64.51			

（3）编制总价措施项目清单

根据工程的实际情况编制总价措施项目清单，见表9-17所示。

总价措施项目清单与计价表　　表 9-17

序号	项目名称	计算基础	费率（%）	金额（元）	备注
1	安全文明施工费				
2	夜间施工增加费				
	……　……				
合　计					

（4）编制其他项目清单

其他项目清单包括暂列金额、暂估价、计日工、总承包服务费、索赔与现场签证等内容，应结合工程的具体情况及招标文件进行编制。

根据本工程的具体情况，由于规模较小，招标人未自行采购材料，同时未分包工程，不计取暂估价、计日工及总承包服务费。暂列金额等其他项目清单见表9-18。

其他项目清单

表9-18

工程名称：某写字楼第九层电梯间室内装饰工程　　　标段：　　　　　　　　　第1页　共1页

序号	项目名称	计量单位	金额(元)	备注
1	暂列金额			
2	暂估价			
2.1	材料暂估价			暂不计
2.2	专业工程暂估价			暂不计
3	计日工			暂不计
4	总承包服务费			暂不计
5	索赔与现场签证			暂不计
	合计			

（5）编制规费、税金项目清单

规费项目清单应按照下列内容列项：社会保险费，包括养老保险费、失业保险费、医疗保险费、工伤保险费、生育保险费；住房公积金、工程排污费；出现计价规范中未列的项目，应根据省级政府或省级有关权力部门的规定列项。

税金项目清单应包括下列内容：营业税、城市维护建设税，教育费附加；地方教育附加。出现计价规范未列的项目，应根据税务部门的规定列项。

规费、税金项目清单编制详见表9-19。

规费、税金项目清单与计价表

表9-19

工程名称：某写字楼第九层电梯间室内装饰工程　　　标段：　　　　　　　　　第1页　共1页

序号	项目名称	计算基础	费率(%)	金额(元)
1	规费			
1.1	工程排污费			
1.2	社会保障金	(1)+(2)+(3)+(4)+(5)		
(1)	养老保险金			
(2)	失业保险金			
(3)	医疗保险金			
(4)	工伤保险金			
(5)	生育保险金			
1.3	住房公积金			
2	税金			
	合计			

2. 招标人编制招标控制价

（1）计算各分部分项工程和单价措施项目的综合单价。如表 9-20 所示。

分部分项工程和单价措施项目清单与计价表

表 9-20

工程名称：

序号	项目编码	项目名称	项目特征	计量单位	工程数量	金额（元）		
						综合单价	合价	其中：暂估价
			分部分项工程					
1	011102001001	石材楼面（走边）	1. 结合层：水泥砂浆 2. 面层材料：600mm×200mm 山西黑花岗岩 3. 保护层：麻袋 4. 酸洗打蜡	m²	4	146.79	587.16	
2	011102001002	石材楼面	1. 结合层：水泥砂浆 2. 面层材料：600mm×600mm 山东白麻花岗岩 3. 保护层：麻袋 4. 酸洗打蜡	m²	22.93	146.79	3365.89	
3	011105002001	石材踢脚线	1. 踢脚线高度：150mm； 2. 粘贴层：云石胶粘贴； 3. 面层材料：山西黑花岗岩	m²	1.98	231.58	458.53	
4	011204001001	石材墙面	1. 墙体类型：砖墙； 2. 粘结层：1：2.5 水泥砂浆； 3. 面层材料：600mm×600mm 金花米黄大理石 4. 磨边：大理石对边磨成 45°斜边（鸡嘴线）	m²	46.4	192.2	8918.08	
5	011206001001	石材零星项目（花岗岩控制板）	1. 墙体类型：砖墙； 2. 粘结层：水泥砂浆； 3. 面层材料：600mm×200mm 美国灰麻磨光花岗岩	m²	0.24	244.92	58.78	
6	011302001001	天棚吊顶	1. 吊顶形式：不上人； 2. 龙骨：U 型轻钢龙骨，吊筋直径 8mm，副龙骨间距 400mm×600mm。 3. 基层：纸面石膏板基层 4. 油漆：腻子 2 遍，立邦乳胶漆 3 遍	m²	26.93	97.96	2638.06	
7	011304001001	灯带	1. 木工板灯槽； 2. 油漆：腻子 2 遍，立邦乳胶漆 3 遍	m²	2.83	146.57	414.79	
8	010801001001	镶板木门	1. 门类型：成品镶板门 2. 面层：曲木面层 3. 五金材料：球形锁 1 把	樘	3	727.65	2182.95	

序号	项目编码	项目名称	项目特征	计量单位	工程数量	综合单价	合价	其中:暂估价
						金额（元）		
9	010805005001	全玻自由门（无扇框）	1. 门类型:无框玻璃门 2. 扇材料:单层 12mm 厚浮法玻璃 3. 五金材料:地弹簧 2 只/樘,不锈钢管拉手 2 副/樘	樘	2	1314.65	2629.3	
10	010808004001	金属门套	1. 基层:木龙骨 2. 面层材料:1.0mm 不锈钢片	m²	8.59	372.48	3199.6	
11	011502003001	石材装饰线	1. 基层类型:大理石材面 2. 线条材料:云石胶粘贴 150mm×30mm 美国灰麻花岗岩线条	m	37.9	44.94	1703.23	
12	011502004001	石膏装饰线	1. 线条材料:100×10 石膏装饰线	m	23.04	10.25	236.16	
			合　计				26392.53	
			措施项目					
13	011701003001	脚手架	1. 搭设高度 3.3m 2. 钢管里脚手架	m²	64.51	2.54	163.86	
			合　计				163.86	

综合单价的具体计算过程如表 9-21 所示,由于篇幅限制,其他项目的综合单价分析表与此类似,在此不再赘述。

工程量清单综合单价分析表　　　　　　表 9-21

项目编码	011102001001	项目名称	山西黑花岗岩走边	计量单位	m²

清单综合单价组成明细

定额编号	定额名称	定额单位	数量	单价				合价			
				人工费	材料费	机械费	管理费和利润	人工费	材料费	机械费	管理费和利润
A13-64	花岗岩楼地面 周长 3200mm 以内单色	100m²	0.01	2027.76	11415.71	57.41	610.33	20.28	114.16	0.57	6.10
A13-131	块料面层 块料面酸洗打蜡 酸洗打蜡 楼地面	100m²	0.01	374.56	83.92	0	109.63	3.75	0.84	0.00	1.10
人工单价			小计					24.02	115.00	0.57	7.20
技工 92 元/工日; 普工 60 元/工日		未计价材料费									
清单项目综合单价								146.79			

材料费明细	主要材料名称、规格、型号	单位	数量	单价（元）	合价（元）	暂估单价（元）	暂估合价（元）
	零星材料	元	0.9517	1	0.95		
	花岗岩板 500×500	m²	1.02	103	105.06		
	其他材料费	—			8.99	—	0
	材料费小计	—			115	—	0

"A13-64 花岗岩楼地面"中:数量=定额量/清单量。即 0.01=4÷4÷100。单价中"人工费"、"材料费"、"机械费"均直接来自消耗量定额;"管理费和利润"根据××省建筑安装工程费用定额中取费费率标准:企业管理费=(人工费+机械费)×13.47%,利润=(人工费+机械费)×15.8%。即 610.33=(2027.76+57.41)×(13.47%+15.8%)。

（2）计算招标控制价

根据某省招标控制价计算程序，此装饰装修单位工程招标控制价如表 9-22 所示。

单位工程招标控制价计算表   表 9-22

工程名称：

序号	费用名称	取费基数	费率	费用金额
1	分部分项工程费	人工费＋材料费＋机械费		26392.53
1.1	人工费			4222.97
1.3	机械使用费			248.42
2	措施项目费	2.1＋2.2		459.88
2.1	单价措施费	人工费＋材料费＋机械费		163.86
2.1.1	人工费			109.02
2.1.3	机械费			1.94
2.2	总价措施费	2.2.1＋2.2.2		296.02
2.2.1	安全文明施工费	1.1＋1.2＋2.1.1＋2.1.2	5.81%	266.23
2.2.2	其他总价措施项目费	1.1＋1.2＋2.1.1＋2.1.2	0.65%	29.79
3	规费	1.1＋1.2＋2.1.1＋2.1.2	10.95%	501.77
4	不含税工程造价	1＋2＋3		27354.18
5	税金	4	3.48%	951.93
6	含税工程造价	4＋5		27804.34

思考题

1. 施工图预算有什么作用？
2. 编制施工图预算的依据是什么？
3. 编制施工图预算的方法有哪些？

参 考 文 献

[1] 中华人民共和国住房和城乡建设部，中华人民共和国国家质量监督检验检疫总局. 建设工程工程量清单计价规范（GB 50500—2013）[S]. 北京：中国计划出版社，2013

[2] 中华人民共和国住房和城乡建设部，中华人民共和国国家质量监督检验检疫总局. 房屋建筑与装饰工程工程量计算规范（GB 50854—2013）[S]. 北京：中国计划出版社，2013

[3] 中华人民共和国建设部，中华人民共和国国家质量监督检验检疫总局. 建筑工程建筑面积计算规范（GB/T 50353—2013）[S]. 北京：中国计划出版社，2013

[4] 住房和城乡建设部标准定额研究所. 《建筑工程建筑面积计算规范》宣贯辅导教材 [M]. 北京：中国计划出版社，2015

[5] 中华人民共和国建设部. 全国统一建筑工程基础定额（土建）（GJD—101—95）[S]. 北京：中国计划出版社，1995

[6] 中华人民共和国建设部. 全国统一建筑工程预算工程量计算规则（土建工程）（GJDGZ—101—95）[S]. 北京：中国计划出版社，1995

[7] 中华人民共和国建设部，国家质量监督检验检疫总局. 混凝土结构设计规范（GB 50010—2016）[S]. 北京：中国建筑工业出版社，2016

[8] 中华人民共和国建设部，国家质量监督检验检疫总局. 混凝土结构工程质量验收规范（GB 50204—2015）[S]. 北京：中国建筑工业出版社，2015

[9] 全国造价工程师执业资格考试培训教材编审委员会. 建设工程计价 [M]. 北京：中国计划出版社，2014

[10] 湖北省建设工程标准定额管理总站. 湖北省建设工程公共专业消耗量定额及基价表（土石方·地基处理·桩基础·预拌砂浆）[S]. 武汉：长江出版社，2013

[11] 湖北省建设工程造价管理总站. 湖北省建筑工程消耗量定额及基价表（结构·屋面）[S]. 武汉：长江出版社，2013

[12] 湖北省建设工程造价管理总站. 湖北省建筑工程消耗量定额及基价表（装饰·装修）[S]. 武汉：长江出版社，2013

[13] 北京广联达慧中软件技术有限公司. 建筑工程钢筋工程量的计算与软件应用 [M]. 北京：中国建材工业出版社，2005

[14] 北京广联达慧中软件技术有限公司. 建筑工程工程量的计算与软件应用 [M]. 北京：中国建材工业出版社，2005

[15] 中国建筑标准设计研究所. 混凝土结构施工图平面整体表示方法制图规则和结构详图（11G101—1）[S]. 北京：中国建筑标准设计研究所，2011

[16] 陈国安等. 建筑工程计量与计价 [M]. 武汉：武汉理工大学出版社，2009.